计算机基础与实训教材系列

ASP.NET 4.5 动态网站开发实用教程

杨春元　编著

清华大学出版社

北　京

内 容 简 介

　　本书由浅入深、循序渐进地介绍 ASP.NET 4.5 开发动态网站的基本知识和使用技巧。全书共分 10 章，分别介绍 ASP.NET 的发展历程，Visual Studio 2012 集成开发环境，ASP.NET 的内置对象和配置文件，各种服务器控件的使用，CSS 样式、主题和母版页的使用，使用 ADO.NET 访问和操纵数据库，LINQ 查询技巧，ASP.NET AJAX，jQuery 的使用技巧，Web 服务的创建与调用等。最后一章还安排了项目实践，综合运用所学知识创建一个简易的迷你微博系统，提高和拓宽读者的实际技能。

　　本书内容丰富，结构清晰，语言简练，图文并茂，具有很强的实用性和可操作性，适合于大中专院校、职业院校及各类社会培训学校作教材，也是广大初、中级计算机用户的自学参考书。

　　本书对应的电子教案、实例源文件和习题答案可以到 http://www.tupwk.com.cn/edu 网站下载。

图书在版编目(CIP)数据

ASP.NET 4.5 动态网站开发实用教程/杨春元 编著. —北京：清华大学出版社，2014（2020.4重印）
（计算机基础与实训教材系列）

ISBN 978-7-302-37349-0

Ⅰ. ①A… Ⅱ. ①杨… Ⅲ. ①网页制作工具—程序设计—教材 Ⅳ. ①TP393.092

中国版本图书馆 CIP 数据核字(2014)第 159492 号

责任编辑：胡辰浩　袁建华
装帧设计：牛艳敏
责任校对：成凤进
责任印制：杨　艳

出版发行：清华大学出版社
　　　　网　　　址：http://www.tup.com.cn，http://www.wqbook.com
　　　　地　　　址：北京清华大学学研大厦 A 座　　　　　　　邮　　编：100084
　　　　社 总 机：010-62770175　　　　　　　　　　　　　　邮　　购：010-62786544
　　　　投稿与读者服务：010-62776969，c-service@tup.tsinghua.edu.cn
　　　　质量反馈：010-62772015，zhiliang@tup.tsinghua.edu.cn
　　　　课件下载：http://www.tup.com.cn，010-62796045
印 装 者：北京九州迅驰传媒文化有限公司
经　　　销：全国新华书店
开　　本：190mm×260mm　　　　　印　　张：19.75　　　　字　　数：518 千字
版　　次：2014 年 8 月第 1 版　　　印　　次：2020 年 4 月第 4 次印刷
定　　价：59.00 元

产品编号：056646-03

编审委员会

丛 书 序

计算机基础与实训教材系列

计算机已经广泛应用于现代社会的各个领域，熟练使用计算机已经成为人们必备的技能之一。因此，如何快速地掌握计算机知识和使用技术，并应用于现实生活和实际工作中，已成为新世纪人才迫切需要解决的问题。

为适应这种需求，各类高等院校、高职高专、中职中专、培训学校都开设了计算机专业的课程，同时也将非计算机专业学生的计算机知识和技能教育纳入教学计划，并陆续出台了相应的教学大纲。基于以上因素，清华大学出版社组织一线教学精英编写了这套"计算机基础与实训教材系列"丛书，以满足大中专院校、职业院校及各类社会培训学校的教学需要。

一、丛书书目

本套教材涵盖了计算机各个应用领域，包括计算机硬件知识、操作系统、数据库、编程语言、文字录入和排版、办公软件、计算机网络、图形图像、三维动画、网页制作以及多媒体制作等。众多的图书品种可以满足各类院校相关课程设置的需要。

⊙   已出版的图书书目

《计算机基础实用教程(第二版)》	《中文版 Photoshop CS4 图像处理实用教程》
《电脑入门实用教程(第二版)》	《中文版 Flash CS4 动画制作实用教程》
《电脑办公自动化实用教程（第二版）》	《中文版 Dreamweaver CS4 网页制作实用教程》
《计算机组装与维护实用教程（第二版）》	《中文版 Illustrator CS4 平面设计实用教程》
《计算机基础实用教程（Windows 7+Office 2010 版）》	《中文版 InDesign CS4 实用教程》
《Windows 7 实用教程》	《中文版 CorelDRAW X4 平面设计实用教程》
《中文版 Word 2003 文档处理实用教程》	《中文版 3ds Max 2012 三维动画创作实用教程》
《中文版 PowerPoint 2003 幻灯片制作实用教程》	《中文版 Office 2007 实用教程》
《中文版 Excel 2003 电子表格实用教程》	《中文版 Word 2007 文档处理实用教程》
《中文版 Access 2003 数据库应用实用教程》	《中文版 Excel 2007 电子表格实用教程》
《中文版 Project 2003 实用教程》	《Excel 财务会计实战应用（第二版）》
《中文版 Office 2003 实用教程》	《中文版 PowerPoint 2007 幻灯片制作实用教程》
《Access 2010 数据库应用基础教程》	《中文版 Access 2007 数据库应用实例教程》
《多媒体技术及应用》	《中文版 Project 2007 实用教程》
《中文版 Premiere Pro CS4 多媒体制作实用教程》	《Office 2010 基础与实战》
《中文版 Premiere Pro CS5 多媒体制作实用教程 》	《Director 11 多媒体开发实用教程》

《ASP.NET 3.5 动态网站开发实用教程》	《中文版 AutoCAD 2010 实用教程》
《ASP.NET 4.0 动态网站开发实用教程》	《中文版 AutoCAD 2012 实用教程》
《ASP.NET 4.0(C#)实用教程》	《AutoCAD 建筑制图实用教程（2010 版）》
《Java 程序设计实用教程》	《AutoCAD 机械制图实用教程（2012 版）》
《JSP 动态网站开发实用教程》	《Mastercam X4 实用教程》
《C#程序设计实用教程》	《Mastercam X5 实用教程》
《Visual C# 2010 程序设计实用教程》	《中文版 Photoshop CS5 图像处理实用教程》
《Access 2010 数据库应用基础教程》	《中文版 Dreamweaver CS5 网页制作实用教程》
《SQL Server 2008 数据库应用实用教程》	《中文版 Flash CS5 动画制作实用教程》
《网络组建与管理实用教程》	《中文版 Illustrator CS5 平面设计实用教程》
《计算机网络技术实用教程》	《中文版 InDesign CS5 实用教程》
《局域网组建与管理实训教程》	《中文版 CorelDRAW X5 平面设计实用教程》

二、丛书特色

1、选题新颖，策划周全——为计算机教学量身打造

本套丛书注重理论知识与实践操作的紧密结合，同时突出上机操作环节。丛书作者均为各大院校的教学专家和业界精英，他们熟悉教学内容的编排，深谙学生的需求和接受能力，并将这种教学理念充分融入本套教材的编写中。

本套丛书全面贯彻“理论→实例→上机→习题”4 阶段教学模式，在内容选择、结构安排上更加符合读者的认知习惯，从而达到老师易教、学生易学的目的。

2、教学结构科学合理，循序渐进——完全掌握“教学”与“自学”两种模式

本套丛书完全以大中专院校、职业院校及各类社会培训学校的教学需要为出发点，紧密结合学科的教学特点，由浅入深地安排章节内容，循序渐进地完成各种复杂知识的讲解，使学生能够一学就会、即学即用。

对教师而言，本套丛书根据实际教学情况安排好课时，提前组织好课前备课内容，使课堂教学过程更加条理化，同时方便学生学习，让学生在学习完后有例可学、有题可练；对自学者而言，可以按照本书的章节安排逐步学习。

3、内容丰富、学习目标明确——全面提升"知识"与"能力"

本套丛书内容丰富，信息量大，章节结构完全按照教学大纲的要求来安排，并细化了每一章内容，符合教学需要和计算机用户的学习习惯。在每章的开始，列出了学习目标和本章重点，便于教师和学生提纲挈领地掌握本章知识点，每章的最后还附带有上机练习和习题两部分内容，教师可以参照上机练习，实时指导学生进行上机操作，使学生及时巩固所学的知识。自学者也可以按照上机练习内容进行自我训练，快速掌握相关知识。

4、实例精彩实用，讲解细致透彻——全方位解决实际遇到的问题

本套丛书精心安排了大量实例讲解，每个实例解决一个问题或是介绍一项技巧，以便读者在最短的时间内掌握计算机应用的操作方法，从而能够顺利解决实践工作中的问题。

范例讲解语言通俗易懂，通过添加大量的"提示"和"知识点"的方式突出重要知识点，以便加深读者对关键技术和理论知识的印象，使读者轻松领悟每一个范例的精髓所在，提高读者的思考能力和分析能力，同时也加强了读者的综合应用能力。

5、版式简洁大方，排版紧凑，标注清晰明确——打造一个轻松阅读的环境

本套丛书的版式简洁、大方，合理安排图与文字的占用空间，对于标题、正文、提示和知识点等都设计了醒目的字体符号，读者阅读起来会感到轻松愉快。

三、读者定位

本丛书为所有从事计算机教学的老师和自学人员而编写，是一套适合于大中专院校、职业院校及各类社会培训学校的优秀教材，也可作为计算机初、中级用户和计算机爱好者学习计算机知识的自学参考书。

四、周到体贴的售后服务

为了方便教学，本套丛书提供精心制作的 PowerPoint 教学课件(即电子教案)、素材、源文件、习题答案等相关内容，可在网站上免费下载，也可发送电子邮件至 wkservice@vip.163.com 索取。

此外，如果读者在使用本系列图书的过程中遇到疑惑或困难，可以在丛书支持网站(http://www.tupwk.com.cn/edu)的互动论坛上留言，本丛书的作者或技术编辑会及时提供相应的技术支持。咨询电话：010-62796045。

ASP.NET 是 Microsoft 公司推出的基于.NET Framework 的 Web 应用开发平台，是 Web 应用开发的主流技术之一。使用 ASP.NET 进行 Web 应用开发，程序结构清晰，开发流程简单，可以提高开发效率，缩短开发周期。最新版本 ASP.NET 4.5 保留了很多令人喜爱的功能，并增加了一些其他领域的新功能和工具。与 ASP.NET 4.5 一起发布的是 Visual Studio 2012，Visual Studio 2012 在 Web 开发上也下了一番功夫，除了 ASP.NET 4.5 的诸多新特性外，对 JavaScript 支持大大加强，包括引入智能提示、DOM 查看器和 JavaScript 控制台，对 jQuery 第三方库的支持等。

本书从教学实际需求出发，合理安排知识结构，从零开始，由浅入深、循序渐进地讲解 ASP.NET 4.5 的基本知识和使用方法。

本书共分为 10 章，主要内容如下：

第 1 章介绍 Web 程序设计的基础知识、ASP.NET 的发展历程、使用 VS 2012 创建 ASP.NET 站点，以及 ASP.NET 的工作原理。

第 2 章介绍 ASP.NET 的基础知识，学习和掌握这些知识是进行 ASP.NET 程序开发的基础和前提。主要包括 ASP.NET 的页面框架和页面类、ASP.NET 的内置对象以及 ASP.NET 的配置文件 Web.config 和全局文件 Global.asax。

第 3 章介绍 ASP.NET 服务器控件的基本用法，包括标准控件、验证控件、导航控件、登录控件以及用户控件等。使用 ASP.NET 服务器控件，可以大幅减少开发 Web 应用程序所需编写的代码量，提高开发效率和 Web 应用程序的性能。

第 4 章介绍 CSS 样式、主题和母版页。这些技术对于创建具有一致外观的网站非常有用，也有利于使站点更专业和有吸引力。

第 5 章介绍数据库的基本知识，包括在 SQL Server 中新建数据库和表、使用 ADO.NET 访问数据库的方法以及 ASP.NET 提供的数据绑定技术和数据控件的使用。

第 6 章介绍 LINQ 查询技巧，包括 LINQ 语法以及在 ASP.NET 项目中使用 LINQ 数据的许多方法。

第 7 章介绍 ASP.NET AJAX 的使用，详细讲解 ASP.NET AJAX 服务器控件的使用方法，包括 ScriptManager 控件、UpdatePanel 控件和 Timer 控件等。

第 8 章介绍 jQuery 的基本语法和使用技巧。包括 jQuery 的语法、选择器、筛选器、文档处理、事件处理、动画效果以及 jQuery 对 Ajax 的支持等内容。

第 9 章介绍 Web 服务的基本概念以及如何创建和调用 Web 服务，包括在 Ajax 站点中使用 Web 服务。

第 10 章综合运用全书所学内容，实际开发一个迷你微博系统。

本书图文并茂，条理清晰，通俗易懂，内容丰富，在讲解每个知识点时都配有相应的实例，方便读者上机实践。同时在难于理解和掌握的部分内容上给出相关提示，让读者能够快速地提高操作技能。此外，本书配有大量综合实例和练习，让读者在不断的实际操作中更加牢固地掌握书中讲解的内容。

本书是集体智慧的结晶，参加本书编写的人员还有周高翔、宋友杰、徐枭楠、昝舒馨、任运成、高晓红、张旭、孙成洪、余枭灵、张晓菊、臧俊丽、卢华林、褚德华、荆双燕等人。

编写本书的过程中参考了相关文献，在此对这些文献的作者深表感谢。

由于作者水平有限，本书不足之处在所难免，欢迎广大读者批评指正。我们的邮箱是 huchenhao@263.net，电话是 010-62796045。

作者

2014 年 3 月

章　名	重点掌握内容	教学课时
第 1 章　ASP.NET 4.5 概述	1. Web 程序设计基础 2. ASP.NET 的发展历程 3. 使用 VS 2012 新建 Web 站点 4. ASP.NET 应用程序的工作原理	2 学时
第 2 章　ASP.NET 基础知识	1. ASP.NET 应用程序目录结构 2. ASP.NET 页面生命周期 3. 使用常用内置对象的方法 4. ASP.NET 的配置管理	4 学时
第 3 章　ASP.NET 服务器控件	1. 服务器控件的工作原理 2. 服务器控件的基类和常用事件 3. 列表控件的使用 4. 容器控件的使用 5. 验证控件的用法 6. 导航控件 7. 登录控件 8. 创建并使用用户控件	4 学时
第 4 章　样式、主题和母版页	1. 什么是 CSS 样式 2. VS 中创建 CSS 样式 3. 主题与外观 4. skinID 属性 5. 母版页与内容页	3 学时
第 5 章　显示和操作数据库	1. 在 SQL Server 中创建数据库表 2. ADO.NET 访问数据库 3. 数据绑定 4. 数据源控件 5. 数据控件	4 学时
第 6 章　LINQ	1. LINQ 的各种形式及其适用场合 2. ADO.NET Entity Framework 3. 使用 EntityDataSource 控件来访问 EF	2 学时

(续表)

章　名	重 点 掌 握 内 容	教 学 课 时
第 7 章　ASP.NET AJAX	1. ASP.NET AJAX 的基本知识 2. 使用 UpdatePanel 控件 3. 使用 UpdateProgress 控件 4. 使用 Timer 控件	3 学时
第 8 章　jQuery 入门	1. jQuery 选择器 2. jQuery 筛选器 3. 使用 jQuery 增强页面 4. 使用 jQuery 插件 5. 编写 jQuery 插件 6. jQuery 与 Ajax	5 学时
第 9 章　Web 服务	1. XML 的基本结构 2. 使用 ADO.NET 访问 XML 3. 创建 Web 服务 4. 调用 Web 服务 5. 支持 AJAX 的 Web 服务	3 学时
第 10 章　项目与实践	1. 需求分析 2. 数据库设计 3. 数据实体类设计 4. 母版页设计 5. 功能页面设计与实现	3 学时

目录 录

计算机基础与实训教材系列

第 1 章

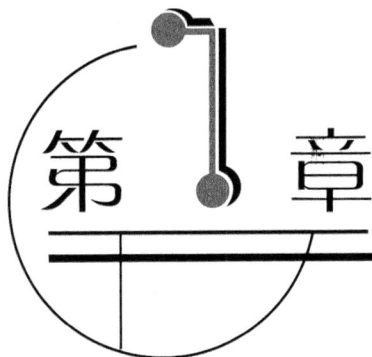

ASP.NET 4.5 概述

学习目标

ASP.NET 是微软公司为了迎接网络时代的到来而提出的一个 Web 开发模型，其最新版本是 4.5，它是建立在公共语言运行库上的编程框架。本章主要介绍了网站建设的基础知识、ASP.NET 的发展过程、VS 2012 开发环境以及 ASP.NET 的工作原理。

本章重点

- ⊙ 网站建设基础知识
- ⊙ VS 2012 开发环境
- ⊙ 新建 Web 站点
- ⊙ ASP.NET 应用程序的工作原理

1.1 Web 程序设计基础

当我们在 Web 浏览器中输入 www.baidu.com 这样的 Web 地址并按下 Enter 键时，浏览器就会向那个地址的服务器发送一个请求。这个过程是通过 HTTP(HyperText Transfer Protocol，超文本传输协议)完成的。HTTP 是 Web 浏览器与 Web 服务器之间进行通信的协议。当服务器处于活动状态且请求有效时，服务器就会接受并处理请求，然后将响应发送回客户端浏览器。

早期的网站一般都是采用静态网页技术制作的静态网站。在静态网站中所有的内容都用 HTML 语言编写，存储在静态网页文件中，文件扩展名为.htm、.html、.shtml、.xml 等。

1.1.1 HTML 语言

HTML 的英文全称是 Hyper Text Markup Language，直译为超文本标记语言，它由 W3C 组

织商讨制定。HTML 不是一种程序语言，而是一种描述文档结构的标记语言。

HTML 文档是含有标记、文本和影响文本的附加数据的简单文本文件。HTML 与操作系统平台的选择无关，只要有 Web 浏览器就可以运行 HTML 文件，显示网页内容。

1. HTML 元素和标记

HTML 中用尖括号间的文本指示内容在浏览器中如何显示？这种带有尖括号的文本称为标记(tag)；含有文本或其他内容的一对标记称为元素。例如：

    <h3>你好</h3>
    <p>欢迎学习 ASP.NET 4.5 </p>

该示例的第一行含有一个带起始标记<h3>和结束标记</h3>的元素。此元素用来表示三级标题。在三级标题元素下面，是一个<p>元素，它用来表示段落。<p>标记对中的所有文本都被看作是段落部分。

提示

元素的结束标记和起始标记相似，只是前面多了个斜杠(/)。起始标记和结束标记之间的所有文本都被看作是标题部分。

HTML 中有许多可用的标记，这里不再一一介绍。如表 1-1 所示列出了一些 HTML 最重要的标记。

表 1-1　HTML 标记

标　记	说　明	示　例
<html>	用来表示整个页面的开始和结束	<html> ...All other content goes here </html>
<head>	用来表示包含页面数据的页面的特殊部分，包括其标题以及对外部资源的引用	<head> ... Content goes here </head>
<title>	用来定义页面的标题。这个标题将会显示在浏览器的标题栏中	<title> 首页 </title>
<body>	用来表示页面体的开始和结束	<body> 页面主体 </body>
<a>	用来将一个 Web 页面链接到另一个页面	<a href="http://www.baidu.com"> 百度一下</a>
<img>	用来向页面中嵌入图像	<img src="Logo.gif" />

(续表)

标　记	说　明	示　例
<b>	用来将文本格式化为粗体	这是<b>粗体</b>
<i>	将文本格式化为斜体	<i>这里是斜体</i>
<u>	将文本格式加下划线	<u>这里是下划线</u>
<form> <input> <select>	用于描述允许用户向服务器提交信息的输入格式	<form> <input type="text" value="请输入" /> <select name="year"> <option value="2014">2014</option> < option value="2013">2013</option > </select> </form>
<table> <tr> <td>	这些标记用来创建含有表格的布局。<table>标记定义了整个表，而<tr>和<td>标记分别用来定义行和单元格	<table> <tr> <td>第一列</td> <td>第二列</td> </tr> </table>
<ul> <ol> <li>	这 3 个标记用来创建带有编号或项目符号的列表。<ul>和<ol>标记定义了列表的外观，而<li>标记用来表示列表中的项	<ul> <ol> <li>有编号的 1</li> <li>有编号的 2</li> </ol></ul>
<span>	这个标记用来包装和影响文档的其他部分。它作为内联文本出现，所以不会向页面添加换行符	<p>普通文本 <span style="color: red;">红色文本</span></p>
<div>	与<span>标记一样，<div>标记用来作为其他元素的容器。默认情况下<div>元素后面出现显式的换行符	<div> This is some text on 1 line </div>

2. HTML 属性

除了有 HTML 元素之外，还有 HTML 属性。这些属性包含了一些改变特定元素行为方式的额外信息。例如，使用<img>标记显示一个图像，src 属性用于定义图像的源代码。通常，用户不需要记住所有这些元素和属性。在大多数情况下，开发工具会自动地生成。当需要手工输入时，系统会给出智能提示，帮助用户找到正确的标记或属性。

知识点

除了标记，在 HTML 中还常常引用脚本语言(Scripting Language)，如 JavaScript 和 VBScript。使用脚本语言，可以制作出网页特效和一些简单的动态效果。

3. HTML 和 XHTML 的区别

除了 HTML 之外，还有 XHTML。虽然两者的名称看起来非常相似，但是它们之间有一些有趣的区别。XHTML(eXtensible Hypertext Markup Language)称为可扩展超文本标记语言，是为了使 HTML 向 XML(eXtensible Markup Language)过渡而定义的标记语言，它以 HTML 为基础，采用 XML 严谨的语法结构。XML 是一种通用的、用来描述数据的、基于文本与标记的语言，它也是其他许多语言(包括 XHTML)的基础语言。

XHTML 很大程度上是用 XML 规则重写的 HTML。在 XHTML 中，如果用<p>开始了一个段落，就必须在页面后面的某个地方用</p>闭合该段落。对于没有结束标记的标记也是如此，比如<img>或
(用来输入一个换行符)。在 XHTML 中，这些标记被写为自结束标记，其中结束标记中的斜杠直接嵌在标记自身中，例如：

```
<img src="Logo.gif" />亚细<br />
```

XML 是区分大小写的，XHTML 通过强制所有标记采用小写来应用该规则。虽然标记和特性必须都是小写，但是实际值不必是这样。例如，前面显示 Logo 图像的示例是完全有效的 XHTML，这里的图像名称中使用了大写的 L。

大部分的浏览器都可以正确解析 XHTML，即使老版本的浏览器，也会将 XHTML 作为 HTML 的一个子集。

1.1.2 静态网站

在 HTML 格式的网页上，也可以出现各种动态的效果，如 GIF 格式的动画、Flash、滚动字母等，这些"动态效果"只是视觉上的。这里所讨论的静态网站中的"静"是指网页内容在用户发出请求之前就已经生成了(也就是说，用户每次总能看到相同的页面)。Web 服务器只负责保存和传递 HTML 文件，而不进行额外处理，用户只能阅读网站所提供的信息。这种页面的请求模式如图 1-1 所示。

图 1-1 静态网页的请求模式

静态网站中网页的内容相对稳定，不需要通过数据库工作，对于 Web 服务器来说，处理负担不大，因此静态网站具有容易被搜索引擎检索、访问速度比较快等优点。

静态网站的致命弱点是不易维护。为了不断更新网页内容，网站管理者必须不断地重复制作 HTML 文件，随着网站内容和信息量的日益增长，维护工作将变得十分复杂。因此，静态网站往往适用于数据不多、网页比较固定、更新不频繁的情况。

1.1.3 动态网站

什么是动态网站呢？所谓"动"，并不是指网页上的 GIF 等动画图片，而是指用户与网站的交互性和互动性。动态网站一般应满足以下特征。

1. 交互性

动态网站中的网页会根据用户的要求和选择而改变和响应。网站管理员只需要掌握计算机基本操作方法，就可以方便、及时地更新网站内容；浏览网站的用户也可以在网站中进行查询、留言等操作。可见，动态网站技术大大加强了用户与网站的交互性。

2. 在服务器端运行，方便更新

在服务器端运行的程序、网页、组件，会随不同用户、不同要求返回不同的页面，网站管理员无须手动更新网页文档，大大节省了网站管理的工作量，如图1-2所示。

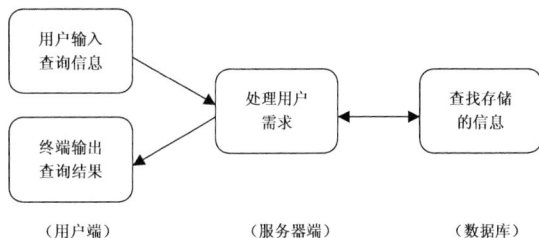

图 1-2　动态网站模型

3. 通过数据库进行架构

在动态网站中，网络管理员除了要设计网页视觉效果外，还要设计数据库和程序代码来使网站具有更多自动的和高级的功能。例如，购物网站中含有大量的商品种类和数量信息，为了方便查找，则应搭建数据库平台，以在网页上实现自动搜索。现在广泛使用的网上交易系统、在线采购系统、商务交流系统等都是由数据库提供技术支持的。

由上述特征可以看出，静态网站和动态网站的主要区别在于：静态网站的内容是在用户发出请求之前就预先生成的，而动态网站的内容则是在用户发出请求之后才产生。

动态网站在发出请求之后生成内容有以下两个优点：

(1) 服务器端可以根据用户提交的请求以及请求中的信息来生成页面的内容。例如，在一个电子商务网站提交用户名和密码，那么用户将看到的下一个页面就是动态生成的页面，它包含了用户的私有账户信息。

(2) 服务器端可以根据最新的可用信息设置它所生成的页面内容。例如，很多网站都有显示当前在线用户数。在线用户数是实时信息，它是在 Web 服务器接收用户请求时获取的。

静态网站和动态网站各有特点，搭建网站采用静态还是动态技术主要取决于网站的功能需求和内容的多少。如果网站功能比较简单，内容更新量不是很大，那么采用静态网站的方式会更简单，反之，就要采用动态网站技术来实现。

静态网站可以使用 Frontpage 或 Dreamweaver 等网页编辑工具来建立，而动态网站则需要使用服务器端网页技术，如本书介绍的 ASP.NET 来搭建。

1.2　ASP.NET 的诞生

Microsoft 公司花了大量时间和精力来开发 ASP.NET，它是 .NET Framework 的一部分，可以用来构建 Web 应用程序。ASP .NET 的前身是 ASP 技术，本节将从 ASP 的面世开始，介绍 ASP.NET 的发展历程。

①.2.1　ASP 的出现与发展

早期的 Web 程序开发是十分繁琐的事情，一个简单的动态页面就需要编写大量的代码(一般用 C 语言)才能完成。

1996 年，Microsoft 推出了 ASP(Active Server Page，活动服务器页面，现在人们常称之为传统 ASP)1.0 版。它允许采用 VBScript、JavaScript 这些简单的脚本语言编写代码，允许将代码直接嵌入 HTML 中，从而使得设计动态 Web 页面的工作变得简单。ASP 能够通过内置的组件实现强大的功能(如 Cookie)。

ASP 是微软公司开发的代替 CGI 脚本程序的一种应用，它可以与数据库和其他程序进行交互，是一种简单、方便的编程工具。ASP 的网页文件的格式是.asp。ASP 最显著的贡献就是推出了 ActiveX Data Objects(ADO)，它使得程序对数据库的操作变得十分简单。

ASP 网页可以包含 HTML 标记、普通文本、脚本命令以及 COM 组件等。利用 ASP 可以向网页中添加交互式内容(如在线表单)，也可以创建使用 HTML 网页作为用户界面的 Web 应用程序。与 HTML 相比，ASP 网页具有以下特点：

- ⊙　利用 ASP 可以实现突破静态网页的一些功能限制，实现动态网页技术。
- ⊙　ASP 文件包含在 HTML 代码所组成的文件中，易于修改和测试。
- ⊙　服务器上的 ASP 解释程序会在服务器端执行 ASP 程序，并将结果以 HTML 格式传送到客户端浏览器上，因此使用各种浏览器都可以正常浏览 ASP 所产生的网页。
- ⊙　ASP 提供了一些内置对象，使用这些对象可以使服务器端脚本功能更强。例如可以从 Web 浏览器中获取用户通过 HTML 表单提交的信息，并在脚本中对这些信息进行处理，然后向浏览器发送信息。
- ⊙　ASP 可以使用服务器端 ActiveX 组件来执行各种各样的任务，例如：存取数据库、发送 E-mail 或访问文件系统等。
- ⊙　由于服务器是将 ASP 程序执行的结果以 HTML 格式传回客户端浏览器，因此使用者不会看到 ASP 所编写的原始程序代码，可防止 ASP 程序代码被窃取。

1998 年，微软发布了 ASP 2.0 和 IIS 4.0。与前一版相比，2.0 版最大的改进是外部的组件需要初始化。用户能够利用 ASP 2.0 和 IIS 4.0 构建各种 ASP 应用，而且每个组件有了自己单独的内存空间，可以进行事务处理。

随后，微软在 Windows 2000 Server 系统中提供了 IIS 5.0 和 ASP 3.0。此次升级，最主要的改变就是把很多事情交给 COM+来做，效率比以前的版本更高，而且更稳定。

①.2.2　ASP.NET 缘起

1997 年，微软开始针对 ASP 的缺点(尤其是面向过程型的开发思想)，开始了一个新的项目。当时 ASP.NET 的主要领导人 Scott Guthrie 刚从杜克大学毕业，他和 IIS 团队的 Mark Anders 经理一起合作两个月，开发出了下一代 ASP 技术的原型，这个原型在 1997 年的圣诞节时被发展出来，并给予一个名称：XSP，这个原型产品使用的是 Java 语言。不过它马上就被纳入当时还在开发中的 CLR 平台，Scott Guthrie 事后也认为将这个技术移植到当时的 CLR 平台，确实有很大的风险(huge risk)，但当时的 XSP 团队却是以 CLR 开发应用的第一个团队。

为了将 XSP 移植到 CLR 中，XSP 团队将 XSP 的内核程序全部以 C#语言进行了重构，并且改名为 ASP+，而且为 ASP 开发人员提供了相应的迁移策略。ASP+首次的 Beta 版本以及应用在 PDC 2000 中亮相，由 Bill Gates 主讲 Keynote(即关键技术的概览)，由富士通公司展示使用 COBOL 语言撰写 ASP+应用程序，并且宣布它可以使用 Visual Basic .NET、C#、Perl、Nemerle 与 Python 语言(后两者由 ActiveState 公司开发的互通工具支持)来开发。

在 2000 年第二季度时，微软正式推动.NET 策略，ASP+也顺理成章地改名为 ASP.NET，经过 4 年时间的开发，第一个版本的 ASP.NET 在 2002 年 1 月 5 日亮相。

ASP.NET 1.0 在结构上与传统的 ASP 版本截然不同，几乎完全是基于组件和模块化的。ASP.NET 1.0 及相关的 Visual Studio .NET 2002 的引入给开发人员带来了如下好处：

- 页面显示与代码清楚地分开。使用传统 ASP 时，编程逻辑常常散布在整个页面的 HTML 中，使得后面对页面的维护比较困难。
- 开发模型更接近于桌面应用程序的编程方式，使得很多 Visual Basic 程序员可以轻松地转换到 Web 应用程序开发。
- 有一个功能丰富的开发工具(称为 Visual Studio .NET)，开发人员可以通过它可视化地创建和编写 Web 应用程序代码。
- 有几种面向对象的编程语言可供选择，其中 Visual Basic .NET 和 C#(读作 C-Sharp)是目前最流行的两种语言。
- 它可以访问整个.NET Framework，这意味着 Web 开发人员首次拥有了一种统一且容易的方式，来使用数据库、文件、网络工具等许多高级功能。

知识点

ASP.NET 提出了代码隐藏类(CodeBehind)的概念，把逻辑代码(.aspx.cs)和表现页面(.aspx)分离开来，使用户很容易使用后台代码来控制页面的逻辑功能。

2003 年，Microsoft 公司发布了 Visual Studio .NET 2003，提供了在 Windows 操作系统下开发各类基于.NET 框架的全新的应用程序开发平台(称为.NET 1.1)。

2005 年 11 月，Microsoft 发布了 Visual Studio 2005 和 ASP.NET 2.0。它修正了以前版本中的一些 Bug 并在移动应用程序开发、代码安全以及对 Oracle 数据库和 ODBC 的支持等方面都做了很多改进。

Microsoft 公司在 2007 年 11 月发布的 Visual Studio 2008 和 ASP.NET 3.5 中添加了一系列很酷的新功能，主要的新功能包括 LINQ 以及 Ajax 框架整合。2008 年 8 月，Microsoft 发布了用于 Visual Studio 和.NET Framework 的 Service Pack 1。其中引入了一些重要的新功能，如：ADO.NET Entity Framework 和动态数据。

2010 年，ASP.NET 4.0 与 Visual Studio 2010 一起发布，.NET Framework 4.0 使 Web 应用程序具有如并行运算库(Parallel Library)等新功能。

目前该软件的最新版本是 ASP.NET 4.5，该版本在数据模型绑定这一方式上，又有重大的变革，可以直接将数据模型层中的模型跟相关的数据绑定控件、CRUD(增删改查操作)、分页操作进行绑定。

1.3 使用 VS 2012 创建 ASP.NET 站点

进行 ASP.NET 开发时需要使用的语言是 Visual Basic .NET 或 C#，这两种语言都是.NET 环境下的程序设计语言，但并不是必须使用.NET 集成开发环境才能创建 ASP.NET 站点。因为 ASP.NET 文件实际上是一个纯文本文件，编译工作是在用户向服务器第一次发出对该文件的 HTTP 请求时由 Web 服务器进行的，并不是由.NET 开发环境(如 Visual Studio 2012)完成。从理论上讲，用记事本或其他文本编辑器就可以编写 ASP.NET Web 应用程序，但大多数开发人员还是希望安装 Microsoft Visual Studio。本书将以 C#作为编程语言，使用 Visual Studio 2012(以下简称 VS 2012)进行开发，下面介绍 VS 2012 的安装和使用。

1.3.1 安装 VS 2012

VS 2012 中文版是一个最先进的开发解决方案，它使各种规模的团队能够设计和创建出使用户欣喜的引人注目的应用程序。在 VS 2012 中，可以使用灵活敏捷的规划工具(如容量规划、任务板和积压工作管理)来按照用户的进度实现增量开发技术和敏捷方法。通过从部署的软件生成可对其采取措施的 Bug 来改进质量和减少解决时间，让运营人员高效协作以提供使开发人员能够深入了解产生问题的数据。

VS 2012 的安装很简单，只是过程有点长。根据所选的安装方法、计算机配置和 Internet 连接速度，安装可能需要半个小时到一个小时，甚至更长时间。VS 2012 对操作系统的要求也比较高，只有 Windows 7 以上版本才可以安装。

下面以 Windows 8 系统安装 VS 2012 为例介绍 VS 2012 的安装。

(1) 运行从 Microsoft Web 站点下载的安装包中的 Setup.exe 文件启动安装。

(2) 首先需要设置安装位置和许可条款，在此窗口需要选中【我同意许可条款和条件】复选框，如图 1-3 所示。

(3) 单击【下一步】按钮，选择要安装的可选功能，如图 1-4 所示。

(4) 单击【安装】按钮开始安装，安装过程大概需要半个小时，当出现如图 1-5 所示的界面时表示安装成功。单击【启动】按钮即可启动 VS 2012。

图 1-3　安装位置和许可条款 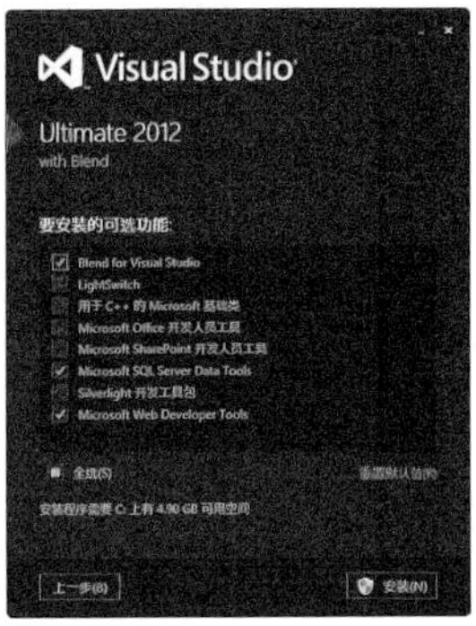　　　图 1-4　选择要安装的可选功能 　　　图 1-5　安装成功

接下来就可以启动并使用 VS 2012 来创建 ASP.NET 应用程序了。下一节将介绍 VS 2012 的 IDE 集成环境。

1.3.2　VS 2012 IDE 环境介绍

单击 Windows 的【开始】菜单，选择【Microsoft Visual Studio 2012】|【Visual Studio 2012】命令，启动 VS 2012。

初次使用时，会出现【选择默认环境设置】对话框，如图 1-6 所示。在此选择【Web 开发】选项，单击【启动 Visual Studio】按钮，开始加载用户设置，几分钟之后，进入【起始页】界面，如图 1-7 所示。

图 1-6　【选择默认环境设置】对话框 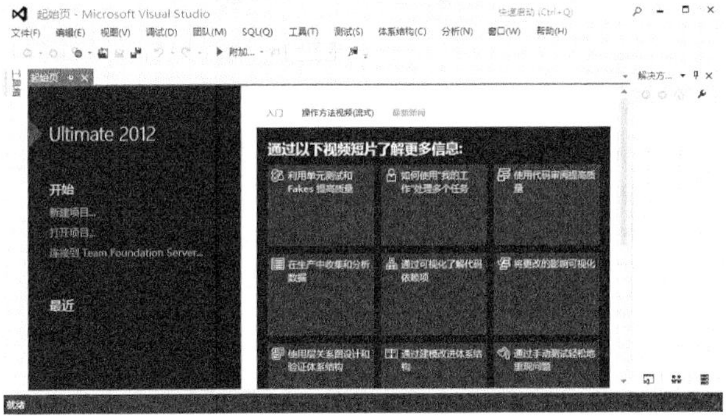　　　图 1-7　【起始页】界面

【起始页】界面包括【最近使用的项目】、联机资源以及新建和打开项目的快捷操作。为了介绍 VS 2012 的操作环境，这里先新建一个网站，选择【文件】|【新建网站】命令，打开【新建网站】对话框，如图 1-8 所示。

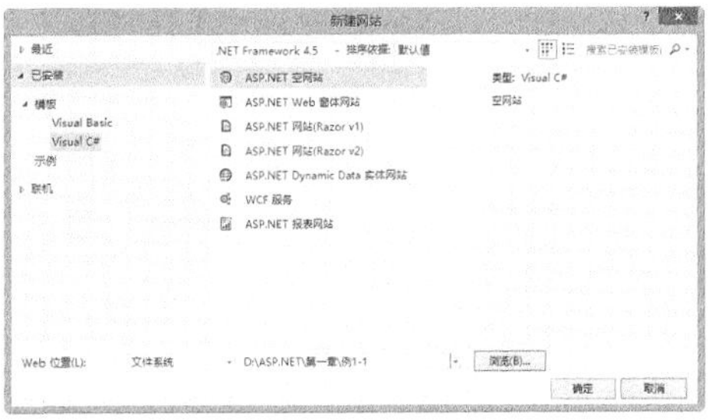

该对话框显示了已经安装的模板，这里选择【Visual C#】语言，然后选择【ASP.NET 空网站】

图 1-8　【新建网站】对话框

模板，在【Web 位置】下拉列表中选择【文件系统】选项，然后在后面的文本框中输入存储位置，或者单击【浏览】按钮选择一个新位置。本书统一按章节存放不同的目录，如本例的存放目录为"D:\ASP.NET\第一章\例 1-1"。单击【确定】按钮，即可创建一个 ASP.NET 网站。

新建的空网站中包括一个名为 Web.config 的文件，如图 1-9 所示。

VS 2012 的主界面包括标题栏、菜单栏、工具栏、

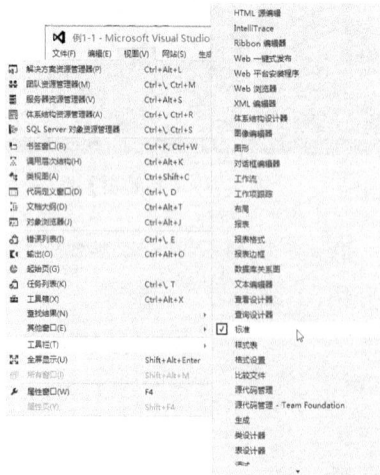

图 1-9　VS 2012 主开发界面

工具箱、解决方案资源管理器、服务器资源管理器、属性窗口、文档窗口、输出窗口等。

1. 菜单栏

开发界面的最上方是标题栏，标题栏的下面就是菜单栏，包括【文件】、【编辑】、【视图】、【网站】、【生成】、【调试】、【团队】、【SQL】、【工具】、【测试】、【体系结构】、【分析】、【窗口】和【帮助】14 个主菜单。根据执行的具体任务不同，主菜单也会有所不同，因此，在使用应用程序的过程中就会发现某些菜单有时出现、有时消失。

2. 工具栏

菜单栏的下面是工具栏。利用不同的工具栏，可以快速地访问 VS 2012 中的大部分常用功能。图 1-9 中只显示了【标准】工具栏，如果要打开或关闭某个工具栏，可以右击现有的工具栏，或者选择【视图】|【工具栏】菜单，从弹出的子菜单中选择相应的命令即可，如图 1-10 所示。

3. 工具箱

默认情况下，在主窗口的左侧，可以看到折叠的工具箱选项卡，将鼠标指针移动到该选项卡上悬停几秒，工具箱就会展开，如图 1-11 所示。

图 1-10　【视图】|【工具栏】子菜单　　　　图 1-11　工具箱

与菜单栏和工具栏一样，在执行不同的任务时，工具箱也可能会变化，以显示当前可以使用的控件。也可以通过鼠标拖动将工具箱中的控件拖放到页面中的合适位置。

工具箱中的控件包含多个分类，用户可以根据需要展开或折叠某个分类，以便找到需要的控件。如果在主窗口左侧找不到工具箱，可以按 Ctrl+Alt+X 组合键或者选择【视图】|【工具箱】命令来打开它。

4. 解决方案资源管理器

窗口的右上角是【解决方案资源管理器】和【服务器资源管理器】窗口。在解决方案资源管理器中，文件被分门别类地存储在不同的文件夹中，可以通过该窗口向站点中添加新的文件夹和文件，也可以从项目中删除文件，更改文件或文件名等。解决方案资源管理器的大部分功能都集中在它的右键快捷菜单中。

通过服务器资源管理器窗口可以连接数据库，创建新数据库，打开现有数据库，以及向数据库中添加新的表和查询工具。

5. 【属性】窗口

【属性】窗口位于窗体的右下角，通过该窗口可以查看和编辑项目、文件、控件、页面本身的属性以及其他内容。

6. 文档编辑区

文档编辑区是界面的主要区域，大部分动作都是在这里发生的。在文档编辑区的下方，有 3 个视图按钮，分别是【设计】、【拆分】和【源】按钮。在操作含有标记的文件(如 aspx 和 html 文件)时，这些按钮会自动出现。单击【设计】按钮可以打开页面的设计视图，在这里可以看到页面在浏览器中的效果；单击【源】按钮将打开源视图，在此可以看到页面的源代码；单击【拆分】按钮可以同时打开设计视图和源视图。

默认情况下，文档编辑区是一个带选项卡的区域，各文件通过选项卡呈现，文件名在编辑区顶部。如果选项卡上的文件名带有 "*"，则说明该文件的内容修改过但还没有保存。

7. 其他窗口

除了上面介绍的几个组成部件之外，VS 2012 还有很多工具窗口，包括输出、错误列表、书签、任务列表等窗口。这些窗口都可以通过【视图】菜单下的相应命令打开。

1.3.3　第一个 Web 应用程序

本节将通过 VS 2012 创建第一个 ASP.NET Web 应用程序。通过这个例子，读者将学会如何通过 VS 2012 创建 ASP.NET 应用程序，并对在浏览器中浏览 ASP.NET 页面时后台的工作原理有一个很好的了解。

1. 新建网站

【例 1-1】通过 VS 2012 新建网站，了解通过 VS 2012 开发 Web 应用程序的步骤。

(1) 通过【开始】菜单启动 VS 2012，选择【文件】|【新建网站】命令，打开【新建网站】对话框，新建 ASP.NET 空网站"例 1-1"。

(2) 通常情况下，VS 2012 会为新建网站创建一个新的子目录，新建的空网站只有一个名为 Web.config 的配置文件。

(3) 在【解决方案资源管理器】窗口中右击网站名称"例 1-1"，从弹出的快捷菜单中选择【添加】|【添加新项】命令，打开【添加新项】对话框。在该对话框中选择【Web 窗体】选项，单击【添加】按钮，添加一个名为 Default.aspx 的页面，如图 1-12 所示。

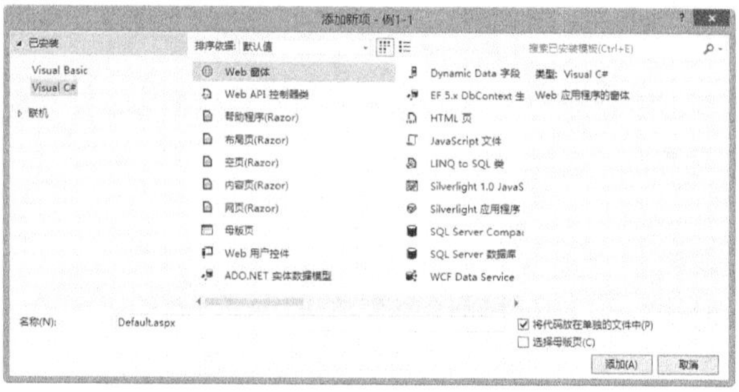

图 1-12　【添加新项】对话框

(4) 双击 Defualt.aspx 文件，在文档编辑窗口打开该文件，单击【源】按钮，查看该文件的源代码，页面的代码如下所示：

```
<%@ Page Language="C#" AutoEventWireup="true" CodeFile="Default.aspx.cs" Inherits="_Default" %>
<!DOCTYPE html>
<html xmlns="http://www.w3.org/1999/xhtml">
<head runat="server">
<meta http-equiv="Content-Type" content="text/html; charset=utf-8"/>
    <title></title>
</head>
<body>
    <form id="form1" runat="server">
    <div>
    </div>
    </form>
</body>
</html>
```

代码的第一行是一个 Page 指令，指定了页面的后台代码文件使用 C#语言，代码文件是 Default.aspx.cs，其他代码都是基本的 HTML 语言，这里不作过多解释。

(5) 这里只需添加几行简单的代码，在页面中显示当前日期和时间，添加的代码如图 1-13

所示。

(6) 选择【调试】|【启动调试】命令，或者按 F5 键，或单击工具栏中的 ▶ 按钮，将编译并生成网站，同时启动调试。

(7) 如果代码输入正常，主窗口下方的【输出】窗口中将出现生成成功的信息，如图 1-14 所示。如果有语法错误，则在【错误列表】中将逐一列出所有错误，双击某项错误将跳转到相应的代码处。

图 1-13　修改程序代码

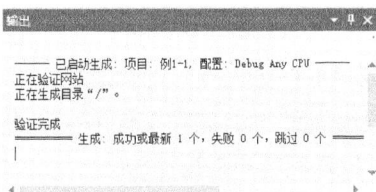

图 1-14　【输出】窗口

(8) 接着弹出【未启用调试】对话框，如图 1-15 所示，如果选中【修改 Web.config 文件以启用调试】单选按钮，则以后启动此工程时将不再弹出该对话框，而默认启动调试。如果选中【不进行调试直接运行】单选按钮，则不启动调试，等同于按 Ctrl+F5 组合键。

(9) 单击【确定】按钮后，将自动启动默认的 Web 浏览器，同时打开该页面，如图 1-16 所示。

图 1-15　【未启用调试】对话框

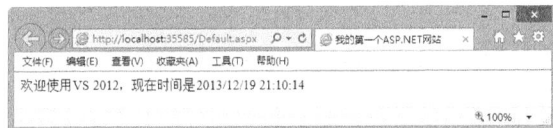

图 1-16　页面运行效果

💡 提示

如果在页面中没有看到时间和日期，或者收到了错误消息，可查看一下添加的代码，确定是否以前尖括号(<)开头，后面跟着一个百分号和一个等号，以一个百分号和另一个后尖括号(>)结束。尽管如此，还是要确保输入和此处完全相同的代码，包括大小写也要一致。

(10) 此时，在 Windows 的任务栏中会出现一个带屏幕提示的小图标 🔲，这是 IIS Express 的图标。该 Web 服务器由 VS 自动启动，以响应客户端对页面的请求，双击该图标将打开如图 1-17 所示的 IIS Express 对话框。

图 1-17　IIS Express 对话框

2. 工作原理

虽然本例中创建的 Web 站点非常简单，但是让 Default.aspx 页面显示在浏览器中的过程却没有那么简单。ASP.NET 页面(根据它的扩展名，也称为 ASPX 页面)本身并不能做太多的事。在浏览器能够显示它之前，需要一个 Web 服务器对它进行处理，这就是 VS 自动启动 IIS Express 来处理页面请求的原因。接下来，它会启动默认的 Web 浏览器并定向到本例中的 Web 服务器地址：http://localhost:35585/Default.aspx。需要注意的是：每次启动 Web 服务器时这个地址中的端口号可能会不同，因为该端口是 VS 随机选择的。

ASPX 页面中的标记由以下内容组成：纯文本、HTML、ASP.NET 服务器控件的代码、用 Visual Basic .NET 或 C#编写的代码等。当客户端在浏览器中请求一个 ASPX 页面时，Web 服务器就会处理该页面，执行它在文件中找到的所有代码，并有效地将 ASP.NET 标记转换为纯 HTML 代码，然后发送回客户端浏览器。

要查看最终的 HTML 页面与原始的 ASPX 页面在代码上的区别，可以在浏览器中打开该页面的源代码。选择【查看】|【源文件】命令，将会打开一个默认的文本编辑器，用于显示该页面的 HTML 代码。其中的大部分 HTML 代码与原始的 ASPX 页面相似。然而，如果看一下显示欢迎消息和当前日期与时间的那一行代码，就会知道它们有很大的区别。现在看到的不是尖括号和百分号之间的代码，而是实际的日期和时间。如下所示：

```
<html xmlns="http://www.w3.org/1999/xhtml">
<head><title>
我的第一个 ASP.NET 网站
</title></head>
<body>
    <form method="post" action="Default.aspx" id="form1">
    <div class="aspNetHidden">
    <input type="hidden" name="__VIEWSTATE" id="__VIEWSTATE"
value="/wEPDwUJOTU4MjMyMzI1ZGRyJQkrhRQxLtgmJwQTfVUVAs+BRrzD2CE4smjwDM7znw==" />
    </div>
    <div>
    欢迎使用 VS 2012，现在时间是：2013-12-19 21:10:14
    </div>
    </form>
</body>
</html>
```

①.4 上机练习

本章的上机练习主要让读者熟悉创建 ASP.NET 4.5 应用程序的过程，进一步了解其工作原理。

本练习通过服务器控件显示欢迎信息并显示当前日期和时间，与前面的【例 1-1】效果类似，请读者比较两者的区别。

(1) 启动 VS 2012，选择【文件】|【新建网站】命令，新建 ASP.NET 空网站【上机练习 1】。

(2) 通过【添加新项】对话框添加名为 Default.aspx 的页面，切换到 Default.axpx 页面的【设计】视图，从工具箱中拖动一个 Label 控件到页面中，如图 1-18 所示。

ASP.NET 服务器控件的标记与 HTML 的标记很相似。它也像 HTML 一样用尖括号和结束标记表示标记、元素和特性。然而，它们之间还是有一些不同之处的。例如，所添加的 Label 控件的标记如下：

```
<asp:Label ID="Label1" runat="server" Text="Label"></asp:Label>
```

(3) 在页面的空白处双击鼠标，将自动添加页面的 Load 事件，并跳转到后台代码文件 Default.apsx.cs 中，在此添加如下代码：

```
protected void Page_Load(object sender, EventArgs e)
{
    Label1.Text = "欢迎使用 ASP.NET 4.5，现在时间是：" + DateTime.Now;
}
```

(4) 启动调试，在默认浏览器中打开该页面，效果如图 1-19 所示。

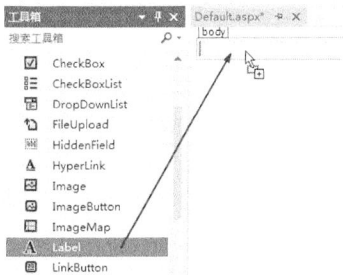

图 1-18   在页面中添加 Label 控件

图 1-19   页面运行效果

1.5 习题

1. 参照本章内容，安装 VS 2012。
2. 简述 ASP.NET 的工作原理。
3. 参照本章上机练习，新建网站，并通过 Label 控件显示当前时间。

第2章

ASP.NET 基础知识

学习目标

本章主要介绍 ASP.NET 的一些基础知识，学习和掌握这些知识是以后进行 ASP.NET 程序开发的基础和前提。这些知识主要包括 ASP.NET 的页面框架和页面类、ASP.NET 的内置对象以及 ASP.NET 的配置与管理。本章是学习 ASP.NET 非常关键的一章，是从认识、了解到使用 ASP.NET 的一个关键点。

本章重点

- ◉ 了解 ASP.NET 的文件类型
- ◉ 理解 ASP.NET 页面的运行机制
- ◉ 掌握 Page 类各事件的发生顺序
- ◉ 掌握 ASP.NET 内置对象的使用
- ◉ 掌握 Cookie 的使用及设置
- ◉ 掌握 ASP.NET 的配置管理

2.1 ASP.NET 应用程序基础

ASP.NET 应用程序与传统的桌面型应用程序不同。传统的桌面型应用程序是一个独立的 exe 文件；而 ASP.NET 应用程序则是被分成若干个 Web 页面，这样，用户就可以从不同的入口进入一个 ASP.NET 应用程序，或者跟随超链接从一个 Web 应用程序导航到另一个 Web 应用程序。

每一个 ASP.NET 应用程序都共享一组资源和配置设置，另一个 ASP.NET 应用程序则不能共享这些资源和配置，即使它们位于同一个 Web 服务器上。从技术的角度来讲，每一个 ASP.NET 应用程序都在一个独立的"应用程序域"(Application Domain)中执行。应用程序域是内存中相互隔离的内存区域，这就意味着当一个 Web 应用程序出现故障时，不会影响到其他 Web 应用程序。

如图 2-1 所示是一个 Web 服务器的应用程序域的结构，其中包含了两个独立的 Web 应用程序。

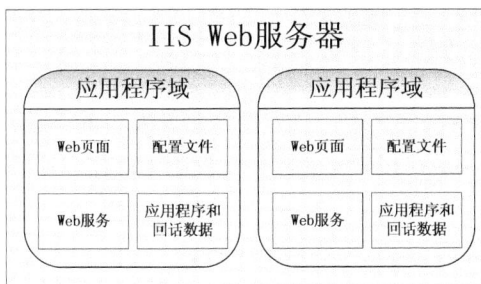

图 2-1　ASP.NET 应用程序域

②.1.1　ASP.NET 的文件类型

　　ASP.NET 应用程序可以包含多种不同类型的文件。如表 2-1 所示的是一些常见的 ASP.NET 的文件类型。

表 2-1　ASP.NET 文件类型

文 件 类 型	描　　述
.aspx 文件	.aspx 文件是 ASP.NET 的 Web 页面文件，与传统 ASP 应用程序中的.asp 文件对应。.aspx 文件中包含页面的用户界面，也可以包含一些基本的应用程序代码。用户向 Web 服务器请求某个.aspx 文件，或者导航到某个.aspx 文件时，将进入一个 Web 应用程序
.ascx 文件	.ascx 文件是 ASP.NET 的用户控件。用户控件与 Web 页类似，但用户无法直接访问.ascx 文件。.ascx 文件必须嵌入到一个 ASP.NET 页面中才能运行。可以使用用户控件来开发一些用户界面的模块，并在其他页面中直接使用这些用户控件，而不必重复编写相同的代码
.asmx 文件	.asmx 文件是 ASP.NET Web 服务文件。Web 服务是一组方法的集合，这些方法可以通过 Internet 进行调用。Web 服务的工作原理与 Web 页面完全不同，但是 Web 服务与 Web 页面共享同一应用程序中的各种资源、配置设置和内存区域
Web.config 文件	Web.config 文件是一个基于 XML 的 ASP.NET 配置文件。该配置文件包含了自定义的安全设置、状态管理、内存管理等多种配置的设置。本书中很多地方都会用到该文件的配置
Global.asax 文件	Global.asax 文件是一个全局应用程序文件。在该文件中，可以定义全局变量(全局变量可以在当前 Web 应用程序中的所有页面中访问)，还可以定义应用程序的全局事件(如当一个 Web 应用程序启动时的事件)
.cs 文件	.cs 文件是 Web 页面的后台代码文件，其中包含执行页面逻辑功能的 C#代码。.cs 文件将应用程序的逻辑从 Web 页面的用户界面中分离出来

　　除了上表所列的文件类型以外，Web 应用程序还可以包含一些其他的资源文件，这些资源文件并不是专门用于 ASP.NET 的。例如，在虚拟目录中，可以包含图片文件、HTML 文件或 CSS 样式文件。这些资源文件可以在某个 ASP.NET 页面中使用，也可以独立使用。

②.1.2　ASP.NET 应用程序的目录结构

每个 Web 应用程序都应该具有一个良好的目录结构规划。开发者在对程序进行设计时应该将特定类型的文件存放在某些文件夹中，以方便今后开发中的管理和操作。ASP.NET 保留了一些特殊的子目录，程序开发人员可以直接使用，并且还可以在应用程序中增加任意多个文件和文件夹。

> **提示**
>
> 在一个典型的 ASP.NET 应用程序中，并不一定需要使用全部的特殊子目录。

1. Bin 子目录

Bin 子目录包含应用程序所需的用于控件、组件或者需要引用的任何其他代码的可部署程序集。该目录中存在的任何.dll 文件将自动地链接到应用程序。可以在 Bin 子目录中存储编译的程序集，Web 应用程序中其他任意处的代码会自动引用该目录。典型的实例是：如果为自定义类编译好了代码，那么就可以将编译后的程序集复制到 Web 应用程序的 Bin 子目录中，这样，所有页都可以使用这个类了。

Bin 子目录中的程序集无需注册，只要.dll 文件存在于 Bin 子目录中，ASP.NET 就可以识别它。如果更改了.dll 文件，并将它的新版本写入到了 Bin 子目录中，则 ASP.NET 会检测到更新，并对随后的新页请求使用新版本的.dll 文件。

将编译后的程序集放入 Bin 子目录中会带来安全风险。如果是自己编写和编译的代码，那么设计者是了解代码的功能的。但是，设计者必须像对待任何可执行代码一样来对待 Bin 子目录中已编译的代码。在完成代码测试并确信已了解代码功能之前，要对已编译的代码保持谨慎的态度。Bin 子目录中的程序集的作用范围为当前应用程序，因此，它们无法访问当前 Web 应用程序之外的资源或调用当前 Web 应用程序之外的代码。另外，在运行时，程序集的访问级别是由本地计算机上指定的信任级别决定的。

2. App_Code 子目录

App_Code 子目录在 Web 应用程序根目录下，它存储所有应当作为应用程序的一部分动态编译的类文件。这些类文件自动链接到应用程序，而不需要在页面中添加任何显式指令或声明来创建依赖性。App_Code 目录中放置的类文件可以包含任何可识别的 ASP.NET 组件——自定义控件、辅助类、build 提供程序、业务类、自定义提供程序和 HTTP 处理程序等。

在开发时，对 App_Code 子目录的更改会导致整个应用程序的重新编译。对于大型项目，这可能不受欢迎，而且很耗时。为此，鼓励大家将代码进行模块化处理到不同的类库中，按逻辑上相关的类集合进行组织。应用程序专用的辅助类大多应当放置在 App_Code 文件夹中。

App_Code 子目录中存放的所有类文件应当使用相同的语言。如果类文件使用两种或多种语言编写，则必须创建特定语言的子目录，以包含用各种语言编写的类。一旦根据语言组织这些类文件，就要在 Web.config 文件中为每个子目录添加设置，有关 Web.config 文件的使用将在后面进行详细介绍。

App_Code 子目录和 Bin 子目录是 ASP.NET 网站中的共享代码文件夹，如果 Web 应用程序要在多个页之间共享代码，就可以将代码保存在 Web 应用程序根目录下的这两个特殊目录中。当创建这些子目录并在其中存储特定类型的文件时，ASP.NET 将使用特殊方式进行处理。

3. App_Data 子目录

App_Data 子目录保存应用程序使用的数据库。它是一个集中存储应用程序所用数据库的地方，是 ASP.NET 为程序提供存储自身数据的默认位置，该文件夹内容不由 ASP.NET 处理。它通常以文件(诸如 Microsoft Access 或 Microsoft SQL Server 数据库、XML 文件、文本文件以及应用程序支持的任何其他文件)的形式对数据进行存储。当然，也可以将数据文件保存到其他目录中。

> **提示**
>
> 默认情况下，ASP.NET 账户被授予对该子目录的完全访问权限。如果要改变 ASP.NET 账户，一定要确保新账户被授予对该目录的读/写访问权。

4. App_GlobalResources 子目录

App_GlobalResources 子目录用于保存 Web 应用程序中的全局资源文件。资源文件是一些字符串表，当应用程序需要根据某些事情进行修改时，资源文件可用于这些应用程序的数据字典。可以在 App_GlobalResources 子目录中添加程序集资源文件(.resx)，它们会动态编译，成为解决方案的一部分，供程序中的所有.aspx 页面使用。在使用 ASP.NET 1.0/1.1 时，必须使用 resgen.exe 工具把资源文件编译为.dll 或.exe，才能在解决方案中使用。而从 ASP.NET 3.5 开始，资源文件的处理就容易多了，除了字符串之外，还可以在资源文件中添加图像和其他文件。

当需要开发一个支持多种语言的 Web 网站时，该目录用于进行本地化设置。

5. App_LocalResources 子目录

App_GlobalResources 子目录用于合并可以在应用程序范围内使用的资源。如果对构造应用程序范围内的资源不感兴趣，而对只能用于一个.aspx 页面的资源感兴趣，就可以使用 App_LocalResources 子目录。可以把专用于页面的资源文件添加到该目录中，方法是构建.resx 文件名，如下所示：

```
Default.aspx.resx
Default.aspx.fi.resx
Default.aspx.en-gb.resx
```

现在就可以从 App_LocalResources 目录的相应文件中检索在 Default.aspx 页面上使用的资源声明了。如果没有找到匹配的资源，就默认使用 Default.aspx.resx 资源文件。

6. App_WebReferences 子目录

App_WebReferences 子目录用于保存当前 Web 应用程序中用到的 Web 服务引用。

7. App_Browsers 子目录

App_Browsers 子目录包含 ASP.NET 用于标识个别浏览器并确定其功能的浏览器定义 (.browser)文件。浏览器定义文件是具有.browser 文件扩展名的 XML 文件。预定义的浏览器定义文件存储在 %SystemRoot%\Microsoft.NET\Framework\版本\CONFIG\Browsers 目录中。应用程序级别的浏览器定义文件可以存放在应用程序的 App_Browsers 目录中。

8. App_Themes 子目录

App_Themes 子目录用于存放 Web 应用程序中使用的主题。主题是为站点上的每个页面提供统一外观和操作方式的一种新方法。通过 SKIN 文件、CSS 文件和站点上服务器控件使用的图像来实现主题功能。所有这些元素都可以构建一个主题,并存储在解决方案的 App_Themes 目录中。

2.2 页面管理

ASP.NET 页面是指带.aspx 扩展名的文件,可以被部署在 IIS 虚拟目录中。页面由代码和标签(tag)组成,它们在服务器上被动态地编译和执行,为提出请求的客户端浏览器(或设备)生成显示内容。对于 Web 开发人员来说,如果想提高页面的运行效率,首先需要了解 ASP.NET 页面是如何组织运行的。

2.2.1 ASP.NET 页面的代码模式

ASP.NET 的页面包含两个部分:一部分是可视化元素,包括标签、服务器控件以及一些静态文本等;另一部分是页面的程序逻辑,包括事件处理句柄和其他程序代码。ASP.NET 提供两种模式来组织页面元素和代码:一种是单一文件模式;另一种是后台代码模式。两种模式功能是一样的,可以在两种模式中使用同样的控件和代码,但要注意使用的方式不同,接下来分别介绍。

1. 单一文件模式

在单一文件模式下,页面的标签和代码在同一个.aspx 文件中,程序代码包含在<script runat="server"></script>的服务器程序脚本代码块中间,并且代码中间可以实现对一些方法和属性以及其他代码的定义,只要在类文件中可以使用的都可以在此处进行定义。运行时,单一页面被视为继承 Page 类。

2. 后台代码模式

后台代码模式将可视化元素和程序代码分别放在不同的文件中,如果使用 C#语言,则可视化页面元素为.aspx 文件，程序代码为.cs 文件。使用的语言不同，程序代码后缀也不同。这种模式也被称为代码分离模式。

ASP.NET 4.5 的后台代码分离模式有很大的改进，简单易用且健壮性强，本书默认将使用后台代码模式创建页面。

例 2-1 分别创建了两种不同代码模式的页面，请读者体会二者的差异。

【例 2-1】两种代码模式示例。

(1) 启动 VS 2012，新建 ASP.NET 空网站【例 2-1】。

(2) 在【解决方案资源管理器】窗口中右击网站名称【例 2-1】，从弹出的快捷菜单中选择【添加】|【添加新项】命令，打开【添加新项】对话框。在该对话框中选择【Web 窗体】选项，取消右下角【将代码放在单独的文件中】复选框的选中状态，如图 2-2 所示，单击【添加】按钮，添加一个名为SingleMode.aspx 的页面。该页面就是单一文件模式的窗体页面。

图 2-2 添加单一文件模式页面

单一文件模式的页面的 Page 指令中只包含 Language 属性，且文件中会包含<script runat="server"></script>的服务器程序脚本代码块。

(3) 修改页面的<title>标记为"单一文件模式"，并添加一个 Label 控件。

(4) 在<script runat="server"></script>代码块中添加如下代码：

```
protected void Page_Load(object sender, EventArgs e)
{
    Label1.Text = "单一文件模式<br>";
    Label1.Text += "客户端浏览器： " + Request.Browser.Type;
    Label1.Text += "<br>请求信息： " + Request.ServerVariables["ALL_HTTP"];
}
```

(5) 编译并运行程序，页面运行效果如图 2-3 所示。

(6) 关闭浏览器，返回 VS 2012，再次通过【添加新项】对话框添加 Web 窗体 CodeBind.aspx，需要注意的是，这次选中【将代码放在单独的文件中】复选框。

(7) 添加一个 Label 控件到页面中，双击页面的空白处，将自动添加页面的 Load 事件，并跳转到后台代码文件 CodeBind.apsx.cs 中，在此添加如下代码：

图 2-3 单一文件模式页面示例

-21-

```
protected void Page_Load(object sender, EventArgs e)
{
    Label1.Text = "后台代码模式<br>";
    Label1.Text += "客户端浏览器：" + Request.Browser.Type;
    Label1.Text += "<br>请求信息：" + Request.ServerVariables["ALL_HTTP"];
}
```

(8) 编译并运行程序，页面运行效果如图 2-4 所示。

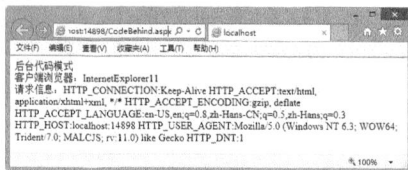

图 2-4   代码分离模式示例

> 💡 **提示**
>
> 【启动调试】命令将启动浏览器并打开当前页。本例中有两个页面，如果要将某个页面设置为整个站点的启动页，可以在【解决方案资源管理器】窗口中右击相应的页面，从弹出的快捷菜单中选择【设为起始页】命令即可。

②2.2   页面生存周期

ASP.NET 网页是以代码形式在服务器上运行的，因此，要使页面中的按钮或其他内容得到处理，必须将该信息提交到服务器。每次页面提交时，都会在服务器端运行其代码，然后把运行的结果发送回客户端并呈现给用户。

ASP.NET 页面在运行时将经历一个生命周期，在生命周期中，该页面将执行一系列处理步骤。这些步骤包括初始化、实例化控件、还原和维护状态、运行事件处理程序代码以及进行呈现。

与桌面应用程序中的窗体不同，ASP.NET 网页在使用窗体时不会启动或运行，并且仅当用户单击【关闭】按钮时才会卸载，这是由于 Web 具有断开连接的天性。浏览器从 Web 服务器请求页面时，浏览器和服务器相连的时间仅够处理请求。Web 服务器将页面呈现到浏览器之后，连接即终止。如果浏览器对同一 Web 服务器发出另一个请求，则即使是对同一个页面发出的，该请求仍会作为新请求来处理。

Web 这种断开连接的天性决定了 ASP.NET 页的运行方式。用户请求 ASP.NET 网页时，将创建该页的新实例。如果用户单击按钮以执行回发，将创建该页的一个新实例；该页执行其处理，然后再次被丢弃。这样，每个回发和往返行程都会导致生成该页的一个新实例。

2.2.3　Page 类

在 ASP.NET Framework 中，Page 类为 ASP.NET 应用程序文件所构建的对象提供基本行为。该类在 System.Web.UI 命名空间中，从 TemplateControl 类派生而来，而 TemplateControl 类继承自 System.Web.UI.Control，它也是一种特殊的 Control 类，并实现了 IHttpHandler 接口。

前面介绍了页面的生存周期。在页面工作过程中，每个页面都被编译为一个类，在前面介绍页面代码模式时曾说过，单一页面在运行时被视为继承 Page 类。而在后台代码模式中，后台的.cs文件中包含一个继承自 Page 类的分部类，即具有 partial 关键字的类声明，在对代码分离页进行编译时，ASP.NET 基于.aspx 文件生成一个分部类，该类是.cs 文件中定义的分部类的另一部分，两者一起编译成程序集，运行该程序集可以输出程序到浏览器。

对于页面的生存周期，Page 对象一共要关心以下 5 个阶段。

- 页面初始化：在这个阶段，页面及其控件被初始化，页面确定这是一个新的请求还是一个回传请求。页面事件处理器 Page_PreInit 和 Page_Init 被调用。另外，所有服务器控件的 PreInit 和 Init 也会被调用。
- 载入：经过页面初始化之后，页面将进入载入阶段。在该阶段，如果当前页面的请求是一个回传请求，则该页面将从视图状态和控件状态中加载控件的属性。在此过程中，页面将引发 Load 事件，前面的例子中已经多次响应该事件了。
- 回送事件处理：如果请求是一个回传请求，任何控件的回发事件处理过程都将被调用。
- 呈现：在页面呈现状态中，视图状态被保存到页面。页面和控件的 PreRender 和 Render 方法先后被调用。最后，呈现的结果通过 HTTP 响应发送回客户端。
- 卸载：对页面使用过的资源进行最后的清除处理，控件或页面的 Unload 方法被调用。

Page 类的常见属性和事件如表 2-2 所示。

表 2-2　Page 类的常用属性和事件

属性或事件	说　　明
Application	为当前 Web 请求获取 HttpApplicationState 对象
IsPostBack	指示该页是否正为响应客户端回发而加载，或者它是否正被首次加载和访问
IsValid	指示页验证是否成功
Request	获取请求的页的 HttpRequest 对象
Response	获取与该 Page 对象关联的 HttpResponse 对象
Server	获取 Server 对象，它是 HttpServerUtility 类的实例
Session	获取 ASP.NET 提供的当前 Session 对象
Validators	获取请求的页上包含的全部验证控件的集合
ViewState	获取状态信息的字典，这些信息使用户可以在同一页的多个请求间保存和还原服务器控件的视图状态

（续表）

属性或事件	说　　明
PreInit 事件	在页初始化开始时发生
PreLoad 事件	在页的 Load 事件之前发生
Load 事件	当服务器控件加载到 Page 对象中时发生
Init 事件	当服务器控件初始化时发生，初始化是控件生存期的第一步
PreRender 事件	在加载 Control 对象之后、呈现之前发生
InitComplete 事件	在页初始化完成时发生
LoadComplete 事件	在页生存周期的加载阶段结束时发生
Unload 事件	当服务器控件从内存中卸载时发生

Page 对象的事件贯穿页面执行的整个过程。大多数情况下，只需关心 Page_Load 事件即可。由于 Page_Load 方法在每次页面被加载时执行，所以，即使是回传的情况下也会调用该方法，此时可以使用 Page 对象的 IsPostBack 属性来判断是否回传请求，从而进行不同的处理。

例 2-2 演示了 Page 类各事件发生的时刻。

【例 2-2】演示加载页面时，Page 类各事件的发生顺序。

(1) 启动 VS 2012，选择【文件】|【新建网站】命令，新建空网站【例 2-2】。

(2) 通过【添加新项】对话框添加名为 Default.aspx 的 Web 窗体，打开 Default.aspx 文件的设计视图，首先输入文本 "Page 事件演示"，然后从【工具箱】中拖动一个 Button 控件和一个 Label 控件到 Web 窗体中，系统自动将其分别命名为 Button1 和 Label1。

(3) 选中按钮控件，在【属性】窗口中修改控件的 Text 属性为 "单击按钮触发回传请求"，类似的，修改 Label 控件的 Text 属性为 "下面显示事件发生的顺序"，页面效果如图 2-5 所示。

(4) 双击 Button 控件，为按钮添加单击事件处理程序，将自动跳转到代码文件 Default.aspx.cs 的相应位置，在此添加如下代码，修改 Label 控件的 Text 属性。

```
protected void Button1_Click(object sender, EventArgs e)
{
    Label1.Text += "<br>按钮的单击事件处理程序";
}
```

(5) 在代码中同时添加其他 Page 对象的事件处理程序，如下所示：

```
protected void Page_InitComplete(object sender, EventArgs e)
{
    Label1.Text += "<br>Page 对象的 InitComplete 事件";
}
protected void Page_PreInit(object sender, EventArgs e)
{
    Label1.Text += "<br>Page 对象的 PreInit 事件";
```

```
}
protected void Page_Init(object sender, EventArgs e)
{
    Label1.Text += "<br>Page 对象的 Init 事件";
}
protected void Page_PreLoad(object sender, EventArgs e)
{
    Label1.Text += "<br>Page 对象的 PreLoad 事件";
}
protected void Page_Load(object sender, EventArgs e)
{
    Label1.Text += "<br>Page 对象的 Load 事件";
}
protected void Page_PreRender(object sender, EventArgs e)
{
    Label1.Text += "<br>Page 对象的 PreRender 事件";
}
protected void Page_LoadComplete(object sender, EventArgs e)
{
    Label1.Text += "<br>Page 对象的 LoadComplete 事件";
}
```

(6) 编译并运行程序，在 IE 中显示的运行效果如图 2-6 所示。

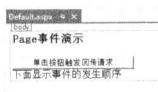

知识点

Page 对象的事件处理顺序依次为：PreInit、Init、InitComplete、PreLoad、Load、LoadComplete、PreRender 和 Unload 事件。

图 2-5 Web 窗体的设计视图   图 2-6 Page 对象演示结果

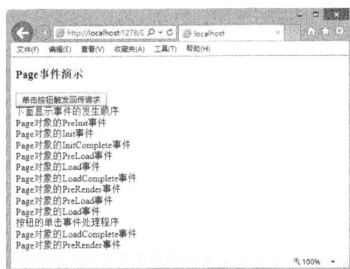

2.3 ASP.NET 的内置对象

ASP.NET 能够成为一个庞大的软件体系，与它提供了大量的对象类库有很大的关系。这些类库中包含许多封装好的内置对象，开发人员可以直接使用这些对象的方法和属性。这些对象主要包括 Request、Response、Application、Session、Server、ViewState、Cookie 等。下面将分别介绍这些对象的常用属性及方法。

②.3.1 Request 对象

Request 对象是 ASP.NET 中最重要的对象之一,它与 Response 对象一起使用,达到沟通客户端与服务器端的作用,使它们之间可以方便地交换数据。

Request 对象接收客户端通过表单或者 URL 地址串发送来的变量,同时,也可以接收其他客户端的环境变量,比如浏览器的基本情况、客户端的 IP 地址等。所有从前端浏览器通过 HTTP 通信协议送往后端 Web 服务器的数据,都是借助 Request 对象完成的。

Request 对象是 System.Web.HttpRequest 类的实例,其常用的属性和方法如表 2-3 所示。

表 2-3　Request 对象的常用属性和方法

属性或方法	说　　明
ApplicationPath	获得 ASP.NET 应用程序虚拟目录的根目录
Browser	获取和设置客户端浏览器的兼容性信息
ContentLength	客户端发送信息的字节数
ContentType	获取和设置请求的 MIME 类型
Cookies	获取客户端 Cookie
FilePath	当前请求的虚拟路径
Files	获取客户端上传的文件集合
Form	获取表单变量集合
Headers	获取 HTTP 头信息
HttpMethod	HTTP 数据传输方法,例如 GET、POST
Path	获取当前请求的虚拟路径
PhysicalPath	获取请求的 URL 物理路径
QueryString	获取查询字符串集合
ServerVariables	获取服务器变量集合
TotalBytes	获取输入文件流的总大小
Url	获取当前请求的 URL
UrlReferrer	获取该请求的上一个页面
UserAgent	客户端浏览器的用户代理信息
UserHostAddress	客户端 IP 地址
UserHostName	客户端 DNS 名称
UserLanguages	客户端语言
BinaryRead	以二进制方式读取指定字节的输入流
MapPath	为当前请求将请求的 URL 中的虚拟路径映射到物理路径
SaveAs	保存 HTTP 请求到硬盘
ValidateInput	验证客户端的输入数据,如果具有潜在的风险,则引发一个异常

ASP.NET 是使用表单(Form)来实现用户数据提交的。对于 HTML 表单,可以使用 Get 方法或 Post 方法来实现数据提交。如果使用 Get 方法,就要使用 Request 对象的 QueryString 集合来获取相关的信息;如果使用 Post 方法,就要使用 Request 对象的 Form 集合来获取相关信息。下面分别讲解如何使用 Get 方法和 Post 方法。

- ◉ Get 方法:使用 Get 方法进行数据提交时,用户要提交的信息往往是作为查询字符串加在 URL 的后面传给接收程序,一般限制在 2KB 左右。例如:http://www.zhaoyd.com/love.aspx?name=赵智喧&password=mypassword。

- ◉ Post 方法:使用 Post 方法时,用户浏览器的地址栏中不会显示相关的查询字符串。因此,如果需要提交的数据很多时,应使用 Post 方法,因为它对数据的大小和长度没有限制。另外,由于地址栏中不显示相关的查询字符串,所以使用 Post 方法就十分适合用来传递保密信息,例如用户的账号和密码。

②.3.2　Response 对象

Response 对象实际是在执行 System.Web 命名空间中的 HttpResponse 类。Response 用于回应客户端浏览器,告诉浏览器回应内存的报头、服务器端的状态信息以及输出指定的内容。

Response 对象的常用属性和方法如表 2-4 所示。

表 2-4　Response 对象的常用属性和方法

属性或方法	说　明
Buffer	获取或设置是否缓冲输出。如有缓冲,服务器在所有当前处理的页面的语句被处理之前不将 Response 送往客户端,除非有 Flush 或 End 方法被调用。True 表示需要,False 表示不需要,默认值是 True
Cache	获取缓存信息
CharSet	获取和设置输出流的 HTTP 字符集
ContentType	获取和设置输出流的 MIME 类型,默认值为 text/html
Cookie	获取 Cookie 集合
Expires	获取和设置浏览器缓存超时时间
IsClientConnected	获取客户端是否和服务器连接
Status	设置返回给客户端的状态
StatusCode	获取和设置返回给客户端状态字符串
StatusDescription	获取和设置状态说明
AddHeader	添加 HTTP 头信息
AppendCookie	添加一个 Cookie
AppendHeader	添加 HTTP 头信息
AppendToLog	添加自定义信息到 IIS 日志中

(续表)

属性或方法	说　　明
BinaryWrite	以二进制的方式输出
Clear	清除输出缓存
Close	关闭和客户端的 Socket 连接
End	发送所有缓冲到客户端，并且停止执行页面
Flush	发送所有缓存到客户端
Redirect	重新定向 URL
SetCookie	更新一个已有的 Cookie
Write	输出信息
WriterFile	直接将指定文件写到输出流

下面的例子演示了 Request 和 Response 对象的配合使用。

【例 2-3】演示利用 Request 对象和 Response 对象进行数据传送。

(1) 启动 VS 2012，新建空网站【例 2-3】，通过【添加新项】对话框分别添加名为 Request.aspx 和名为 Response.aspx 的 Web 窗体。

(2) 在 Request.aspx 页面的<body>标签中添加如下代码：

```
<body>
    <h2>登录页面</h2>
    <p><a href="Response.aspx?name=zhaoyd&password=zzx">会员登录</a></p>
    <form id="form1" action="Response.aspx" method="post">
    <p>用户名：<input name="name" type="text" /></p>
    <p>密　码：<input name="password" type="text" /></p>
    <p><input name="submit" type="submit" value="提交" /></p>
    </form>
</body>
```

(3) 在 Response.aspx 页面中的<body>标签中添加如下代码：

```
<body>
    <form id="form1" runat="server">
    <div>
    <asp:button runat="server" text="返回登录页面" onclick="Button1_Click" />
    </div>
    </form>
</body>
```

(4) 在 Response.aspx.cs 代码文件中，添加页面的 Load 事件和按钮的单击事件处理程序，代码如下：

```
protected void Page_Load(object sender, EventArgs e)
```

```
    {
        Response.Write("客户端浏览器信息： " + Request.Browser.Browser +" " +
Request.Browser.MajorVersion);
        if (Request.HttpMethod.Equals("GET"))
        {
            Response.Write("<br>以下信息来自于 Request 页面,数据传输方法为 GET<br>");
            Response.Write("QueryString： " + Request.QueryString);
            Response.Write("<br>用户名:" + Request.QueryString["name"]);
            Response.Write("<br>密码:" + Request.QueryString["password"]);
        }
        if (Request.HttpMethod.Equals("POST"))
        {
            Response.Write("<br>以下信息来自于 Request 页面,数据传输方法为 POST<br>");
            Response.Write("<br>用户名:" + Request.Form["name"]);
            Response.Write("<br>密码:" + Request.Form["password"]);
        }
    }
    protected void Button1_Click(object sender, EventArgs e)
    {
        Response.Redirect("Request.aspx");
    }
```

(5) 编译并运行程序，在浏览器中打开 Request.aspx 页面，如图 2-7 所示。

(6) 单击【会员登录】超链接，跳转到 Response.aspx 页面，可以在【地址栏】中看到传递的参数，如图 2-8 所示。

(7) 单击【返回登录页面】按钮，返回到 Request.aspx 页面，在下面的文本框中输入用户名和密码，单击【提交】按钮，此时呈现的页面如图 2-9 所示。

图 2-7　Request.aspx 页面

图 2-8　以 GET 方式传送数据

图 2-9　以 POST 方式传送数据

2.3.3　Application 对象

Application 对象用于保存希望在多个页面之间传递的变量。由于在整个应用程序生存周期中，Application 对象都是有效的，所以在不同的页面中都可以对它进行存取，就像使用全局变量一样方便。

在 ASP.NET 环境中，Application 对象是 System.Web.HttpApplicationState 类的实例，它可以在多个请求、连接之间共享公用信息，也可以在各个请求连接之间充当信息传递的管道。

Application 对象可以建立 Application 变量，它和一般的程序变量不同，Application 变量是一个 Contents 集合对象，此变量可以为访问网站的每位用户提供一个共享数据的通道，因为 Application 变量允许网站的每位用户获取或更改其值。

Application 对象的常用属性和方法如表 2-5 所示。

表 2-5　Application 对象的常用属性和方法

属性或方法	说　　明
AllKeys	获得访问 HttpApplicationState 集合的所有键
Contents	获得 HttpApplicationState 对象的引用
Count	获得 HttpApplicationState 集合的数量
Item	通过名称和索引访问 HttpApplicationState 集合
Keys	获得访问 HttpApplicationState 集合的所有键，从 NameObjectCollectionBase 继承
StaticObjects	获得所有使用<object>标签声明的应用程序集对象
Add	添加一个新的对象到 HttpApplicationState 集合
Clear	清除 HttpApplicationState 集合中的所有对象
Get	通过索引和名字获得 HttpApplicationState 对象
GetKey	通过索引获得一个 HttpApplicationState 名称
Lock	锁定访问 HttpApplicationState 变量
UnLock	取消锁定，一般情况下需要操作 Application 变量则设置为 Lock，操作完成后则设置为 Unlock
Remove	从 HttpApplicationState 集合删除一个对象
RemoveAll	删除 HttpApplicationState 集合所有对象
RemoveAt	根据索引删除一个 HttpApplicationState 对象
Set	更新一个 HttpApplicationState 变量

下面的例 2-4 演示了 Application 对象的使用。

【例 2-4】利用 Application 对象统计网站访问人数。

(1) 启动 VS 2012，新建空网站【例 2-4】。

(2) 通过【添加新项】对话框添加名为 Default.aspx 的窗体，打开 Default.aspx 文件的设计视图，从【工具箱】中拖动一个 Label 控件到 Web 窗体中，系统自动将其命名为 Label1。

(3) 添加页面的 Load 事件处理程序，代码如下：

```
protected void Page_Load(object sender, EventArgs e)
{
    Application.Lock();
```

```
Application["usercount"] = (Convert.ToInt32(Application["usercount"]) + 1).ToString();
Application.UnLock();
Label1.Text = "欢迎访问小石头网站<br> ";
Label1.Text += "您是本站的第" + Application["usercount"].ToString() + "位访客";
}
```

(4) 编译并运行程序，结果如图 2-10 所示，刷新页面可以发现数字会增加。

图 2-10　Application 对象示例

提示

语句 Application.Add("key","value")表示向 Application 的 State 集合中加入一个名为 key、值为 value 的字符串，其效果和 Application("key")="value"以及 Application.Item("key")="value"相同。

2.3.4　Session 对象

Session 对象是 System.Web.HttpSessionState 类的实例，用于储存特定的信息，但是它和 Application 对象在储存信息所使用的对象是完全不同的。Application 对象是在第一个 Session 对象建立后创建的，直到 Web 服务器关机或所有用户都离线后才会被删除。

知识点

Application 对象储存的是共享信息，而 Session 储存的信息是局部的，是随用户不同而不同的。如果只需要在不同页中共享数据，而不是需要在不同的客户端之间共享数据，就可以使用 Session 对象。

Session 的生命周期是有限的(默认值为 20 分钟)，可以使用 Timeout 属性设置该值。在 Session 的生命周期内，Session 的值是有效的。如果用户在大于生命周期的时间里没有再访问应用程序，Session 就会自动过期，Session 对象将会被 CLR 释放，其中保存的数据信息也将丢失。

Session 对象的常用属性和方法如表 2-6 所示。

表 2-6　Session 对象的常用属性和方法

属性或方法	说　　明
CodePage	获得或设置字符集标识
Contents	获得当前 Session 状态对象的引用
CookieMode	获得当前的 Cookie 模式，以确定系统是否要将 Session 配置为不需要 Cookie 支持
Count	Session 状态集合的总数

(续表)

属性或方法	说　　明
IsCookieless	是否需要 Cookie 支持，如果需要就可以将 Session ID 保存在 Cookie 中，如果不需要就必须嵌入在 URL 中
IsNewSession	标志当前 Session 是否新的 Session
IsReadOnly	是否只读
IsSynchronized	是否同步
Item	通过索引获得或者设置单个 Session 值
Keys	获得 Session 集合的所有键
LCID	获得和设置当前 Session 的本地标识符
Mode	获得当前的 Session 模式
SessionID	获得 Session 的唯一编号，为了区别不同的会话，系统会为每一个会话分配一个唯一的 ID
StaticObjects	获得在 Global.asax 中以<object Runat="Server" Scope="Session" />声明的对象集合
Timeout	获得和设置会话超时时间，如果客户端在连续一个时间段内没有反应，就自动清除会话，断开连接，Timeout 就是这个时间段
Add	添加一个新对象到 HttpApplicationState 集合
Clear	清除 HttpApplicationState 集合中的所有对象
Get	通过索引和名字获得 HttpApplicationState 对象
Abandon	清除当前会话
Copyto	复制 Session 状态集合到一个一维数组
Remove	从 HttpApplicationState 集合删除一个对象
RemoveAll	删除 HttpApplicationState 集合中的所有对象
RemoveAt	根据索引删除一个 HttpApplicationState 对象

下面的例 2-5 演示了 Server 对象的使用。

【例 2-5】利用 Server 对象获取服务器信息。

(1) 启动 VS 2012，新建空网站【例 2-5】。

(2) 通过【添加新项】对话框添加名为 Default.aspx 的窗体，从【工具箱】中拖动一个 TextBox 控件和一个 Button 控件到 Web 窗体中，系统自动将其分别命名为 TextBox1 和 Button1。

(3) 在 Default.aspx.cs 文件中添加页面的 Load 事件处理程序，代码如下：

```
protected void Page_Load(object sender, EventArgs e)
{
    Response.Write("下面是获取到的 Session 信息：");
    Response.Write("<br>SessionID： " + Session.SessionID);
    Response.Write("<br>Session 变量的个数： " + Session.Count);
    Response.Write("<br>Session 的模式： " + Session.Mode);
```

```
Response.Write("<br>Session 的有效期" + Session.Timeout);
}
```

(4) 为按钮控件添加单击事件处理程序，代码如下：

```
protected void Button1_Click(object sender, EventArgs e)
{
    Session["username"] = TextBox1.Text;
    Response.Redirect("Session.aspx");
}
```

(5) 添加一个名为 Session.aspx 的网页，在该页面的 Load 事件处理程序中添加如下代码：

```
protected void Page_Load(object sender, EventArgs e)
{
    if (Session["username"] != null)
    {
        Response.Write("通过 Session 对象获取到的信息："+Session["username"]);
    }
    else
    {
        Response.Write("请在上一页的文本框中输入用户名");
    }
}
```

(6) 编译并运行程序，结果如图 2-11 所示，在文本框中输入信息，单击 Button 按钮，结果如图 2-12 所示。

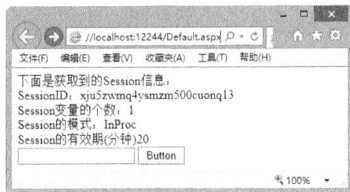

图 2-11　Session 对象示例　　　　　图 2-12　通过 Session 对象获取信息

2.3.5　Server 对象

Server 对象即服务器对象，就是在服务器上工作的一个对象，它包含一些与服务器相关的信息，是 System.Web.HttpServerUtility 类的实例。使用它可以获取有关最新的出错信息，在页面之间传递控件，对 HTML 进行编码和解码等。

Server 对象的常用属性和方法如表 2-7 所示。

表 2-7　Server 对象的常用属性和方法

属性或方法	说　明
MachineName	获得服务器计算机名称
ScriptTimeout	获得和设置请求超时的事件
ClearError	清除前一个异常
CreateObject	建立一个 COM 组件对象的实例
Execute	执行指定资源并返回
GetLastError	返回前一个异常
Transfer	结束当前页执行，转到其他页执行
HtmlEncode	进行 HTML 编码
HtmlDecode	进行 HTML 解码
MapPath	对虚拟目录进行物理映射
UrlEncode	进行 URL 编码，以便通过 URL 从 Web 服务器到客户端进行可靠的 HTTP 传输
UrlDecode	进行 URL 解码
UrlPathEncode	对 URL 字符串的路径部分进行 URL 编码，并返回已编码的字符串

Server 对象的一个重要功能是对字符进行 URL 和 HTML 的编码与解码。URL 编码的目的是保证所有浏览器能够正确地传输 URL 路径，一些特殊字符如？、&、/、空格和中文字符等，在传输时都有可能使浏览器发生错误。所以有必要先通过编码再将其传输，在需要使用时又通过解码将其还原。HTML 编码的作用是将所有字符全部转换为 HTML 中能够用来显示的字符，例如，<p>如果直接显示就是一个段落，而转换以后就会变成<p>；浏览时就可以正确显示出<p>，而不会发生错误。

【例 2-6】利用 Server 对象获取服务器信息。

(1) 启动 VS 2012，新建空网站【例 2-6】。

(2) 通过【添加新项】对话框添加窗体 Default.aspx，向页面中添加一个按钮控件，设置按钮控件的 Text 属性为"跳转到清华大学"。

(3) 在 Default.aspx.cs 文件中添加页面的 Load 事件处理程序，代码如下：

```
protected void Page_Load(object sender, EventArgs e)
{
    Response.Write("下面是利用 Server 对象获取的服务器信息: ");
    Response.Write("<br>服务器名称: " + Server.MachineName);
    Response.Write("<br>服务器请求超时时间: " + Server.ScriptTimeout);
    Response.Write("<br>下面将显示一条水平线<hr>");
    Response.Write("<br>下面将显示字符"+ Server.HtmlEncode(" <hr>"));
}
```

(4) 添加按钮的单击事件处理程序，代码如下：

```
protected void Button1_Click (object sender, EventArgs e)
{
    Server. Transfer("Transfer.aspx");
}
```

(5) 添加名为 Transfer.aspx 的页面，在页面的 Load 事件处理程序，代码如下：

```
protected void Page_Load(object sender, EventArgs e)
{
    Response. Redirect("http://www.tsinghua.edu.cn");
}
```

知识点

　　Response.Redirect 可以切换到任何存在的网页，而 Server.Transfer 只能从当前的 ASPX 文件转到同一服务器上的另一个 ASPX 页面。

(6) 编译并运行程序，结果如图 2-13 所示，单击【跳转到清华大学】按钮，页面将跳转 Transfer.axpx，而该页又将重定向到清华大学主页，如图 2-14 所示。

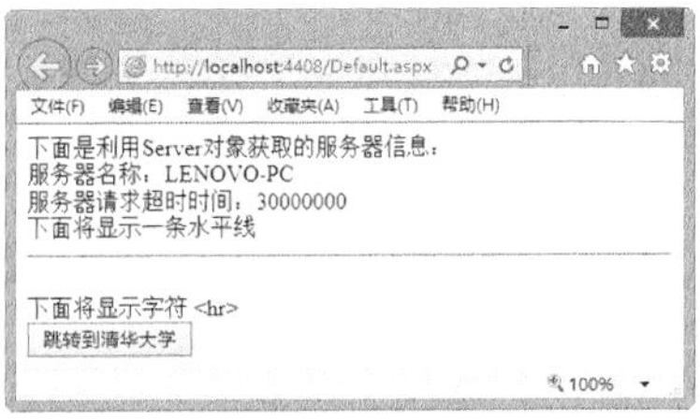

图 2-13　Default.aspx 页面运行效果

图 2-14　重定向到清华大学主页

②.3.6　ViewState 对象

　　ViewState(视图状态)对象是 Page 对象的一个属性，是状态管理中常用的一种对象，可以用来保存页和控件的值。视图状态是 ASP.NET 页框架默认情况下用于保存往返过程之间的页面信息以及控件值的方法。

知识点

　　视图状态中存储的常见数据类型有字符串、整数、布尔值、Array 对象、ArrayList 对象、哈希表和泛型对象等。

当呈现页的 HTML 形式时，需要在回发过程中保留的页的当前状态和值将被序列化为 Base64 编码的字符串，并输出到视图状态的隐藏字段中。可以通过实现自定义的 PageStatePersiste 类存储页数据，也可以更改默认行为并将视图状态存储到另一个位置，如 SQL Server 数据库。

程序员可以通过使用页面的 ViewState 属性将往返过程中的数据保存到 Web 服务器端，然后利用自己的代码访问视图状态。ViewState 属性是 StateBag 类的实例，它是一个包含键/值对的字典，并通过唯一的键名来访问对应的值。

使用 ViewState 可以带来很多方便，但是也有一些问题是需要注意的。

- ⦿ 视图状态提供了 ASP.NET 页面的特定状态信息。如果需要在多个页上使用信息，或者需要在访问网站时保留信息，则应当使用另一种方法(如应用程序状态、会话状态或个性化设置)来维护状态。

- ⦿ 视图状态信息将序列化为 XML，然后进行 Base64 编码，这将生成大量的数据。将页回发到服务器时，如果视图状态包含大量信息，则会影响页的性能。

- ⦿ 虽然使用视图状态可以保存页和控件的值，但是在某些情况下，需要关闭视图状态。如使用 GridView 控件显示数据，单击 GridView 控件的"下一页"按钮，此时，GridView 控件呈现的数据已经不再是前一页的数据，那么如果使用视图状态将前一页数据保存下来，不仅没有必要而且还会生成大量隐藏字段，增加页面大小。

如果隐藏字段中的数据量过大，某些代理的防火墙将禁止访问包含这些数据的页面。由于所允许的最大数据量随所采用的防火墙和代理的不同而不同，因此大量隐藏字段可能会导致偶发性问题。为了避免这一问题，可采取以下措施：如果 ViewState 属性中存储的数据量超过了页的 MaxPageStateFieldLength 属性中指定的值，该页会将视图状态拆分为多个隐藏字段，可以使每个单独字段的大小在防火墙拒绝的大小之下。

【例 2-7】使用 ViewState 对象。

(1) 启动 VS 2012，新建空网站【例 2-7】。

(2) 通过【添加新项】对话框添加名为 Default.aspx 的页面，从【工具箱】中拖动 3 个 Label 控件、两个 TextBox 控件和两个 Button 控件到 Web 窗体中，控件的 Text 属性和页面布局如图 2-15 所示。

(3) 添加页面的 Load 事件和两个按钮的单击事件处理程序，代码如下：

```
protected void Page_Load(object sender, EventArgs e)
{
    if (!Page.IsPostBack)
    {
        ViewState.Add("name", "赵智暄");
        ViewState.Add("phone", 15910806516);
    }
}
protected void Button1_Click(object sender, EventArgs e)
{
```

```
        if (TextBox1.Text != "")
            ViewState["name"] = TextBox1.Text;
        if (TextBox2.Text != "")
            ViewState["phone"] = TextBox2.Text;
    }
    protected void Button2_Click(object sender, EventArgs e)
    {
        Label3.Text = "ViewState 信息如下:<br>姓名: ";
        Label3.Text += ViewState["name"];
        Label3.Text += "<br>电话: ";
        Label3.Text += ViewState["phone"];
    }
```

(4) 编译并运行程序，单击【读取视图状态】按钮，读取 ViewState 的初值，如图 2-16 所示。

(5) 输入姓名和年龄后，单击【保存视图状态】按钮，然后再次单击【读取视图状态】按钮，读取 ViewState 的新值，如图 2-17 所示。

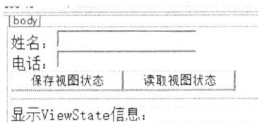

图 2-15　页面布局及控件
的 Text 属性

图 2-16　读取视图状态的初值

图 2-17　读取 ViewState 中的新值

2.3.7　Cookie 对象

Cookie 是比较常用的一种对象，通常用来存储少量浏览者的信息，如浏览者的喜好、用户名、Email 地址等信息，以便当浏览者再次登录网站时，不必再次输入这些信息。

1. Cookie 对象简介

Cookie 其实只是一些小文本，将一些用户信息储存在客户端的机器中，它全部储存于 Windows 目录下的 Cookie 文件夹中，以便于在每次请求时被服务器在设定的时间内进行读取。Cookie 的大小是有限制的，一般浏览器会将其控制在 4096 个字节以内。

Cookie 不是 Page 类的子类，所以使用方法与 Session 和 Application 不同，相比于之下 Cookie 具有如下优点。

- 可配置到期规则：Cookie 可以在浏览器会话结束时到期，或者可以在客户端计算机上无限期存在，这取决于客户端的到期规则。

- 不需要任何服务器资源：Cookie 存储在客户端并在发送后由服务器读取。

-37-

⦿ 简单性：Cookie 是一种基于文本的轻量结构，包含简单的键/值对。

⦿ 数据持久性：虽然客户端计算机上 Cookie 的持续时间取决于客户端上的 Cookie 过期处理和用户干预，但 Cookie 通常是客户端上持续时间最长的数据保留形式。

提示

Cookie 与网站关联，而不是与特定的页面关联。因此，无论用户请求站点中的哪一个页面，浏览器和服务器都将交换Cookie信息。用户访问不同的站点时，各个站点都可能会向用户的浏览器发送一个Cookie，浏览器会分别存储所有的 Cookie。

2. Cookie 的设置与获取

浏览器向服务器发出请求时，会随请求一起发送该服务器的 Cookie。ASP.NET 应用程序是通过使用 Request 和 Response 对象的 Cookies 集合对象来读取和设置 Cookie 的。

服务器不能直接修改 Cookie，如果要修改 Cookie，则必须先创建一个具有新值的 Cookie。例如：

```
HttpCookie cookie=new HttpCookie("name")
```

上述代码创建了一个名为 name 的 HttpCookie 实例。

建立实例后，再为其赋值。在一个 Cookie 中可以存储一个值，也可以储存多个值。通过设置 Cookie 的 Value 属性值，可以在 Cookie 中储存一个值，代码如下：

```
cookie.Value="赵智暄"
```

通过 Cookie 的 Values 集合，可以在同一个 Cookie 中储存多个值。例如：

```
HttpCookie cookie=new HttpCookie("student");
cookie.Values.Add("Admin", "赵飞燕");
cookie.Values.Add("Member", "栾莉莉");
```

Values 集合的 Add 方法中第一个参数为关键字(Key)，第二个参数是设置的值(Value)。

知识点

由于 Cookie 在用户计算机中，因此无法通过程序将其直接移除。但是，可以让浏览器来删除 Cookie，具体做法是创建一个与要删除的 Cookie 同名的新 Cookie，并将该 Cookie 的到期日期设置为过去的某个日期，当浏览器检查 Cookie 的到期日期时，便会丢弃这个已过期的 Cookie。

3. 确定浏览器是否接受 Cookie

浏览器除了限制 Cookie 的大小，还限制站点可以在用户计算机上存储的 Cookie 的数量。大多数浏览器只允许每个站点存储20个Cookie,如果试图存储更多的Cookie,则最早存放的Cookie便会被覆盖掉。有些浏览器还会对接受的所有Cookie总数做出限制，通常为300个。

　　另外，用户还可以将浏览器设置为拒绝接受 Cookie。设置为拒绝接受 Cookie 后，虽然不能向客户端写入 Cookie 信息，但是不会引发任何错误。同样，浏览器也不向服务器发送有关 Cookie 的任何信息。确定 Cookie 是否被接受的一种方法是尝试编写一个 Cookie，然后再尝试读取该 Cookie。如果无法读取已编写的 Cookie，则可以确定浏览器不接受 Cookie。

　　【例 2-8】Cookie 的设置与读取。

　　(1) 启动 VS 2012，新建空网站【例 2-8】。

　　(2) 添加名为 Default.aspx 的页面，从【工具箱】中拖动一个 Label 控件、一个 TextBox 控件和一个 Button 控件到 Web 窗体中，控件的 Text 属性和页面布局如图 2-18 所示。

　　(3) 在 Default.aspx.cs 文件中添加页面的 Load 事件和按钮的单击事件处理程序，代码如下：

```
protected void Page_Load(object sender, EventArgs e)
{
    HttpCookieCollection allCookies = Request.Cookies;
    Label1.Text = "Cookie 信息如下：<blockquote>";
    foreach ( string item   in allCookies)
    {
        HttpCookie cookie = allCookies[item];
        Label1.Text += item + "：";
        if (cookie.HasKeys)
        {
            Label1.Text += "（集合，含有子健）<blockquote>";
            foreach (string val in cookie.Values)
                Label1.Text += val + "：" + cookie.Values[val]+ "<br>" ;
            Label1.Text += "</blockquote>";
        }
        else
            Label1.Text += cookie.Value+"<br>";
    }
    if(allCookies.Keys.Count==0)
        Label1.Text += "目前没有 Cookie 信息</blockquote>";
}
protected void Button1_Click(object sender, EventArgs e)
{
    HttpCookie cookie = new HttpCookie("student");
    cookie.Values.Add("Admin", "赵艳铎");
    cookie.Values.Add("Member1", "小石头");
    cookie.Values.Add("Member2", "赵智暄");
    cookie.Expires = DateTime.Now.AddDays(1);
```

```
Response.Cookies.Add(cookie);
HttpCookie cookie2 = new HttpCookie("user");
cookie2.Value = TextBox1.Text;
cookie2.Expires = DateTime.Now.AddDays(1);
Response.Cookies.Add(cookie2);
}
```

(4) 编译并运行程序，初次访问该页面时，由于 Cookie 中没有值，所以显示效果如图 2-19 所示。

(5) 在文本框中输入一个值，单击【保存 Cookie 值】按钮，将该值保存到 Cookie 的 user 键中，同时我们还保存了一个含有多个值的 Cookie 键 student。按 F5 键刷新页面，可以看到页面发生了变化，刚才保存的 Cookie 值被读取出来了，如图 2-20 所示。

(6) 接下来看一下 Cookie 到底是怎么保存的。在浏览器窗口中选择【工具】|【Internet 选项】命令，打开【Internet 选项】对话框，如图 2-21 所示。

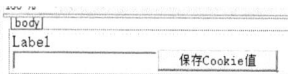

图 2-18　页面布局

图 2-19　页面初始效果

图 2-20　读取到的 Cookie 值

(7) 单击【浏览历史记录】选项区域中的【设置】按钮，打开【网站数据设置】对话框，如图 2-22 所示。

(8) 单击【查看文件】按钮，打开 Windows 资源管理器，定位到 Cookie 存放的目录，如图 2-23 所示，在此目录有很多文本文件和一些图片文件等 Internet 临时文件。

(9) Cookie 文件一般都是以 cookie 打头、以网站域名为结尾的文件，如本例网站的 Cookie 文件在笔者的计算机上是"cookie:guosz@localhost/"。

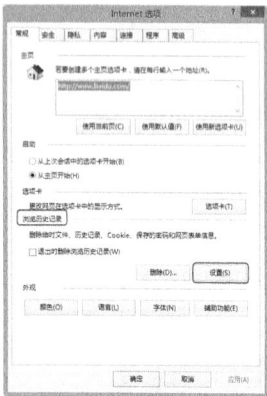

图 2-21　【Internet 选项】
　　　　　对话框

图 2-22　【网站数据设置】
　　　　　对话框

图 2-23　打开 Cookie 存放的目录

(10) 双击 Cookie 文件，可以通过文本编辑器打开并查看该文件，如图 2-24 所示。

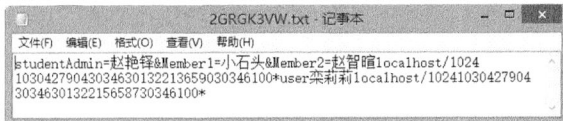

图 2-24　查看 Cookie 文件

2.4　ASP.NET 配置管理

使用 ASP.NET 配置系统的功能，可以配置整个服务器上的所有 ASP.NET 应用程序、单个 ASP.NET 应用程序、各个页面或应用程序子目录，也可以配置各种具体的功能，如身份验证模式、页缓存、编译器选项、自定义错误、调试和跟踪选项等。

2.4.1　配置 web.config 文件

每一个 Web 应用程序都包含一个 Web.config 配置文件，该配置文件为 ASP.NET 提供了各种基础的设置。

Web.config 是一个 XML 文件，配置文件的全部内容都嵌套在根元素<configuration>中，内含 Web 应用程序相关设定的 XML 标记，可以用来简化 ASP.NET 应用程序的相关设定。该文件位于 Web 应用程序的任何目录中，统一命名为 Web.config，它决定了所在目录及其子目录的配置信息，并且子目录下的配置信息覆盖其父目录的配置，即子目录如果没有 Web.config 文件，就是继承父目录 Web.config 文件的相关设定；如果子目录有 Web.config 文件，就会覆盖父目录 Web.config 文件中的相关设定。在运行状态下，ASP.NET 会根据远程 URL 请求，把访问路径下的各个 Web.config 配置文件叠加，产生一个唯一的配置集合。

举例来说，如果对 URL:http://localhost/website/ownconfig/test.aspx 进行访问，ASP.NET 会根据以下顺序来决定最终的配置情况：

(1) .\Microsoft.NET\Framework\{version}\Web.config (默认配置文件)；

(2) .\webapp\Web.config(应用的配置)；

(3) .\webapp\ownconfig\Web.config(自己的配置)。

1. 配置文件的语法规则

Web.config 的全部内容都被置于标记<configuration>和</configuration>之间。在该文件中，XML 标记的属性就是设定值，标记名称和属性值格式是字符串，第一个单词开头字母是小写，之后每一个单词的首字母大写，例如<appSetting>。Web 配置文件的示例如下。

```
<configuration>
    <appSettings>
```

```
    <add key="dbType" value="Access Database"/>
  </appSettings>
  <connectionsStrings>
    <add name="provider" connectionString="Microsoft.Jet.OLEDB.4.0;"/>
    <add name="database" connectionString="/chart7/Exam.mdb"/>
  </connectionsStrings>
  <system.web>
    <sessionState cookieless="false" timeout="10"/>
    <compilation defaultLanguage="C#" debug="true" targetFramework="4.5"/>
    <globalization fileEncoding="gb2312" requestEncoding="gb2312" culture=" zh-CN"/>
    <customErrors mode="RemoteOnly"/>
    <httpRuntime targetFramework="4.5"/>
  </system.web>
</configuration>
```

可以看到，这段配置信息是一个基于 XML 格式的文件，根标记是<configuration>，所有的配置信息均被包含在<configuration>及</configuration>标记中，其子标记<appSettings>、<connectionsStrings>和<system.web>是各设定区段。在<system.web>下的设定区段属于 ASP.NET 相关设定。<connectionStrings>区段是 ASP.NET 2.0 以后新增的，用于指定数据库连接字符串，使用<add>子标记也可以创建连接字符串，属性 name 是名称，connectionStrings 是连接字符串的内容。

2. 常用区段标记

Web.config 文件的常用设定区段标记如表 2-8 所示。

表 2-8 常用设定区段标记说明

设 定 区 段	说 明
<AnonymousIdentification>	控制 Web 应用程序的匿名用户
<Authentication>	设定 ASP.NET 的验证方式
<Authorization>	设定 ASP.NET 用户授权
<BrowserCaps>	设定浏览程序兼容组件 HttpBrowserCapabilities
<Compilation>	设定 ASP.NET 应用程序的编译方式
<CustomErrors>	设定 ASP.NET 应用程序的自动错误处理
<Globalizations>	关于 ASP.NET 应用程序的全球化设定，也就是本地化设定
<HttpHandlers>	设定 HTTP 处理是对应到 URL 请求的 HttpHandler 类
<HttpModules>	创建\删除或清除 ASP.NET 应用程序的 HTTP 模块
<HttpRuntime>	设定 ASP.NET HTTP 运行时的配置
<MachineKey>	设定在使用窗体基础验证的 Cookie 数据时，用来加码和解码的金钥匙
<Membership>	设定 ASP.NET 的 Membership 机制

(续表)

设 定 区 段	说　　明
<Pages>	设定 ASP.NET 程序的相关设定，即 Page 指引命令的属性
<Profile>	设定个性化信息的 Profile 对象
<Roles>	设定 ASP.NET 的角色管理
<SessionState>	设定 ASP.NET 应用程序的 Session 状态 HttpModule
<SiteMap>	设定 ASP.NET 网站导航系统
<WebParts>	设定 ASP.NET 应用程序的网页组件
<WebServices>	设定 ASP.NET 的 Web 服务

3. 在 Web.config 文件中添加用户自定义变量

在Web 配置文件的<appSettings>区段可以通过<add>标记创建参数，然后可以在程序中使用 System.Web.Configuration 命名空间的 WebConfigurationManager 类来获取该参数的值。

例如，当程序的某个功能或分支需要经常切换或调整时，就可以配置一个变量，然后根据该变量的值来区分程序的执行分支，但需要改变分支时，不用修改程序代码，直接修改配置文件即可，从而使程序更加灵活便捷。

【例 2-9】读取 Web.config 中的用户变量。

(1) 启动 VS 2012，新建空网站【例 2-9】，添加名为 Default.aspx 的页面。

(2) 打开 Web.config 文件，在<appSettings>配置子节点中添加一个变量，代码如下：

```
<appSettings>
<add key="MyUniversity" value="清华大学"/>
</appSettings>
```

(3) 在 Default.aspx.cs 中首先需要引入命名空间 System.Web.Configuration。

(4) 接着，添加页面的 Load 事件处理程序，本例将根据 Web.config 中 MyUniversity 变量的值将页面跳转到不同的地方，代码如下：

```
protected void Page_Load(object sender, EventArgs e)
{
        string strUniversity = WebConfigurationManager.AppSettings["MyUniversity"];
        if (strUniversity.Equals("清华大学"))
            Response.Redirect("http://www.tsinghua.edu.cn");
        else if (strUniversity.Equals("浙江大学"))
            Response.Redirect("http://www.zju.edu.cn");
        else
            Response.Redirect("http://www.pku.edu.cn");
}
```

(5) 编译并运行程序，显示效果如图 2-25 所示。

(6) 修改 MyUniversity 的值，重新启动 Web 服务器，此时将跳转到另外的页面。

图 2-25　页面运行效果

4. 在 sessionState 区段设置 Session 状态

ASP.NET 的 Session 状态管理拥有扩展性，可以在 Web.config 文件的<sessionState>区段设定 Session 状态管理，该区段属于<system.web>子标记。

<sessionState>区段的常用属性如表 2-9 所示。

表 2-9　<sessionState>区段的常用属性

属　　性	说　　明
mode	Session 状态存储的模式，可以是 off(不存储)、InProc(使用 Cookie)、StateServer(使用状态服务器)和 SqlServer(存储在 SQL Server 中)
cookieless	是否使用 Cookie 存储 Session 状态。True 表示不使用，False 表示使用
timeout	Session 时间的期限，以分钟计，默认为 20 分钟，与 Session 对象的 TimeOut 属性功能相同

②4.2　使用 Global.asax 文件

Global.asax 文件是 Web 应用程序的系统文件，属于选项文件，可有可无。当需要使用 Application 和 Session 对象的事件处理程序时，就需要创建此文件。

另外，由于 Global.asax 在网络应用程序中的特殊地位，它被存放的位置也是固定的，必须存放在当前应用所在的虚拟目录的根目录下。如果放在虚拟目录的子目录中，Global.asax 文件将不会起任何作用。

> **知识点**
> 作为网络应用程序，程序在执行之前有时需要初始化一些重要的变量，而且这些工作必须在所有程序执行之前完成，Global.asax 文件便是为此而设计的。

Global.asax 是 ASP.NET 应用程序的"全局应用程序类"，该文件是应用程序用来保持应用程序级的事件、对象和变量的。一个 ASP.NET 应用程序只能有一个 Global.asax 文件。

在【添加新项】对话框中选择【全局应用程序类】选项，即可添加 Global.asax 文件。添加的 Global.asax 文件的默认内容如下：

```
<%@ Application Language="C#"%>
<script runat="server">
    void Application_Start(object sender,EventArgs e)
    {
        //在应用程序启动时运行的代码
    }
    void Application_End(object sender, EventArgs e)
    {
        //在应用程序关闭时运行的代码
    }
    void Application_Error(object sender, EventArgs e)
    {
        //在出现未处理的错误时运行的代码
    }
    void Session_Start(object sender, EventArgs e)
    {
        //在新会话启动时运行的代码
    }
    void Session_End(object sender, EventArgs e)
    {
        // 在会话结束时运行的代码。
        // 注意: 只有在 Web.config 文件中的 sessionstate 模式设置为
        // InProc 时, 才会引发 Session_End 事件。如果会话模式设置为 StateServer
        // 或 SQLServer, 则不引发该事件。
    }
</script>
```

在窗体页中, 只能处理单个页面的事件, 而在 Global.asax 文件中则可以处理整个应用程序中的事件。除了上述代码模板中列举的事件, 在 Global.asax 文件中还可以加入其他事件的处理函数。如表 2-10 所示列出了可以在 Global.asax 中处理的事件。

表 2-10 可以在 Global.asax 中处理的事件

事　　件	说　　明
Application_AuthenticateRequest	每个请求都会触发该事件, 并且可以在此函数中设置自定义的验证
Application_BeginRequest	默认创建的 Global.asax 中没有该事件的处理, 不过可以在 Global.asax 中添加。该事件是在每个请求到达服务器后且在处理该请求前触发
Application_End	应用程序关闭时触发该事件。该函数很少使用, 因为 ASP.NET 可以很好地关闭和清除内存对象

(续表)

事 件	说 明
Application_Error	在应用程序中抛出任何错误时都会触发该事件。通常在此函数中提供应用程序级的错误处理或者记录错误事件
Application_Start	在应用程序接收到第一个请求时调用，通常在此函数中定义应用程序级变量或状态
Session_Start	类似于 Application_Start，不过是针对每个客户端第一次访问应用程序时调用
Session_End	以进程内模式使用会话状态时，如果用户离开应用程序将会触发该事件

与页面指令一样，Global.asax 文件也可以使用应用程序指令，这些指令都可以包含特定于该指令的一个或多个属性/值对。下面是 ASP.NET 中支持的应用程序指令。

- @Application：定义 ASP.NET 应用程序编译器所使用的应用程序特定的属性。该指令只能在 Global.asax 文件中使用。
- @Import：显式将命名空间导入到应用程序中。
- @Assembly：在分析时将程序集链接到应用程序。

2.5 上机练习

本章的上机练习将演示 Global.asax 文件的使用，同时回顾前面介绍的内置对象的使用。

(1) 启动 VS 2012，新建空网站【上机练习 2】。

(2) 通过【添加新项】对话框添加 Global.asax 文件。修改 Global.asax 文件的代码如下：

```
<script runat="server">
    void Application_Start(object sender, EventArgs e)
    {
        // 在应用程序启动时运行的代码
        Application["info"] = "Application 开始...<br/>";
    }
    void Application_End(object sender, EventArgs e)
    {
        // 在应用程序关闭时运行的代码
    }
    void Application_Error(object sender, EventArgs e)
    {
        // 在出现未处理的错误时运行的代码
    }
    void Session_Start(object sender, EventArgs e)
    {
        // 在新会话启动时运行的代码
```

```
            Response.Write(Application["info"].ToString());
            Application["info"] = "";//清空 Application 变量
            Response.Write("Session 开始...<br/>");
        }
        void Session_End(object sender, EventArgs e)
        {
            Application["info"] = "Session 结束...<br/>";
        }
        void Application_BeginRequest(object sender, EventArgs e)
        {
            Response.Write("Request 开始...<br/>");
        }
        void Application_EndRequest(object sender, EventArgs e)
        {
            Response.Write("Request 结束...<br/>");
        }
</script>
```

(3) 在添加一个名为 Default.aspx 的页面，在页面的<body>标记中添加如下代码:

```
<body>
    页面内容...
    (<% if (Session.IsNewSession)
            Response.Write("新的 Session 时间");
        else
            Response.Write("同一个 Session 时间");
     %>)
    <form id="form1" runat="server">
    <div>
        <asp:Button ID="Button1" runat="server" Text="刷新" onclick="Button1_Click" /> 
        <asp:Button ID="Button2" runat="server" Text="结束会话" onclick="Button2_Click" />
    </div>
    </form>
</body>
```

(4) 在 Default.aspx.cs 中添加页面的 Load 事件和两个按钮的单击事件处理程序，代码如下:

```
protected void Page_Load(object sender, EventArgs e)
{
    Response.Write("加载页面...<br/>");
}
protected void Button1_Click(object sender, EventArgs e)
```

```
    {
        Response.Write("刷新页面...<br/>");
    }
    protected void Button2_Click(object sender, EventArgs e)
    {
        Session.Abandon();//结束 Session
        Response.Redirect("Default.aspx");
    }
```

(5) 编译并运行程序，启动默认浏览器打开 Default.aspx 文件，效果如图 2-26 所示。从运行结果可以看出事件处理程序的执行顺序。

(6) 单击【刷新】按钮，由于此时 Session 尚未结束，所以页面内容显示的是"同一个 Session 时间"，如图 2-27 所示。

(7) 单击【结束会话】按钮，因为需要在程序中以 Abandon()方法强制结束 Session 事件，然后重新加载页面，可以看到，此次显示"新的 Session 时间"，如图 2-28 所示。

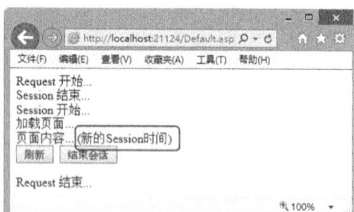

图 2-26　页面初次加载效果　　　　图 2-27　刷新页面　　　　图 2-28　结束会话重新加载页面

②.6　习题

1. App_Data 目录主要存放什么文件？

2. App_Code 目录和 bin 目录有什么区别？

3. 简述加载页面时，Page 类的各事件的发生顺序。

4. 新建一个网站，通过 Application 对象统计网站的访问人数。

5. Response.Redirect()和 Server.Transfer()方法有什么区别。

6. 对于 HTML 表单，使用 Get 方法或 Post 方法提交数据有什么区别？

7. 新建一个 ASP.NET 页面，使用 Request 对象的 Browser 属性来获取客户端浏览器信息，包括浏览器类型、浏览器版本信息、浏览器使用的平台等。

8. 新建一个 ASP.NET 页面，使用 Server 对象获取服务器端的信息，包括服务器名称、超时时间和文件的物理路径等。

9. Web.config 文件是什么格式的？该配置文件包含哪些配置的设置。

10. Global.asax 文件的作用是什么？

第3章

ASP.NET 服务器控件

学习目标

ASP.NET 服务器控件是 ASP.NET 网页上的对象。使用 ASP.NET 服务器控件，可以大大减少开发 Web 应用程序所需编写的代码量，提高开发效率和 Web 应用程序的性能。ASP.NET 服务器控件的体系结构已经完全集成到了 ASP.NET 中，为用户提供了一个构建 Web 站点的技术中相当独特的功能集。本章将介绍这些服务器控件的基本用法以及不同类别控件的功能。这些控件在每个 ASP.NET 应用程序中都会用到。因此，了解工具箱中有哪些控件可用、它们各自的用途、它们的工作原理以及它们如何维持自身状态非常关键。

本章重点

- ⊙ ASP.NET 服务器控件的概念和工作原理
- ⊙ 列表控件的使用
- ⊙ 各种验证控件的功能和用法
- ⊙ 使用 ASP.NET 的导航控件
- ⊙ 使用登录控件
- ⊙ 如何创建和使用用户控件

③.1 ASP.NET 服务器控件概述

ASP.NET 服务器控件是 ASP.NET 的重要组成部分。几乎每个 ASP.NET 页面都包含一个或多个服务器控件。这些控件可分为不同的类型，既有 Button 和 Label 这样的简单控件，也有复杂的控件，如可以显示数据源中数据的控件 TreeView 和 GridView。

在 ASP.NET 页面上，服务器控件表现为一个标记，例如<asp:TextBox…/>。这些标记不是标准的 HTML 元素，因此如果它们出现在网页上，浏览器将无法识别它们。当用户通过浏览器请求 ASP.NET 网页时，这些标记都将动态地转换为 HTML 元素，然后把转换后的 HTML 文件发送给客户端浏览器来呈现。

③.1.1 服务器控件类

大多数 Web 服务器控件类都派生于 System.Web.UI.WebControls.WebControl 类，而 WebControl 类又从 System.Web.UI.Control 类派生而来。

System.Web.UI.WebControls 命名空间中的服务器控件可分为以下两类。

- ◉ Web 控件：用来构建与用户进行交互的页面。这类控件包括常用的按钮控件、文本框控件、复选框控件以及用户自定义控件等，使用这些控件可以创建与用户交互的接口。
- ◉ 数据绑定控件：用来实现数据的绑定与显示。这类控件包括广告控件、表格控件以及用于导航的菜单控件和树形控件等。

1. 基本属性

WebControl 类用来定义 System.Web.UI.WebControls 命名空间中的所有控件的公共方法、属性和事件的基类，其中定义了一些可以应用于几乎所有服务器控件的基本属性，如表 3-1 所示。

表 3-1　WebControl 类的基本属性

属　　性	说　　明
AccessKey	允许设置一个键，使用这个键，就可以按关联的字母键在客户端访问控件
BackColor	获取或设置 Web 服务器控件的背景色
BorderColor	获取或设置 Web 服务器控件的边框颜色
BorderStyle	获取或设置 Web 服务器控件的边框样式
BorderWidth	获取或设置 Web 服务器控件的边框宽度
CssClass	获取或设置 Web 服务器控件在客户端呈现的级联样式表(CSS)类
Enabled	获取或设置是否启用 Web 服务器控件，默认值为 True
EnableTheming	获取或设置是否对 Web 服务器控件应用主题
Font	获取或设置 Web 服务器控件关联的字体属性
ForeColor	获取或设置 Web 服务器控件的前景色，通常为文本颜色
Height	获取或设置 Web 服务器控件的高度
ID	获取或设置 Web 服务器控件的编号标识符
SkinID	获取或设置应用于 Web 服务器控件的外观
Style	获取或设置将在 Web 服务器控件的外部标记上呈现的样式属性的文本属性的集合
TabIndex	设置客户端 HTML tabindex 特性，确定用户按 Tab 键时焦点沿着页面中控件移动的顺序
ToolTip	允许设置浏览器中控件的工具提示。这个工具提示在 HTML 中被呈现为 title 特性，当用户把鼠标悬停在相关的 HTML 元素上时就会显示出来

(续表)

属　　性	说　　明
Visible	获取或设置 Web 服务器控件是否作为 UI 呈现在页面上
Runat	该属性设置为 Server 时，表示该控件是一个服务器控件
Width	获取或设置 Web 服务器控件的宽度

2. 服务器控件的事件

在 ASP.NET 页面中，用户与服务器的交互是通过控件的事件来完成的。例如，当用户单击一个按钮时，就会触发按钮的单击事件，程序员只需在该单击事件处理程序中提供相应的代码，即可对用户的单击行为作出响应。

Web 控件的事件工作方式与传统的 HTML 标记的客户端事件工作方式有所不同，这是因为 HTML 标记的客户端事件是在客户端触发并处理的，而 ASP.NET 中的 Web 控件的事件虽然也是在客户端触发，但却是在服务器端处理的。

Web 控件的事件模型为：客户端捕捉到事件信息，接着通过 HTTP POST 将事件信息发送到服务器，而且页面框架必须解释该 POST 以确定所发生的事件，然后在要处理该事件的服务器上调用代码中的相应方法。

知识点

基于以上事件模型，Web 控件事件可能会影响到页面的性能，因此，Web 控件仅仅提供有限的一组事件。

Web 控件通常不再支持经常发生的事件，如 OnMouseOver 事件等，因为如果在服务器端处理这些事件，就会浪费大量的资源，但 Web 控件仍然可以为这些事件调用客户端处理程序。此外，控件和页面本身在每个处理步骤都会触发生命周期事件，如 Init、Load 和 PreRender 事件等，在应用程序中可以使用这些生命周期事件。

所有的 Web 事件处理函数都包括两个参数：第一个参数表示触发事件的对象；第二个参数表示包含该事件特定信息的事件对象，通常是 EventArgs 类型，或 EventArgs 类型的子类型。例如，按钮控件的单击事件处理程序，其代码形式如下：

```
protected void Button1_Click(object sender, EventArgs e)
{
    //在此添加处理程序
}
```

3. 事件的绑定

在处理 Web 控件的事件时，经常需要把事件绑定到事件处理程序。将事件绑定到事件处理程序的方法有如下两种。

（1）在 ASP.NET 页面中，在声明控件时，指定该控件的事件对应的事件处理程序。例如，把一个 Button 控件的 Click 事件绑定到名为 MyClick 的方法，代码如下：

```
<asp:Button ID="Button1" runat="server" Text="Button" OnClick="MyClick" />
```

（2）如果控件是动态创建的，则需要通过编写代码动态地将事件绑定到指定的方法，例如：

```
Button myBtn = new Button("Button1");
myBtn.Text = "提交";
myBtn.Click += new System.EventHandler(ButtonClick);
```

提示

以定义的方式把事件绑定到事件处理程序时，在控件定义标记中都以 On 开头跟着事件名称的形式出现，如上面的 OnClick。

③1.2 控件的字体和颜色属性

控件的字体属性依赖于 System.Web.UI.WebControls 命名空间中的 FontInfo 对象。该对象提供的属性如表 3-2 所示。

表 3-2　FontInfo 对象的属性

属　　性	说　　明
Name	指明字体的名称，如 Arial
Names	指明一系列字体，浏览器会首先选用第一个去匹配用户安装的字体
Size	字体的大小，可以设置为相对值或者真实值
Bold、Italic、Strikeout、Underline、Overline	布尔属性，用来设置是否应用给定的样式特征。Bold 是粗体，Italic 为斜体，Strikeout 为中划线，Underline 为下划线，Overline 为上划线

在.NET 框架中，System.Drawing 命名空间提供了一个 Color 对象，使用该对象可以设置控件的颜色属性。创建颜色的方式有以下 3 种。

- 使用 ARGB(alpha,red,green,blue)颜色值：可以为每个值指定一个 0~255 之间的整数。其中，alpha 表示颜色的透明度，当 alpha 为 255 时，表示完全不透明；red 表示红色；green 表示绿色；blue 表示蓝色。
- 使用颜色的枚举值：可供使用的颜色有 140 个。
- 使用 HTML 颜色名：可以使用 ColorTranslator 类把字符串转换为颜色值。

例如，下面的代码都是设置控件 Button1 控件的颜色：

```
Button1.BackColor = Color.FromArgb(255,0,255,127);
Button1.BackColor = Color.DarkGreen;
Button1.BackColor = ColorTranslator.FromHtml("Green");
```

③.1.3　控件的类别

ASP.NET 本身附带了大量的服务器控件，能够满足 Web 开发的大部分需要。为了更容易地找到正确的控件，而将它们放在工具箱的各个单独的控件类别中。如图 3-1 所示为工具箱中的所有可用控件类别。

1. 标准控件

标准类别中包含很多基本控件，几乎所有的 Web 页面都需要它们。前面已经使用过其中的一部分，如 TextBox、Button 和 Label 控件。本章将详细介绍这类控件的用法。

2. HTML 控件

工具箱的 HTML 类别中包含许多 HTML 控件，它们看起来与标准类别中的控件很相似。例如，Input (Button)控件看起来就像<asp:Button>。类似的，Select 控件有<asp:DropDownList>和<asp:ListBox>作为它的对应控件。

图 3-1　工具箱中的控件类别

知识点

默认情况下，ASP.NET 文件中的 HTML 元素被视为传递给浏览器的标记，作为文本进行处理，并且不能在服务器端代码中引用这些元素，若要使这些元素能以编程方式进行访问，可以添加 runat="server" 属性表明应将 HTML 元素作为服务器控件进行处理。

标准控件和 HTML 控件之间似乎有一些重叠，但是 HTML 控件的功能比标准类别中的控件的功能少得多。一般来说，标准类别中的真正服务器控件提供了更多的功能，无论是在 VWD 中的设计时支持方面还是在运行时能做的事情方面都是如此。不过使用这种功能是有代价的。因为它们增加了复杂度，所以在处理服务器控件会多花一点时间。然而，在大多数 Web 站点上，用户可能不会注意到这一差别。只有当有一个高通信量的 Web 站点且在页面上有很多控件时，使用 HTML 控件才会提供稍好一些的性能。

在大多数情况下，人们更愿意使用服务器控件而不是与它们对应的 HTML 控件。因为服务器控件提供了更多的功能，在页面中更灵活，可以给用户带来更丰富的体验，而且有比较好的设计时支持，因此值得选择。如果不需要服务器控件提供的这些功能，则可以选择 HTML 控件。

3. 数据控件和报表控件

数据控件和报表控件是在 ASP.NET 2.0 中引入的，它提供了非常方便的方式来访问各种数据源，如数据库、XML 文件以及对象。在以前的版本中，报表控件也被归属到数据控件类别中，ASP.NET 4.5 将其作为单独的类别独立出来。使用数据和报表控件，只需把数据控件指向适当的数据源即可访问和操作大部分主流数据库，本书的第 5 章中将重点介绍这些控件的使用。

4. 验证控件

ASP.NET 为开发人员提供了一套完整的服务器控件来验证用户输入的信息是否有效，这些控件可与 ASP.NET 网页上的任何控件(包括 HTML 和服务器控件)一起使用。

有效性验证控件最出色的是它们能在客户端和服务器上检查输入。当向 Web 页面中添加一个有效性验证控件时，控件就会呈现在客户端验证关联控件有效性的 JavaScript。本章第 3 节将详细介绍验证控件的使用。

5. 导航控件

当站点包含的页面比较多时，有一个稳固而清晰的导航结构就很重要，这样才能让用户顺畅地浏览站点。使用良好的导航系统，项目中所有没有连接的 Web 页面就会形成一个完整而连贯的 Web 站点。本章第 4 节将详细介绍导航控件的使用。

6. 登录控件

与数据和导航控件一样，登录控件也是在 ASP.NET 2.0 中引入的，并在后续版本中逐步完善。有了登录控件，只需很少的工作量就可以构建安全的 Web 站点，本章第 5 节将详细介绍登录控件的使用。

7. Ajax 扩展

自从 Ajax 在 2005 年成为一种热门技术以来，Microsoft 一直致力于成为顶级 Ajax 的实现者。AJAX 扩展现在已经完全集成到了 Visual Studio IDE 中，并在 VS 2012 中升级为 Ajax 4。本书第 7 章将重点介绍 Ajax。

8. 其他控件

其他控件还有 WebParts 和动态数据，这两类控件都不是本书介绍的重点，读者可参考相关资料自行学习。

③.2 标准控件

在前面的学习中，已经使用过 Label、Button 和 TextBox 控件，这些控件都是标准类别下的。标准类别中包含的控件都是最常使用的控件，几乎所有的 Web 页面都会用到它们。要向页面中添加服务器控件，只需简单地从工具箱中拖动相应的控件到设计视图中即可。

③2.1 简单控件

这里所说的简单控件是指简单易懂且常用的控件，如 TextBox、Button、Label、HyperLink、RadioButton 和 CheckBox 等，这些控件的使用都比较简单。下面通过一个具体的实例来看一下这些控件的使用方法。

【例 3-1】使用简单控件制作一个网站注册页面。

(1) 启动 VS 2012，新建空网站【例 3-1】。

(2) 通过【添加新项】对话框添加名为 Register.aspx 的页面。

(3) 打开 Register.aspx 文件的设计视图，选择【表】|【插入表】命令，打开【插入表格】对话框，插入一个 9 行 2 列的表格，如图 3-2 所示。

(4) 合并第 1 行的 2 个单元格。选择这 2 个单元格，选择【表】|【修改】|【合并单元格】命令。在第 1 行的单元格中输入"请输入注册信息"，并让其居中显示。

(5) 在第 2~8 行的单元格中，第 1 列单元格中输入文本信息，第 2 列单元格中添加用于输入信息的控件。在最后一行中，第 1 列添加一个 Button 控件，用于提交表单数据；第 2 列添加一个 Label 控件，用于显示提示信息，控件的布局如图 3-3 所示。

(6) 设置 TextBox3 和 TextBox4 的 TextMode 属性为"Password"，设置两个 RadioButton 控件的 GroupName 属性为相同的值，这样两个单选按钮就只能有一个被选中了。

(7) 在表格的下面添加一个 HyperLink 控件，设置控件的 Text 属性为"腾讯微博"，NavigateUrl 属性为"http://t.qq.com"。

图 3-2　【插入表格】对话框

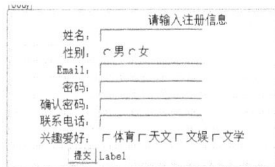

图 3-3　窗体中的控件布局

(8) 双击【提交】按钮控件，添加控件的 Click 事件处理程序，将用户输入的注册信息显示在 Label 控件中，完整的代码如下：

```
protected void Button1_Click(object sender, EventArgs e)
{
    if(TextBox3.Text!=TextBox4.Text)
    {
        Response.Write("<script>alert('两次密码输入不一致，请重新输入');</script>");
        return;
    }
    Label1.Text = "注册信息如下：<br>姓名："+TextBox1.Text;
    Label1.Text+="<br>性别："+ (RadioButton1.Checked ?"男":"女");
    Label1.Text += "<br>Email："+ TextBox2.Text;
    Label1.Text += "<br>联系电话："+ TextBox5.Text;
    string favorite = "";
    if(CheckBox1.Checked)
        favorite+=CheckBox1.Text;
```

```
    if(CheckBox2.Checked)
        favorite+=(favorite.Length>0?"、":"")+CheckBox2.Text;
    if(CheckBox3.Checked)
        favorite+=(favorite.Length>0?"、":"")+CheckBox3.Text;
    if(CheckBox4.Checked)
        favorite+=(favorite.Length>0?"、":"")+CheckBox4.Text;
    Label1.Text += "<br>兴趣爱好: " + favorite;
}
```

(9) 编译并运行程序，在浏览器中加载页面 Register.aspx，输入相应的信息，单击【提交】按钮，如图 3-4 所示。如果【密码】和【确认密码】输入不一致，则弹出提示对话框，如图 3-5 所示。

(10) HyperLink 控件的使用比较简单，本例中只设置了该控件的一些属性即可，单击页面中的超链接【腾讯微博】，页面将跳转到腾讯微博官方网站。

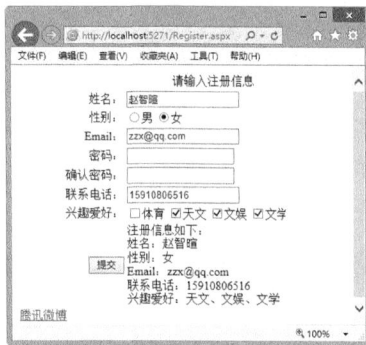

图 3-4　页面运行效果

图 3-5　提示对话框

下面来看一下服务器控件的工作原理。当在浏览器中请求页面时，服务器端控件就由 ASP.NET 运行库(负责接收和处理 aspx 页面请求的引擎)处理，然后控件就会输出客户端 HTML 代码，并将其附加到最终页面输出的后面，最后出现在浏览器中用来构建页面的就是该 HTML 代码。例如，当首次加载 Label 控件并请求它的 HTML 时，它会返回下面的代码：

```
<span id="Label1">Label1</span>
```

从上面这行代码可以看出，虽然使用<asp:Label>语法定义了 Label 控件，但是它最终出现在浏览器中的只是一个简单的<span>元素。<span>标记中的内容为该 Label 控件的 Text 属性。

当请求【例 3-1】的 Register.aspx 页面以后，可以通过浏览器的【查看】|【源文件】命令查看该页面被解释后输出的 HTML 代码。

回忆一下【例 3-1】中，当两次密码输入不一致时，将弹出提示对话框，这个提示对话框是通过 JavaScript 的 alert 语句产生的。而在程序中是通过 Response 对象输出到客户端的，输出到客户端以后，生成的 HTML 代码如下：

```
<script>alert('两次密码输入不一致，请重新输入');</script>
```

HyperLink 控件生成的 HTML 代码就是一个普通的超链接，代码如下：

```
<a id="HyperLink1" href="http://t.qq.com">腾讯微博</a>
```

③.2.2 列表控件

标准类别中有许多在浏览器中表现为列表的控件。这些控件包括 ListBox、DropDownList、CheckBoxList、RadioButtonList 和 BulletedList。要向列表中添加项，可以在控件的起始和结束标记之间定义<asp:ListItem>元素，如下面的示例所示：

```
<asp:DropDownList ID="我的好友" runat="server">
    <asp:ListItem Value="zyd">赵艳铎</asp:ListItem>
    <asp:ListItem Value="zzx">赵智暄</asp:ListItem>
    <asp:ListItem Value="ry">如意</asp:ListItem>
</asp:DropDownList>
```

DropDownList、RadioButtonList 控件允许用户一次只能选择一项。如果要以编程方式查看列表控件中当前活动和选中的项，可以查看它的 SelectedValue、SelectedItem 或 SelectedIndex 属性。SelectedValue 返回一个包含选中项的值的字符串，SelectedIndex 返回列表中项基于 0 的索引。

对于允许多重选择的控件：CheckBoxList 和 ListBox，可以在 Items 集合中循环，查看选中了哪些项。在这种情况下，SelectedItem 和 SelectedValue 属性仅返回列表中第一个选中的项，而不是返回所有选中项。

BulletedList 控件不允许用户作选择，所以不支持 SelectedValue、SelectedItem 或 SelectedIndex 这些属性。

当列表控件的某个选项被选中时，该控件将引发 SelectedIndexChanged 事件。默认情况下，此事件不会向服务器发送页，但可通过将 AutoPostBack 属性设置为 true，强制该控件立即发送。

【例 3-2】演示列表控件的使用。

(1) 启动 VS 2012，新建空网站【例 3-2】。

(2) 通过【添加新项】对话框添加名为 Default.aspx 的页面，从【工具箱】中拖动 5 个 Label 控件、1 个 TextBox 控件、1 个 Button 控件和 DropDownList、RadioButtonList、CheckBoxList、ListBox、BulletedList 控件各 1 个到 Web 窗体中。

(3) 要设置列表控件的 Items 属性，可以选中相应的控件，单击【属性】面板中 Items 属性右边的 按钮，如图 3-6 所示。此时将弹出【ListItem 集合编辑器】对话框，在该对话框中，单击【添加】按钮，然后在 Text 和 Value 文本框中输入相应的列表项即可，如图 3-7 所示。通过此对话框添加的项将被添加为控件标记之间的<asp:ListItem>元素。

图 3-6　设置列表控件的 Items 属性　　　　图 3-7　【ListItem 集合编辑器】对话框

(4) 设置 DropDownList 和 RadioButtonList 控件的 AutoPostBack 属性。选中控件，单击右上角的箭头图标，打开控件的【任务】菜单，通过该菜单可以执行属于此控件的大部分常见任务。如图 3-8 所示有 3 个选项：第一个选项允许把控件与数据源绑定在一起；第二个选项用来编辑列表项，与前面设置 Items 属性相同；最后一个选项用来设置控件的 AutoPostBack 属性，选中该复选框后，一旦用户从列表中重新选择了项，控件就会将包含它的页面回发给服务器。

(5) 为 DropDownList 和 RadioButtonList 控件添加 SelectedIndexChanged 事件处理程序。首先选中控件，然后在【属性】面板中单击工具按钮，切换到事件列表，如图 3-9 所示。在相应事件后面的文本框中双击即可添加一个默认的事件处理程序。

图 3-8　列表控件的【任务】菜单　　图 3-9　为控件添加事件处理程序

(6) 设置 CheckBoxList 和 RadioButtonList 控件的 RepeatDirection 属性为 Horizontal，使选项水平排列。

(7) 设置 ListBox 控件的 SelectionMode 属性为 Multiple，以允许用户进行多项选择。

知识点

通过设置 ListBox 控件的 SelectionMode 属性为 Multiple，可允许进行多重选择。用户可以在按住 Ctrl 或 Shift 键的同时，单击以选择多项。

(8) 此时的页面布局如图 3-10 所示。

图 3-10　窗体中的控件布局

在 Default.aspx 的源视图中可以看到生成的相应代码如下：

```
<div>
    <asp:Label ID="Label1" runat="server" Text="院系："></asp:Label>
    <asp:DropDownList ID="DropDownList1" runat="server"
        OnSelectedIndexChanged="DropDownList1_SelectedIndexChanged"
        AutoPostBack="True">
        <asp:ListItem>外语系</asp:ListItem>
        <asp:ListItem>数学系</asp:ListItem>
```

```
        <asp:ListItem>计算机系</asp:ListItem>
        <asp:ListItem>法律系</asp:ListItem>
</asp:DropDownList><br />
<asp:Label ID="Label2" runat="server" Text="课程："></asp:Label>
<asp:ListBox ID="ListBox1" runat="server" SelectionMode="Multiple">
        <asp:ListItem>德语</asp:ListItem>
        <asp:ListItem>英语</asp:ListItem>
        <asp:ListItem>西班牙语</asp:ListItem>
</asp:ListBox>
<br />
<asp:Label ID="Label3" runat="server" Text="兴趣："></asp:Label>
<asp:CheckBoxList ID="CheckBoxList1" runat="server"
        RepeatDirection="Horizontal">
        <asp:ListItem>理财</asp:ListItem>
        <asp:ListItem>旅游</asp:ListItem>
        <asp:ListItem>唱歌</asp:ListItem>
        <asp:ListItem>游戏</asp:ListItem>
        <asp:ListItem>购物</asp:ListItem>
</asp:CheckBoxList>
<asp:Button ID="Button1" runat="server" Text="提交" OnClick="Button1_Click" />
<h3>下面演示 RadioButtonList 和 BulletedList</h3>
<h4>请选择 BulletedList 项目展示的样式</h4>
<asp:RadioButtonList ID="RadioButtonList1" runat="server" AutoPostBack="True"
        onselectedindexchanged="RadioButtonList1_SelectedIndexChanged"
        RepeatDirection="Horizontal">
        <asp:ListItem   Value="Numbered" Selected="True">数字</asp:ListItem>
        <asp:ListItem Value="LowerAlpha">小写字母</asp:ListItem>
        <asp:ListItem Value="UpperAlpha">大写字母</asp:ListItem>
        <asp:ListItem Value="LowerRoman">小写罗马</asp:ListItem>
        <asp:ListItem Value="UpperRoman">大写罗马</asp:ListItem>
        <asp:ListItem Value="Disc">实心点</asp:ListItem>
        <asp:ListItem Value="Circle">空心圆点</asp:ListItem>
        <asp:ListItem Value="Square">方块</asp:ListItem>
</asp:RadioButtonList>
<asp:BulletedList ID="BulletedList1" runat="server" BulletStyle="Numbered"
        BorderStyle="Double" >
        <asp:ListItem>三国演义</asp:ListItem>
        <asp:ListItem>水浒传</asp:ListItem>
        <asp:ListItem>西游记</asp:ListItem>
        <asp:ListItem>红楼梦</asp:ListItem>
```

```
        </asp:BulletedList>
    </div>
```

(9) 在 Default.aspx.cs 文件中, 添加控件的事件处理程序, 代码如下:

```csharp
protected void RadioButtonList1_SelectedIndexChanged(object sender, EventArgs e)
{
    BulletStyle style = (BulletStyle)Enum.Parse(typeof(BulletStyle),RadioButtonList1.SelectedValue);
    BulletedList1.BulletStyle = style;
}
protected void DropDownList1_SelectedIndexChanged(object sender, EventArgs e)
{
    ListBox1.Items.Clear();
    string[][] strAll = new string[4][] {
        new string[] { "德语", "英语","西班牙语" },
        new string[] { "高等数学", "数学分析","统计学" },
        new string[] { "数据库", "Java 语言基础","ASP.NET"},
        new string[] { "刑法", "民法","婚姻法"} };
    foreach(string str in strAll[DropDownList1.SelectedIndex])
    {
        ListItem item = new ListItem();
        item.Text = str;
        ListBox1.Items.Add(item);
    }
}
protected void Button1_Click(object sender, EventArgs e)
{
    string strMsg = "";
    if (ListBox1.SelectedIndex < 0 || CheckBoxList1.SelectedIndex < 0)
    {
        strMsg = "alert(\"请选择院系、课程和兴趣爱好! \");";
        Page.ClientScript.RegisterClientScriptBlock(this.GetType(), "warning", strMsg, true);
    }
    else
    {
        strMsg = "alert(\"你好\\n 你是  ";
        strMsg += DropDownList1.SelectedValue;
        strMsg += " 的学生\\n 你选择了以下课程: ";
        int i = 0;
        foreach (ListItem item in ListBox1.Items)
        {
```

```
        if (item.Selected)
        {
            if (i++ > 0)
                strMsg += "、";
            strMsg += item.Value;
        }
    }
    strMsg += "\\n 你的兴趣爱好是：";
    i = 0;
    foreach (ListItem item in CheckBoxList1.Items)
    {
        if (item.Selected)
        {
            if (i++ > 0)
                strMsg += "、";
            strMsg += item.Value;
        }
    }
    strMsg += "\");";
    Page.ClientScript.RegisterClientScriptBlock(this.GetType(), "success", strMsg, true);
    }
}
```

（10）编译并运行程序，在浏览器中加载页面 Default.aspx，如图 3-11 所示，在页面下半部分，选中不同的单选按钮选项，可以看到 BulletList 项目的编号会发生相应的改变。

（11）选择相应的院系、课程和兴趣爱好，单击【提交】按钮，将弹出对话框，显示用户所选择的信息，如图 3-12 所示。

图 3-11　页面运行效果　　　图 3-12　弹出对话框显示信息

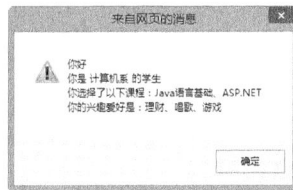

知识点

　　ListBox 和 CheckBoxList 控件允许用户一次性选择多个选项，因此，可使用 foreach 循环在 ListItem 元素集合中迭代逐个测试 Selected 属性。如果列表中的项为选中状态，它的 Selected 属性就为 true。

③.2.3　容器控件

容器控件常用于以某种方式将相关的内容和控件组合到一起，常用的容器控件包括 Panel、PlaceHolder、MultiView、View 和 Wizard。

可以使用 PlaceHolder 或 Panel 控件同时隐藏或显示几个控件，而不用分别隐藏每个控件，只需隐藏包含这些控件和标记的整个容器即可。这两个控件各有优缺点。PlaceHolder 控件的优点是它不会向页面发布自己的 HTML，因此可以用作容器控件，而不会在最终页面中产生任何不良作用。然而，它缺少设计时支持，因此在 VWD 中难以在设计时管理 PlaceHolder 内的控件。而 Panel 控件允许轻松地访问所有控件以及它所包含的其他内容，但是它自己则呈现为<div>标记，因此，一般常使用 Panel 控件。

MultiView 和 View 控件可以制作出选项卡的效果。MultiView 控件用作一个或多个 View 控件的外部容器；View 控件可以包含标记和控件的任何组合。

如果要切换视图，可以使用控件的 ID 或者 View 控件的索引值。在 MultiView 控件中，一次只能将一个 View 控件定义为活动视图。如果某个 View 控件定义为活动视图，那么它所包含的子控件则会呈现到客户端。可以使用 ActiveViewIndex 属性或 SetActiveView 方法定义活动视图。如果 ActiveViewIndex 属性为空，则 MultiView 控件不向客户端呈现任何内容。

提示

如果活动视图设置为 MultiView 控件中不存在的 View，则会引发 ArgumentOutOfRangeException 异常。

无论是 MultiView 控件还是各个 View 控件，除当前 View 控件的内容外，都不会在页面中显示任何标记。但是，每次呈现页面时都会创建所有 View 控件中的所有服务器控件的实例，并且将这些实例的值存储为页面的视图状态的一部分。另外，可以将一个主题分配给 MultiView 或 View 控件，控件将该主题应用于当前 View 控件的所有子控件。

Wizard 控件和 MultiView 有一些相似的地方：它们允许将一个长页面划分为多个区域，这样很有好处，例如容易填写长表单。它们的区别在于 Wizard 具有使用 Previous、Next 和 Finish 按钮在页面间移动的内置支持，而 MultiView 则必须通过编程进行控制。

【例 3-3】容器控件的使用。

(1) 启动 VS 2012，新建空网站【例 3-3】。

(2) 通过【添加新项】对话框添加名为 Default.aspx 的页面，从【工具箱】中拖动一个 CheckBox 控件和一个 Panel 控件到 Web 窗体中，然后在 Panel 中添加一个 Label 控件，通过 CheckBox 控件来控制 Panel 控件的显示与隐藏。

(3) 切换到源视图，修改其 HTML 代码如下：

```
<asp:CheckBox ID="CheckBox1" runat="server"
    oncheckedchanged="CheckBox1_CheckedChanged" Text="显示 Panel 控件"
    AutoPostBack="True" />
<asp:Panel ID="Panel1" runat="server" Visible="False">
```

```
<asp:Label ID="Label1" runat="server" Text="我是 Panel 控件中的 Label 控件"></asp:Label>
```
```
</asp:Panel>
```

> **提示**
>
> 在容器控件中添加其他控件时，需注意必须先选定容器控件，以确保新的控件被添加到容器中。

(4) 接着输入文本信息"我要找人..."，然后添加 1 个 RadioButtonList 控件和 1 个 MultiView 控件，最后在 MultiView 控件中添加 3 个 View 控件，RadioButtonList 控件中将添加 3 个选项，分别对应 MultiView 中的 3 个 View 的显示与隐藏。

(5) 依次单击每个 View 控件，分别输入静态文本"姓名"、"年龄"、"地域"；然后分别在每个文本后面添加 1 个 Textbox 控件用于输入查找值。

(6) 在 MultiView 控件的下面，再拖动 1 个 Button 控件到页面上。

(7) 设置 RadioButtonList 控件的 AutoPostBack 属性为 True，RepeatDirection 属性为 Horizontal，并为其添加 3 个选项，响应控件的 selectedindexchanged 事件。

切换到源视图，步骤(4)~(7)操作后的代码如下：

```
<h4>我要找人...</h4>
<asp:RadioButtonList ID="RadioButtonList1" runat="server"
    RepeatDirection="Horizontal" AutoPostBack="True"
    onselectedindexchanged="RadioButtonList1_SelectedIndexChanged">
    <asp:ListItem Value="0">按姓名</asp:ListItem>
    <asp:ListItem Value="1">按年龄</asp:ListItem>
    <asp:ListItem Value="2">按地域</asp:ListItem>
</asp:RadioButtonList>
<asp:MultiView ID="MultiView1" runat="server">
<asp:View ID="View1" runat="server">
    姓名：<asp:TextBox ID="TextBox1" runat="server"></asp:TextBox>
</asp:View>
<asp:View ID="View2" runat="server">
    年龄：<asp:TextBox ID="TextBox2" runat="server"></asp:TextBox>
</asp:View>
<asp:View ID="View3" runat="server">
    地域：<asp:TextBox ID="TextBox3" runat="server"></asp:TextBox>
</asp:View>
</asp:MultiView>
<asp:Button ID="Button1" runat="server" Text="查找" onclick="Button1_Click" />
```

(8) 最后，添加一个 Wizard 控件。单击控件右上角的箭头打开【Wizard 任务】面板，选择【添加/移除 WizardSteps】命令，如图 3-13 所示，将打开【WizardStep 集合编辑器】对话框，如图 3-14 所示。

(9) 单击对话框左边【成员】列表框中名为 Step1 的第一个 WizardStep，将它的 Title 属性修改为"输入姓名"，将第二步的 Title 设置为"选择你喜欢的歌曲"，然后再添加一步为"完成"。

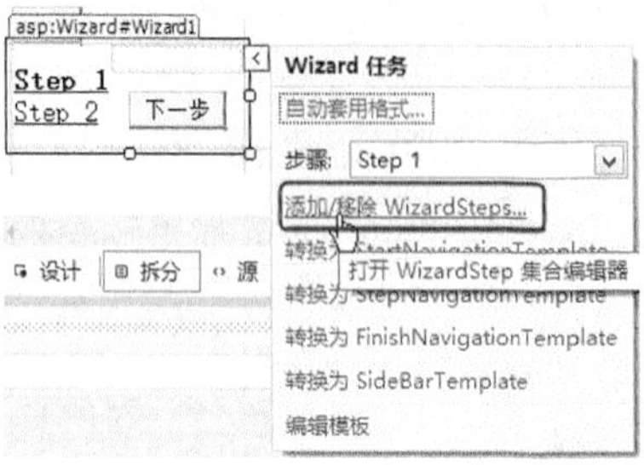

图 3-13　【Wizard 任务】面板

图 3-14　【WizardStep 集合编辑器】对话框

(10) 将 WizardStep 控件第一步的 StepType 保持为 Auto，第二步的 StepType 设置为 Finish，第三步的 StepType 设置为 Complete。单击【确定】按钮关闭【WizardStep 集合编辑器】对话框。

(11) 在设计视图中，单击左边列表中的"输入姓名"，让它成为活动步骤，然后将一个 TextBox 控件拖到 Wizard 的右边。注意：要将它拖到 Wizard 右上角的灰色矩形框内，否则控件最后不会出现在 Wizard 内。

(12) 使用同样的方法，在"选择你喜欢的歌曲"步骤中添加一个 DropDownList 控件，并为其添加若干选项，在"完成"步骤中添加一个 Label 控件。

(13) 当用户单击向导最后一步的【完成】按钮时需要进行相应的事件处理。打开 Wizard 控件的【属性】面板，通常默认打开【事件】选项卡。定位并双击 Action 类别中的 FinishButtonClick，如图 3-15 所示。

图 3-15　设置 Wizard 控件的完成按钮事件

图 3-16　页面设计视图效果

(14) 切换到源视图，Wizard 控件生成的代码如下，页面布局如图 3-16 所示。

```
<asp:Wizard ID="Wizard1" runat="server" ActiveStepIndex="0"
    onfinishbuttonclick="Wizard1_FinishButtonClick">
<WizardSteps>
    <asp:WizardStep runat="server" title="输入姓名">
        <asp:TextBox ID="TextBox4" runat="server"></asp:TextBox>
    </asp:WizardStep>
    <asp:WizardStep runat="server" title="选择你喜欢的歌曲" StepType="Finish">
        <asp:DropDownList ID="DropDownList1" runat="server">
```

```
                    <asp:ListItem>最炫民族风</asp:ListItem>
                    <asp:ListItem>HIGH 歌</asp:ListItem>
                    <asp:ListItem>万物生</asp:ListItem>
                    <asp:ListItem>害怕爱上你</asp:ListItem>
                </asp:DropDownList>
            </asp:WizardStep>
            <asp:WizardStep runat="server" Title="完成" StepType="Complete">
                <asp:Label ID="Label2" runat="server" Text=""></asp:Label>
            </asp:WizardStep>
        </WizardSteps>
</asp:Wizard>
```

(15) 为控件的事件添加处理代码，如下所示：

```
protected void CheckBox1_CheckedChanged(object sender, EventArgs e)
{
    Panel1.Visible = CheckBox1.Checked;
}
protected void Button1_Click(object sender, EventArgs e)
{
    string strMsg = "";
    if (MultiView1.ActiveViewIndex > -1)
    {
        strMsg = "您的选择是：\\n" + RadioButtonList1.SelectedItem.Text;
        strMsg += " 查找，查找内容：";
        switch (MultiView1.ActiveViewIndex)
        {
            case 0:
                if (TextBox1.Text == "")
                    strMsg = "请输入要查找的姓名";
                else
                    strMsg += TextBox1.Text;
                break;
            case 1:
                if (TextBox2.Text == "")
                    strMsg = "请输入要查找的年龄";
                else
                    strMsg += TextBox2.Text;
                break;
            case 2:
                if (TextBox3.Text == "")
```

```
                      strMsg = "请输入要查找的地域";
                 else
                      strMsg += TextBox3.Text;
             break;
          default:
             break;
       }
    }
    else
       strMsg = "请先选择找人的方式！ ";
    string scriptString = "alert(\"" + strMsg + "\");";
    Page.ClientScript.RegisterClientScriptBlock(this.GetType(), "success", scriptString, true);
}
protected void RadioButtonList1_SelectedIndexChanged(object sender, EventArgs e)
{
    MultiView1.ActiveViewIndex = Int32.Parse(RadioButtonList1.SelectedValue);
}
protected void Wizard1_FinishButtonClick(object sender, WizardNavigationEventArgs e)
{
    Label2.Text = TextBox4.Text + " 你好：<br/>你喜欢的歌曲是："；
    Label2.Text += DropDownList1.SelectedValue;
}
```

(16) 编译并运行程序，在浏览器中加载页面 Default.aspx，初始效果如图 3-17 所示。单击【显示 Panel 控件】复选框，可以控制 Panel 控件的显示与隐藏，如图 3-18 所示。

(17) 接下来测试 MultiView 控件，在"我要找人"下面，选择一种方式，将显示相应的 View 控件，在文本框中输入查找的值，如图 3-19 所示。单击【查找】按钮，将弹出如图 3-20 所示的信息提示框。

(18) 最后，测试 Wizard 控件，在【输入姓名】文本框中输入姓名，单击【下一步】按钮，选择喜欢的歌曲，单击【完成】按钮，进入 Wizard 控件的最后一步，显示用户输入的信息，如图 3-21 所示。

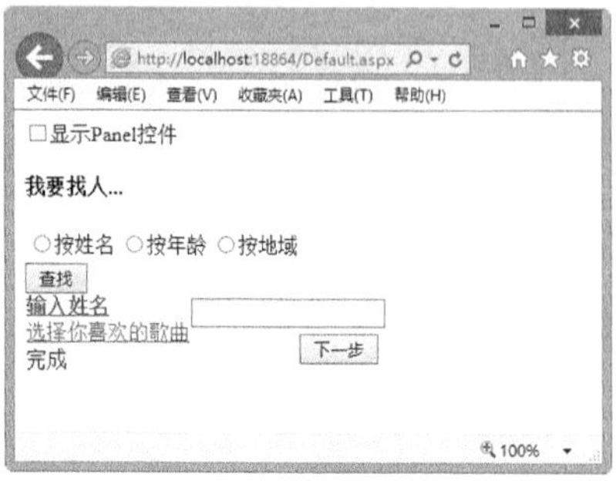

图 3-17　页面初始效果

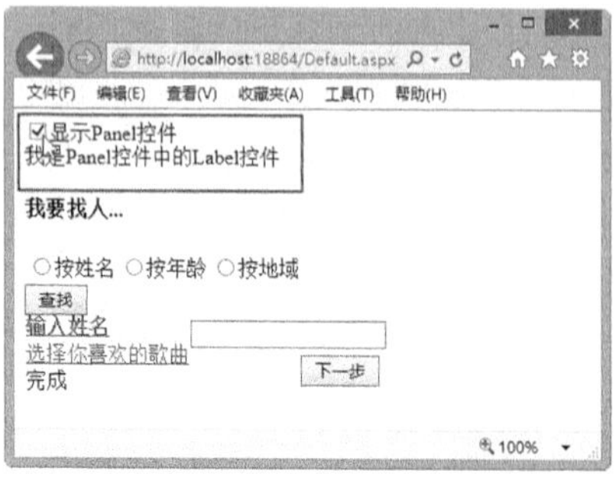

图 3-18　显示 Panel 控件

图 3-19　测试 MultiView

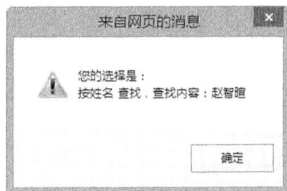

图 3-20　信息提示框和 View 控件

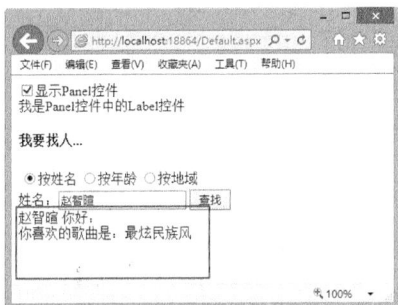

图 3-21　Wizard 控件测试效果

提示

　　Wizard 控件能够完成大部分非常复杂的工作。它会处理导航，确定何时显示正确的按钮，并确保在结果页面中，在向导步骤中添加的控件值仍然可用，这样就可以在结果标签中显示它们。

③.2.4　其他标准控件

　　除了前面介绍的简单控件、列表控件和容器控件之外，标准控件类别中还有很多其他控件。它们的用法也都类似，在此只对这些控件做简单介绍。

1. LinkButton 和 ImageButton

　　对 LinkButton 和 ImageButton 控件的操作类似于普通的 Button 控件。单击控件时，两者都会引起向服务器的一个回发。LinkButton 把自己显示为一个简单的<a>元素，但只发生回发(使用 JavaScript)，而不请求新页面。ImageButton 也是如此，只是该控件可以显示一个图像，用户可以单击它来触发回发。

　　默认情况下，Button 控件使用 HTML POST 操作提交页面。LinkButton 和 ImageButton 控件则不能直接支持 HTML POST 操作。因此，使用这些按钮时，它们将客户端脚本添加到页面以允许控件以编程方式提交页面。

2. Image 和 ImageMap

　　这两个控件用于在浏览器中显示图像。ImageMap 允许在图像上定义"热点"，当单击时，要么引起一个到服务器的回发，要么导航到另一个页面。

3. AdRotator

该控件允许在 Web 站点上显示随机广告。这些广告来自服务器上创建的 XML 文件。每次刷新页面时都将更改显示的广告。广告可以加权以控制广告条的优先级别，这可以使某些广告的显示频率比其他广告高；也可以编写在广告间循环的自定义逻辑。由于它缺少像单击跟踪和记录这样的大多数最简单的情况所必需的高级功能，因此这个控件在当今的 Web 站点中用得不是太多。

4. Calendar

Calendar 控件提供了一个功能丰富的接口，允许用户选择日期。下一节讨论 ASP.NET 状态引擎时将介绍该控件的一些用法。

5. FileUpload

FileUpload 控件允许用户上传可以存储在服务器上的文件。

6. HiddenField

HiddenField 控件可用来将数据存储在各个请求提交的页面中。如果希望页面记住特定数据，而又不希望用户在页面中看到，那么该控件就很有用。由于这个字段会显示在页面的 HTML 源代码中，因此终端用户可以访问，所以不要在其中存储任何敏感数据。

7. Literal、Localize 和 Substitute

这 3 个控件看起来有些像 Label 控件，因为它们都可以显示静态文本或 HTML。Literal 最大的优点是它本身不呈现额外的标记，它仅显示赋予 Text 属性的信息，因此对于显示 HTML 或者显示在 Code Behind 中构建的或从数据库检索的 JavaScript 非常有用。

Literal 控件常用的属性是 Mode 属性，该属性用于指定控件对用户所添加的标记的处理方式。可以将 Mode 属性设置为 Transform(将对添加到控件中的任何标记进行转换，以适应请求浏览器的协议)、PassThrough(添加到控件中的任何标记都将按原样呈现在浏览器中)和 Encode(使用 HtmlEncode 方法对添加到控件中的任何标记进行编码，这会将 HTML 编码转换为其文本表示形式)。

Localize 控件用在使用多种语言的 Web 站点中，并且能够从翻译后的资源文件中检索其内容。Substitute 控件用在高级缓存场景中，并且允许仅更新部分没有完全缓存的页面。

8. Table

<asp:Table>控件在很多方面等同于 HTML 中的<table>控件。然而，由于该控件位于服务器上，因此可以对它进行编程，动态地创建新的列和行，以及向其中添加动态数据。

9. XML

XML 控件允许将数据从 XML 格式转换为另一种格式(如 XHTML)，以便显示在页面上。

③ 2.5　控件的 ViewState

在第 2 章中曾介绍过视图状态对象，它是 Page 对象的一个属性，是状态管理中常用的一种对象，可以用来保存页和控件的值。在学习了服务器控件以后，细心的读者可能会发现，当在浏览器中请求包含 TextBox 控件的页面，在控件中输入一些文本并单击按钮提交时，会导致发向服务器的一个回发，当重新加载页面时，该文本仍然会出现在文本框中。

这是因为文本框中的文本是由 ASP.NET 状态引擎维护的，这是一个完全集成在 ASP.NET 运行库中的功能。它启用控件来维护它们跨回发的状态，因此在页面的每个回发之后它们的值和设置仍然是可用的。

1. 控件状态的维护

ASP.NET 中的状态引擎可以存储很多控件的状态。它不仅能存储用户输入控件(如 TextBox 和 CheckBox)的状态，而且可以存储其他控件(如 Label，甚至是 Calendar)的状态。下面来看一个具体的示例。

【例 3-4】ASP.NET 维护状态的方式。

(1) 启动 VS 2012，新建空网站【例 3-4】。

(2) 添加名为 Default.aspx 的页面，切换到设计视图，选择【表】|【插入表】命令，插入一个 2 行 2 列的表。

(3) 在第 1 行的第一个单元格中，添加一个 Label 控件。在第 2 行的第一个单元格中，添加一个 Calendar 控件。一旦把日历控件放入单元格中，Calendar 控件的【任务】面板就会弹出，如图 3-22 所示。这个面板上只有一个选项：【自动套用格式】，它允许修改日历的外观。单击该链接，从预先定义的配色方案中选择一种，如【彩色型 1】，并单击【确定】按钮即可。

图 3-22　添加 Calendar 控件

图 3-23　控件布局

(4) 在表格第 2 列的两个单元格中各添加一个 Button 控件。Text 属性分别设置为"设置时间"和"提交"，如图 3-23 所示。

(5) 为【设置时间】按钮添加单击事件处理程序，代码如下：

```
protected void Button1_Click(object sender, EventArgs e)
{
    Label1.Text = DateTime.Now.ToString();
}
```

(6) 编译并运行程序，在浏览器中打开该页面。单击【设置时间】按钮，Label 控件将显示最新的日期和时间。

(7) 单击日历控件选择一个日期，然后再次单击【设置时间】按钮，页面会再次发送回服务器，并且每次单击该按钮时 Label 控件都会更新为最新的日期和时间，如图 3-24 所示。

💿 **提示**

单击日历控件中的某个日期后，页面也会重新加载，这是由一个回发引起的。

(8) 等待几秒钟后，单击【提交】按钮，这时又发生了一个回发，然而 Label 控件中仍然显示的是原来的日期和时间，日历控件也一直是最后选择的日期，并没有任何变化。

(9) 返回 VS，选中 Label 控件，设置其 EnableViewState 属性为 False。

(10) 在浏览器中再次打开页面，重复前面的步骤，单击日历和按钮。这次，当单击【提交】按钮或在日历上选择一个日期后，将看到 Label 控件显示为默认的初始文本"Label"，如图 3-25 所示。类似的，可以设置日历控件的 EnableViewState 属性为 False，这样，日历控件将一直显示当前月份。

为了更好地理解它的工作原理，再次在浏览器中打开页面，然后查看它的源代码。可以看到如下的<form>元素。

```
<form name="form1" method="post" action="Default.aspx" id="form1">
...
</form>
```

图 3-24 获取最新日期和时间　　　　图 3-25 Label 控件显示为初始文本

HTML <form>元素用于让用户从浏览器向服务器提交信息。表单的提交方式有两种：POST 或 GET。当单击 Button 这样的控件时，会导致向服务器发送一个回发。在这个回发期间，表单中的所有相关信息都会被提交回服务器，在服务器上可以用来重构页面。默认情况下，所有的 ASP.NET Web 窗体总是使用 POST 方法向服务器发送数据。

在<form>表单中包含一个隐藏的_VIEWSTATE 字段，可以在下面的代码中找到：

```
<input type="hidden" name="__VIEWSTATE" id="__VIEWSTATE"
value="/wEPDwUKMTYzNjg0OTc2OA9kFgICAw9kFgICBQ88KwAKAQAPFgIeAlNEFgEGAMAGys8EzghkZGR
cHifoNAWzLcinnOO8VhqGgqlonRdjna1EYDFzODVYhQ==" />
```

当加载 ASP.NET 页面时，ASP.NET 运行库会用关于该页面的信息填充这个隐藏字段。例如，当单击【设置时间】按钮引起一个回发时，它会为 Label1 控件的 Text 属性添加值。类似的，它还包含 Calendar 的选中日期。当通过回发提交回该页面时，就会通过请求发送该隐藏字段 _VIEWSTATE 中的值。然后，当 ASP.NET 在服务器上创建了新页面时，_VIEWSTATE 字段中的信息就会被读取并应用到页面中的控件上。通过这种方式，像 Label 这样的控件就能维持它的文本。

当将 EnableViewState 属性设置为 False 时，也就关闭了 Label 控件的 ViewState。这样，ASP.NET 运行库不会再跟踪 Label 控件。因此，当单击【提交】按钮时，ASP.NET 运行库无法在 ViewState 中找到 Label 控件的任何信息，所以，标签显示它的默认文本"Label"。

2. 关闭视图状态

并不是所有控件都一直依赖于 ViewState，有很多控件能维持它们自己的某些状态。这些控件包括 TextBox、CheckBox、RadioButton 和 DropDownList。它们能维持自身的值，这是因为它们在浏览器中被呈现为标准的 HTML 表单控件。例如，TextBox 服务器控件在客户端浏览器中得到的 HTML 代码，如下所示：

```
<input name="TextBox1" type="text" value="Text" id="TextBox1" />
```

当发送回一个带有这样的 TextBox 控件的页面时，浏览器也会将控件的值发送回服务器。然后 ASP.NET 运行库就能够再次用这个值来预先填写文本框，而不需要从 View State 中获取值。显然，这也比将值存储在 ViewState 中更有效。如果存储在 ViewState 中，值就会被发送到服务器中两次：一次是在文本框中，另一次是在 ViewState 中。当值比较大时，ViewState 引擎便会大大增加页面的大小，增加页面加载的时间。因此，在不需要时最好关闭它，这样就能最小化隐藏字段_VIEWSTATE 的大小。

关闭 View State 很容易，可以在以下 3 个地方做到：

◉　在 Web 站点级别

可以在根站点的 Web.config 文件中通过修改<system.web>下面的<pages>元素，将 enableViewState 属性设置为 false 来完成。

```
<pages enableViewState="false">
    ...
</pages>
```

通常不在站点级别关闭 ViewState，因为在站点级别关闭 ViewState 后，将无法为特定的控件打开这个功能。幸运的是，从 ASP.NET 4.0 开始提供了一个新的属性 ViewStateMode，它提供了关于 ViewState 如何使用的更多控制。

◉　在页面级别

在每个页面的页面指令中，可以将 EnableViewState 设置为 False，例如：

```
<%@ Page Language="C#" AutoEventWireup="true" CodeFile="Default.aspx.cs" Inherits="_Default"
```

```
EnableViewState="False" %>
```

对于确信不需要 View State 的页面来说，这种方法是非常有用的。

⦿ 在控件级别

每个 ASP.NET 服务器控件允许分别设置 EnableViewState 属性，这样可以选择关闭某些控件，而使其他控件保持打开。

一旦在更高级别(web.config 或页面级别)上关闭了 ViewState，就不能再在一个低层级别(页面或特定控件级别)打开这个功能。但是，使用新的 ViewStateMode 属性仍能完成如下工作：

(1) 禁止在 web.config 文件中关闭 View State。

(2) 在页面级别，将 EnableViewState 设置为 True，将 ViewStateMode 设置为 Disabled，如下所示：

```
<%@ Page Language="C#"...EnableViewState="True" ViewStateMode="Disabled" %>
```

上述代码可以关闭页面中所有控件的 ViewState，除了那些再次明确地将 ViewStateMode 属性设置为 Enabled 的控件以外。

(3) 如果想让控件支持 ViewState，可以将控件的 ViewStateMode 设置为 Enabled，例如：

```
<asp:Label ID="Label1" runat="server" Text="Label" ViewStateMode="Enabled" />
```

读者可以尝试修改【例 3-4】，在 Default.aspx 的页面指令中设置 EnableViewState 为 True、将 ViewStateMode 设置为 Disabled。然后在页面中添加另一个 Label 控件，并将第一个 Label 控件的 ViewStateMode 设置为 Enabled，代码如下：

```
<asp:Label ID="Label1" runat="server" Text="Label" ViewStateMode="Enabled" />
<asp:Label ID="Label2" runat="server" Text="Label" />
```

在按钮的单击事件处理程序中，将最新的日期和时间也赋予第二个标签控件，代码如下：

```
Label1.Text = DateTime.Now.ToString();
Label2.Text = DateTime.Now.ToString();
```

重新运行程序，查看两个控件的变化情况。

③.3 验证控件

ASP.NET 4.5 为开发人员提供了一套完整的服务器控件来验证用户输入的信息是否有效，这些控件可与 ASP.NET 网页上的任何控件(包括 HTML 和服务器控件)一起使用。

有效性验证控件最出色的是它们能在客户端和服务端检查输入。当向 Web 页面中添加一个有效性验证控件时，控件就会呈现在客户端验证关联控件有效性的 JavaScript。大多数启用了 JavaScript 的现代 Web 浏览器(包括 IE、Firefox、Chrome、Opera 和 Safari)都能进行这种客户端有效性验证。同时，有效性验证也可以在服务器上自动进行。这样就容易向用户提供关于使用客户端脚本的数据的即时反馈，从而使 Web 页面在服务器上免受伪数据的侵扰。

③3.1　验证控件简介

ASP.NET 提供了 6 个有效性验证控件，其中 5 个控件用来执行实际的有效性验证，还有一个 ValidationSummary 控件用来向用户呈现页面中出现的错误的反馈信息。如表 3-3 所示列出了 ASP.NET 提供的验证控件及其功能说明。

表 3-3　ASP.NET 验证控件

验 证 类 型	使用的控件	说　　明
必选项	RequiredFieldValidator	验证一个必填字段，如果该字段没填，那么将不能提交信息
与某值的比较	CompareValidator	将用户的输入与一个常数值或者另一个控件或特定数据类型的值进行比较(使用小于、等于或大于等比较运算符)，同时也可以用来校验控件中内容的数据类型，例如整形、字符串型等。典型的例子有验证密码和确认密码两个字段是否相等
范围检查	RangeValidator	RangeValidator 控件可以用来判断用户输入的值是否在某一特定范围内。可以检查数字对、字母对和日期对限定的范围。属性 MaximumValue 和 MinimumValue 用来设定范围的最大值和最小值
模式匹配	RegularExpressionValidator	它根据正则表达式来验证用户输入字段的格式是否合法，如电子邮件、身份证、电话号码等。ControlToValidate 属性确定需要验证的控件，ValidationExpression 属性则确定需要验证的表达式的样式
用户定义	CustomValidator	使用自己编写的验证逻辑检查用户输入。此类验证能够检查在运行时派生的值。在运行定制的客户端 JavaScript 或 VBScript 函数时，可以使用这个控件
验证汇总	ValidationSummary	该控件不执行验证，而是将本页所有验证控件的验证错误信息汇总为一个列表并集中显示，列表的显示方式由 DisplayMode 属性设置

1. 验证控件的共有属性

表 3-3 的前 5 个验证控件基本上都继承自同一个基类，因此它们有一些共同的行为。5 个有效性验证控件中的 4 个以相同的方式操作，并包含允许验证关联控件的内置行为，CustomValidator 控件则允许用户写非内置的自定义功能。如表 3-4 所示为有效性验证控件的共有属性。

表 3-4　有效性验证控件的共有属性

属　　性	说　　明
Display	这个属性确定隐藏的错误消息是否占用空间。如果将 Display 设置为 Static，错误消息就会占用屏幕空间，即使在隐藏时也是如此；如果设置为 None，错误消息就看不到

（续表）

属　　性	说　　明
CssClass	这个属性允许设置应用到错误消息文本的 CssClass 特性
ErrorMessage	这个属性保存用在 ValidationSummary 控件中的错误消息。当 Text 属性为空时，也用 ErrorMessage 值作为出现在页面上的文本
Text	Text 属性用作有效性验证控件显示在页面上的文本。它可以是一个星号(*)以表示出现一个错误，也可以是具体的文本信息
ControlToValidate	这个属性包含需要验证有效性的控件的 ID
EnableClientScript	这个属性用于确定控件是否提供客户端的有效性验证，默认为 True
SetFocusOnError	这个属性确定客户端脚本是否将焦点放在产生错误的第一个控件上，默认值为 False
ValidationGroup	有效性验证控件可以组合在一起，允许对选中的控件进行有效性验证。同一个 ValidationGroup 中的所有控件都会被同时检查
IsValid	通常在设计时不会设置该属性，运行时它提供关于是否通过了有效性验证测试的信息
Enabled	是否启用控件，默认为 True

知识点

乍一看，Text 和 ErrorMessage 属性的作用似乎是一样的。它们都可以用来以错误消息的形式向用户提供反馈。但是当与 ValidationSummary 控件结合起来使用时，两者之间就有了细微的区别。当同时设置这两个属性时，Validation 控件显示 Text 属性，而 ValidationSummary 控件则显示 ErrorMesage。

2. RangeValidator 控件

除了上述共有属性之外，RangeValidator 控件还有如表 3-5 所示的重要属性。

表 3-5　RangeValidator 控件的重要属性

属　　性	说　　明
MinimumValue	可接受的最小值。例如，当检查 1~10 之间的整数时，将该属性设置为 1
MaximumValue	可接受的最大值。例如，当检查 1~10 之间的整数时，将该属性设置为 10
Type	该属性确定有效性验证控件检查的数据类型，可以设置为 String、Integer、Double、Date 或 Currency 来检查各自的数据类型

3. CompareValidator 控件

CompareValidator 控件能用来比较一个控件的值与另一个控件的值。它通常用在注册表单中，用户必须输入两次密码，以确保两次输入的密码相同。也可以不与另一个控件作比较，而是与一个常量值比较。CompareValidator 控件的其他属性如表 3-6 所示。

表 3-6 CompareValidator 控件的其他属性

属　　性	说　　明
ControlToCompare	该属性包含验证器要与之比较的控件 ID。设置了该属性，ValueToCompare 就无效了
Operator	该属性确定比较操作的类型。例如，当 Operator 设置为 Equal 时，两个控件都必须包含验证器认为有效的同一个值。类似的，还有一些其他选项，如 NotEqual、GreaterThan 和 GreaterThanEqual，用来执行不同的有效性验证操作
Type	该属性确定有效性验证控件检查的数据类型，可以设置为 String、Integer、Double、Date 或 Currency 来检查各自的数据类型
ValueToCompare	该属性允许定义一个要比较的常量值。它通常用在必须输入 Yes 这样的单词的协议中，表示同意某些条件。只要将 ValueToCompare 设置为单词 Yes，并将 ControlToValidate 设置为要验证有效性的控件即可

4. ValidationSummary 控件

ValidationSummary 控件向用户提供了它从单个有效性验证控件的 ErrorMessage 属性中检索到的一个错误列表。它能以 3 种不同的方式显示这些错误：使用一个嵌在页面中的列表，使用 JavaScript 警报框或者同时使用这两种方式。可以通过 ShowMessageBox 和 ShowSummary 属性控制这个设置。此外，通过 DisplayMode 属性可以修改表现错误列表的方式，默认设置为 BulletList，其中每个错误都是项目列表中的一个项。

3.3.2 使用验证控件

本节将举例说明验证控件的使用方法。

【例 3-5】演示验证控件的使用。

(1) 启动 VS 2012，新建空网站【例 3-5】。

(2) 添加名为 Default.aspx 的页面，选择【表】|【插入表】命令，打开【插入表格】对话框，插入一个 9 行 3 列的表格。

(3) 选择第 1 行的前 2 个单元格，选择【表】|【修改】|【合并单元格】命令合并这 2 个单元格。

(4) 在第 1 行的单元格中输入"请输入以下信息"，并使其居中显示。在第 2~8 行的单元格中，第 1 列单元格中输入文本信息，第 2 列单元格中添加用于输入信息的 TextBox 控件，第 3 列单元格中添加相应的验证控件。在最后一行中，第 1 列添加一个 Button 控件，用于提交表单数据；第 2 列添加一个 Label 控件，用于显示提示信息；第 3 列添加一个 ValidationSummary 控件，显示验证错误信息，如图 3-26 所示。

(5) 设置 TextBox4 和 TextBox5 的 TextMode 属性为 Password。

(6) 同时选中 5 个 RequireFieldValidator 控件，设置其 Text 属性为"*"，并且分别设置它们的 ErrorMessage 属性为"姓名不能为空"、"年龄不能为空"、"Email 不能为空"、"密码不能为空"和"确认密码不能为空"。设置每个 RequireFieldValidator 控件的 ControlToValidator 属性为其所在行的 TextBox 控件的 ID。

(7) 设置 RangeValidation 控件的 ControlToValidator 属性为 TextBox2，Minimum Value 属性为 1，Maximum 属性为 100，Type 属性为 Integer，ErrorMessage 属性为"年龄范围必须是 1~100"，Text 属性为"输入 1~100 之间的整数"。

(8) 设置 RegularExpressionValidation 控件的 ControlToValidator 属性为 TextBox3，ErrorMessage 属性为"Email 格式错误"；然后单击 ValidationExpression 属性右边的浏览按钮，在弹出的【正则表达式编辑器】对话框中选择【Internet 电子邮件地址】选项，如图 3-27 所示。

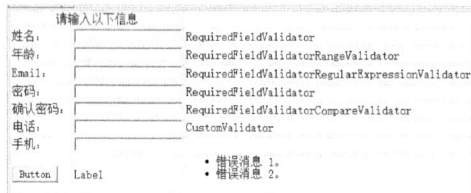

图 3-26　页面的布局与设置　　　　图 3-27　【正则表达式编辑器】对话框

(9) 设置 CompareValidation 控件的 ControlToValidator 属性为 TextBox5，ControlToCompare 属性为 TextBox4，ErrorMessage 属性为"两次输入的密码不相同，请重新输入"。

(10) 设置 CustomValidator 控件的 Display 属性为 Dynamic，ErrorMessage 属性为"电话和手机至少要输入一个"，ClientValidationFunction 属性为 ValidatePhone。

(11) 切换到页面的源视图，在<body>之前添加如下 JavaScript 代码，定义 CustomValidator 控件的客户端验证方法 ValidatePhone：

```
<script type="text/javascript">
    function ValidatePhone(source, args) {
        var telephone = document.getElementById('<%= TextBox6.ClientID %>');
        var mobile = document.getElementById('<%= TextBox7.ClientID %>');
        if (telephone.value != '' || mobile.value != '') {
            args.IsValid = true;
        }
        else {
            args.IsValid = false;
        }
    }
</script>
```

上述 JavaScript 函数 ValidatePhone 确保在将页面提交回服务器之前至少输入了一个电话号码。

(12) 设置按钮控件的 Text 属性为"提交"，Label 控件的 Text 属性为空。为按钮控件添加单击事件处理程序，代码如下：

```
protected void Button1_Click(object sender, EventArgs e)
{
```

```
    Label1.Text = "全部验证通过！";
}
```

(13) 编译并运行程序，在浏览器中加载页面 Default.aspx，此时会报错，如图 3-28 所示。

这是因为 Web Form 使用了 UnobtrusiveValidationMode 进行验证。解决这一错误的方法通常有两种：一种是修改设置，不使用 UnobtrusiveValidationMode；另一种是在 Global.asax 的 Application_Start 事件中，设定 ScriptResource Mapping，这种方式需要引入 jquery 组件。

图 3-28　应用程序错误信息

(14) 本例使用第一种方法解决上述错误，在页面的 Load 事件中添加如下代码，设置不使用 UnobtrusiveValidationMode，代码如下：

```
protected void Page_Load (object sender, EventArgs e)
{
    UnobtrusiveValidationMode = UnobtrusiveValidationMode.None;
}
```

(15) 重新编译并运行程序，如果输入的信息不合法，单击【提交】按钮后，验证控件将发挥作用，给出相应的提示信息，如图 3-29 所示。

(16) 返回 VS 2012，将 ValidationSummary 控件的 ShowMessageBox 设置为 True，ShowSummary 设置为 False，同时将它的 HeaderText 属性设置为 "错误提示"。

(17) 再次编译并运行程序，在浏览器中打开页面，注意此时得到的不是含有错误的内联列表，而是一个警告对话框，如图 3-30 所示。

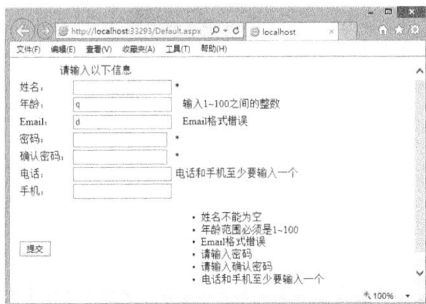

图 3-29　页面验证效果

图 3-30　错误信息以警告对话框形式给出

(18) 如果信息输入全部正确，则所有验证通过。

💿 提示

　　每当将一个 Web 站点发布到 Internet 上后，就失去了控制其用户的能力。为了防止恶意用户向系统中输入伪数据，总是要使用 ASP.NET 的有效性验证控件验证用户输入的有效性。

③.4 导航控件

ASP.NET 4.5 提供了 3 个有用的导航控件：SiteMapPath、Menu 和 TreeView。

⊙ SiteMapPath：这个 Web 控件提供一个面包条(breadcrumb)，它是一行文本，显示用户当前在网站结构中的位置。例如，在网上书店中，如果用户浏览到《ASP.NET》时，面包条可能类似于"主页→计算机→网页制作→ASP.NET"，其中每部分(如主页，计算机等)都显示为返回到前一部分的链接。面包条能够让用户快速地查看当前在网站中的位置，并沿逻辑层次结构向上导航。

⊙ Menu：这个 Web 控件提供网站结构的层次视图。对于学校的网站，顶层菜单将包含主类别(如学校介绍、机构设置、新闻等)，每个菜单项又可以包含各自的子菜单，显示各自的子类别。

⊙ TreeView：树视图提供了与菜单相同的数据，唯一的区别是显示数据的方式。树视图显示为可展开或可折叠的树，而菜单(Menu)是由菜单项和子菜单组成。

一般情况下，开发人员利用站点地图和 SiteMapPath 控件实现自动导航，利用 Menu 控件或者 TreeView 控件实现自定义导航。

③4.1 站点地图

为了更容易地使用 Menu、TreeView 或 SiteMapPath 显示站点中的相关页面，ASP.NET 使用一个基于 XML 的文件来描述 Web 站点的逻辑结构。默认情况下，这个文件名为 Web.sitemap。然后站点中的导航控件会用这个文件以有组织的方式表现相关的链接。只要将一个导航控件与这个 Web.sitemap 文件挂勾，就能创建出复杂的用户界面元素，如折叠菜单或树型视图等。

> **知识点**
>
> 默认情况下，应将站点地图文件命名为 Web.sitemap，这样控件就可以自动找到正确的文件。对于更高级的情况，可以有多个不同名称的站点地图文件，且在向系统提供这些附加文件的 Web.config 中有一个配置设置。在大多数情况下，有一个站点地图文件就足够了。

站点地图文件的基础代码框架如下：

```xml
<?xml version="1.0" encoding="utf-8" ?>
<siteMap xmlns="http://schemas.microsoft.com/AspNet/SiteMap-File-1.0">
    <siteMapNode url="~/" title="Home" description="Go to the homepage">
        <siteMapNode url="~/Reviews" title="Reviews" description="Reviews published on this site" />
        <siteMapNode url="~/About" title="About"    description="About this site" />
    </siteMapNode>
</siteMap>
```

这个站点地图文件的根节点是 siteMap，其下使用 siteMapNode 节点建立层次结构，每个 siteMapNode 可以有多个子节点(但是，在 siteMap 元素下只能有一个 siteMapNode)，子节点仍然用<siteMapNode>定义，可以用来创建一个既有广度又有深度的站点结构。在本例中，只有一个名为 Home 的根节点，它包含两个子元素：Reviews 和 About。本例中的 siteMapNode 元素有 3 个属性：url、title 和 description。

- ⊙ url 属性应指向 Web 站点中的有效页面。可以用"~"语法来引用基于应用程序根文件夹的 URL。
- ⊙ title 属性用作显示页面的名称。在使用 Menu、TreeView 和 SiteMapPath 控件时将看到关于它的更多信息。
- ⊙ description 属性用作导航元素的工具提示。

提示

虽然 ASP.NET 运行库不允许多次指定同一个 URL，但是可以通过添加一个查询字符串使 URL 唯一来绕过这一问题。例如，~/Login.aspx 和~/Login.aspx?type=Admin 会被看作是两个不同的页面。

为了能够使用 Web.sitemap 文件，ASP.NET 提供了 SiteMapDataSource 控件，这是一个数据控件。使用 SiteMapPath 控件显示"痕迹导航"时，ASP.NET 会自动找到 Web.sitemap 文件。使用另外两个导航控件时，则需要显式地指定一个 SiteMapDataSource 作为 Web.sitemap 文件的中间层。

VS 2012 没有自动基于当前站点的结构创建站点地图文件的方式。要创建一个有用的 Web.sitemap 文件，需要向站点添加一个文件，然后手动向该文件中添加 siteMapNode 元素。

【例 3-6】创建 Web.sitemap 文件。

(1) 启动 VS 2012，新建空网站【例 3-6】。

(2) 打开【添加新项】对话框，选择【站点地图】选项，保持默认名称为 Web.sitemap，单击【添加】按钮，即可添加一个站点地图文件。

(3) 新添加的 Web.sitemap 文件中会出现一个包含两个子节点的根元素，修改 Web.sitemap 文件如下：

```
<?xml version="1.0" encoding="utf-8" ?>
<siteMap xmlns="http://schemas.microsoft.com/AspNet/SiteMap-File-1.0" >
<siteMapNode url="~/Default.aspx" title="首页" description="首页">
  <siteMapNode url="~/Info.aspx" title="学校简介" description="学校简介" />
  <siteMapNode url="~/Depart.aspx" title="院系设置" description="院系设置" >
    <siteMapNode url="~/Depart1.aspx" title="软件学院" description="软件学院" />
    <siteMapNode url="~/Depart2.aspx" title="心理系" description="心理系" />
  </siteMapNode>
</siteMapNode>
</siteMap>
```

(4) 保存文件，完成站点地图的创建。

Web.sitemap 文件本身用处并不大，需要向站点中添加导航控件来使用站点地图。下面将介绍如何使用导航控件来实现网站导航。

添加站点地图到应用程序中时，需要将站点地图放在 Web 应用程序的根目录下，并保持其文件名为 Web.sitemap。如果将该文件放在另一个文件夹中或使用不同的文件名，SiteMapPath 导航控件将不能找到站点地图，从而不能获取网站的结构，因为默认情况下 SiteMapPath 导航控件在根目录下寻找名为 Web.sitemap 的文件。

提示

内部没有内容的 XML 元素可以采用两种形式的结束标签：一种是冗余方式，如<myTag attribute="value"...></myTag>；另一种是使用简洁方式，如<myTag attribute="value".../>。

③4.2 SiteMapPath 控件

定义好站点地图之后，就可以使用 SiteMapPath 控件显示导航路径了，也就是显示当前页面在网站中的位置。只需要将该控件拖放到站点地图中包含的.aspx 页面上，它就会自动实现导航，不需要开发者编写任何代码。

SiteMapPath 控件显示了当前在站点结构中的位置。它将自身表现为一系列链接，常称之为痕迹导航(breadcrumb)。它是一个非常简单但功能强大的控件，有 50 多个公共属性，可以通过【属性】面板来设置这些属性。

提示

只有包含在站点地图中的网页才能被 SiteMapPath 控件导航。如果将 SiteMapPath 控件放置在站点地图中未列出的网页中，该控件将不会显示任何信息。

SiteMapPath 控件像大多数 Web 控件一样，也有很多可用于定制其外观的属性。如表 3-7 所示为 SiteMapPath 控件的常用属性。

表 3-7　SiteMapPath 控件的常用属性

属　　性	说　　明
CurrentNodeStyle	定义当前节点的样式，包括字体、颜色、样式等
NodeStyle	定义导航路径上所有节点的样式
ParentLevelsDisplayed	指定在导航路径上显示的相对于当前节点的父节点层数。默认值为-1，表示父级别数没有限制

(续表)

属　　性	说　　明
PathDirection	指定导航路径上各节点的显示顺序，默认值为 RootToCurrent，即按从左到右的顺序显示从根节点到当前节点的路径；另一选项为 CurrentToRoot，即按相反的顺序显示导航路径
PathSeparator	指定导航路径中节点之间的分隔符。默认值为>，也可自定义为其他符号
PathSeparatorStyle	定义分隔符的样式
RenderCurrentNodeAsLink	是否将导航路径上当前页名称显示为超链接，默认值为 false
RootNodeStyle	定义根节点的样式
ShowToolTips	当鼠标光标悬停于导航路径的某个节点时，是否显示相应的工具提示信息，默认值为 true，即当鼠标光标悬停于某节点上时，显示该节点在站点地图中定义的 Description 属性值

下面通过具体例子演示如何利用前面介绍的站点地图和 SiteMapPath 控件来实现自动导航。

【例 3-7】在例【3-6】的基础上，利用 SiteMapPath 控件实现自动导航。

(1) 启动 VS 2012，打开网站【例 3-6】。

(2) 通过【添加新项】对话框，分别添加名为 Default.aspx、Info.aspx、Depart.aspx、Depart1.aspx、Depart2.aspx 的网页。

(3) 在每个页面中都添加一个 SiteMapPath 控件，在设计视图中可以看到该页面的导航路径，如图 3-31 所示为 Depart2.aspx 的设计视图效果。可见，利用站点地图和 SiteMapPath 控件实现自动导航非常方便。

图 3-31　添加 SiteMapPath 控件后的效果

(4) 编译并运行程序，在默认浏览器中打开不同的页面，体验导航的便捷。

知识点

如果要在客户端查看源文件，可以看到，SiteMapPath 呈现为一系列包含一个链接或纯文本的<span>元素。

3.4.3　Menu 控件

Menu 控件主要用于创建一个菜单，让用户快速选择不同的页面，从而完成导航功能。该控件可以包含一个主菜单和多个子菜单。菜单有动态和静态两种显示模式。静态显示模式是指定义的菜单始终完全显示；动态显示模式是指需要用户将鼠标停留在菜单项上时才显示子菜单。

Menu 控件的常用属性如表 3-8 所示。

表 3-8　Menu 控件的常用属性

属　　性	说　　明
DynamicEnableDefaultPopOutImage StaticEnableDefaultPopOutImage	是否在菜单各项之间显示分隔图像，默认值为 true
DynamicPopOutImageUrl StaticPopOutImageUrl	设置菜单中自定义分隔图像的 URL
DynamicBottomSeparatorImageUrl StaticBottomSeparatorImageUrl	指定在菜单项下方显示分隔图像的 URL，默认值为空字符串("")，即菜单项下方不显示任何图像
DynamicTopSeparatorImageUrl StaticTopSeparatorImageUrl	指定在菜单项上方显示分隔图像的 URL，默认值为空字符串("")，即菜单项上方不显示任何图像
DynamicHorizontalOffset StaticHorizontalOffset	指定菜单相对于其父菜单的水平距离，单位是像素，默认值为 0；该属性值可正可负，为负值时，各菜单之间的距离会缩小
DynamicVerticalOffset StaticVerticalOffset	指定菜单项相对于其父菜单项的垂直距离
MaximumDynamicDisplayLevels	设置动态菜单的最大层数，默认值为 3
Orientation	设置菜单的展开方向，有 Horizontal 和 Vertical 两个选项，默认值为 Vertical，即垂直方向
Items	获取包含 Menu 控件中的所有菜单项，返回 MenuItemCollection 对象
DataSourceID	SiteMapDataSource 控件的 ID，为 Web.sitemap 文件中的菜单提供数据
RenderingMode	ASP.NET 4.0 中新增的属性。这个属性用于确定控件是使用表和内联样式，还是使用无序列表和 CSS 样式来显示自身
IncludeStyleBlock	ASP.NET 4.0 中新增的属性。这个属性使得开发人员可以完全控制控件的样式

Menu 控件的用法非常灵活，设计者可以利用它定义各种菜单样式，实现类似于 Windows 窗口菜单的功能。

下面通过一个具体的例子演示如何利用 Menu 控件实现自定义导航。

【例 3-8】使用 Menu 控件在网页中添加一个菜单，实现自定义导航功能。

(1) 启动 VS 2012，新建空网站【例 3-8】。

(2) 通过【添加新项】对话框，添加名为 Root.aspx、Sub1.aspx、Sub21.aspx、Sub22.aspx、Sub23.aspx、Sub31.aspx 和 Sub32.aspx 的网页。

(3) 打开 Root.aspx 文件的设计视图，向页面拖放一个 Menu 控件。

(4) 将 Menu 控件的 Orientation 属性设置为 Horizontal，以便使其横向排列。

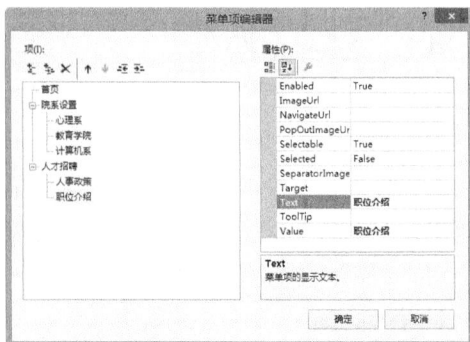

图 3-32　【菜单项编辑器】对话框

(5) 设置 Menu 控件的 Items 属性，该属性是一个集合属性，在【属性】窗口中，找到该属性，单击右侧的回按钮，将打开【菜单项编辑器】对话框，如图 3-32 所示。

(6) 该对话框左侧有一个工具栏，如图 3-33 所示，通过该工具栏中的按钮可以编辑 Menu 菜单中的各项内容。

(7) 在【菜单项编辑器】对话框右侧的属性选项中，利用 NavigateUrl 属性设置各菜单项链接的网页，可以单击该属性右侧的浏览按钮，打开【选择 URL】对话框，选择当前网站内的页面，如图 3-34 所示。全部设置完成后，单击【确定】按钮。

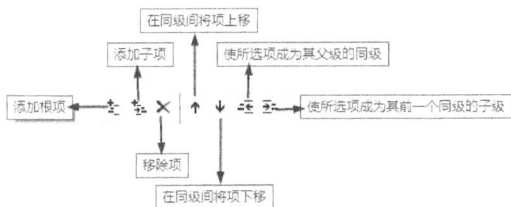

图 3-33　【菜单项编辑器】中的工具栏

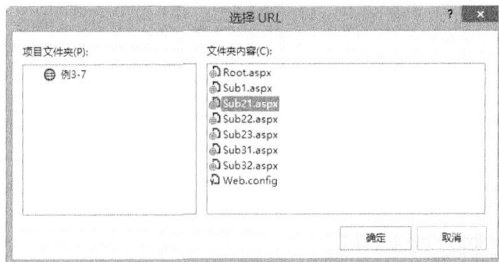

图 3-34　【选择 URL】对话框

(8) 为了使导航菜单更美观，可以给 Menu 控件设置一下格式，单击 Menu 控件右上方的小三角，打开【Menu 任务】面板，如图 3-35 所示。选择【自动套用格式】命令，打开【自动套用格式】对话框，选择【简明型】架构，单击【确定】按钮，如图 3-36 所示。

图 3-35　【Menu 任务】面板

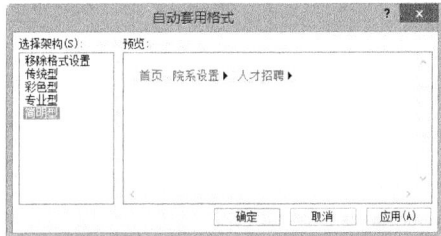

图 3-36　【自动套用格式】对话框

(9) 可以在其他页面中添加一些文字，以区分不同的页面，编译并运行程序。在浏览器中打开 Root.aspx 网页，效果如图 3-37 所示，单击相应的链接即可导航到指定的页面。

(10) 在浏览器中查看页面的源文件，可以发现，生成到客户端的导航效果实际是一些列表和超链接元素。

知识点

除了可以通过菜单项编辑器编辑 Menu 控件的菜单项之外，还可以为其指定一个数据源，通常该数据源是 SiteMapDataSource 控件。有关该控件的使用将在介绍 TreeView 控件时一起介绍。

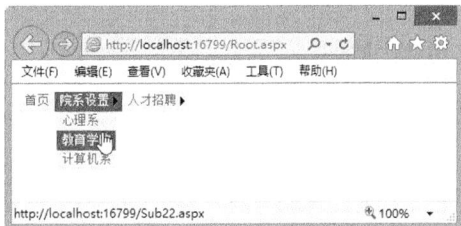

图 3-37　Menu 控件实现的导航效果

③.4.4　TreeView 控件

TreeView 控件与 Menu 控件相似，都提供了导航功能。区别在于 TreeView 控件不再像 Menu 控件那样由菜单项和子菜单组成，而是用一个可折叠树显示网站的各个部分。其根节点下可以包含多个子节点，子节点下又可以包含子节点，最下层是叶节点。访问者可以快速看到网站的所有部分及位于网站结构层次中的位置。树中的每个节点都显示为一个超链接，被单击时把用户引导到相应的部分。

TreeView 控件也包含很多属性，其中常用属性如表 3-9 所示。

表 3-9　TreeView 控件的常用属性

属　性	说　明
CollapseImageUrl	节点折叠后显示的图像。默认情况下，常用带方框的+号作为可展开指示图像
CollapseImageToolTip	当用户将鼠标光标悬停在可折叠菜单项上时显示的工具提示
ExpandImageUrl	节点展开后显示的图像。默认情况下，常用带方框的-号作为可折叠指示图像
EnableClientScript	是否可以在客户端处理节点的展开和折叠事件，默认值为 true
ExpandDepth	第一次显示 TreeView 控件时，树的展开层次数，默认值为 FullyExpand(即-1)，表示全部展开所有节点
ExpandImageToolTip	当用户将鼠标光标悬停在可展开菜单项上时显示的工具提示
Nodes	设置 TreeView 控件的各级节点及其属性
ShowExpandCollapse	是否显示折叠、展开图像，默认值为 true
ShowLines	是否显示连接子节点和父节点之间的连线，默认值为 false
ShowCheckBoxes	指示在哪些类型节点的文本前显示复选框。其共有 5 个属性值：None(所有节点均不显示)、Root(仅在根节点前显示)、Parent(仅在父节点前显示)、Leaf(仅在叶节点前显示)和 All(所有节点前均显示)。默认值为 None
HoverNodeStyle	当鼠标光标悬停于节点上时显示的节点样式
LeafNodeStyle	叶节点的样式
LevelStyle	特殊深度节点的样式
NodeStyle	所有节点的默认样式
ParentNodeStyle	父节点的样式
RootNodeStyle	根节点的样式
SelectedNodeStyle	选定节点的样式

TreeView 控件中节点信息通常有两种方式设置：设置 Nodes 属性和使用 SiteMapDataSource 控件创建数据源访问站点地图。Nodes 属性是一个集合属性，可以单击该属性右侧的⋯按钮，打开【TreeView 节点编辑器】对话框进行编辑。下面的【例 3-9】演示了使用 SiteMapDataSource 控件创建数据源作为 TreeView 控件的节点信息。

【例 3-9】在例【3-6】的基础上，利用 TreeView 控件实现网站导航功能。

(1) 启动 VS 2012，打开网站【例 3-6】。

(2) 通过【添加新项】对话框，添加名为 TreeView.aspx 的网页。在该页面中添加一个 TreeView 控件，单击 TreeView 控件右上方的小三角，打开【TreeView 任务】面板，在【选择数据源】下拉列表中选择【<新建数据源>】选项，如图 3-38 所示。

(3) 在打开的【数据源配置向导】对话框中选择【站点地图】选项，如图 3-39 所示。

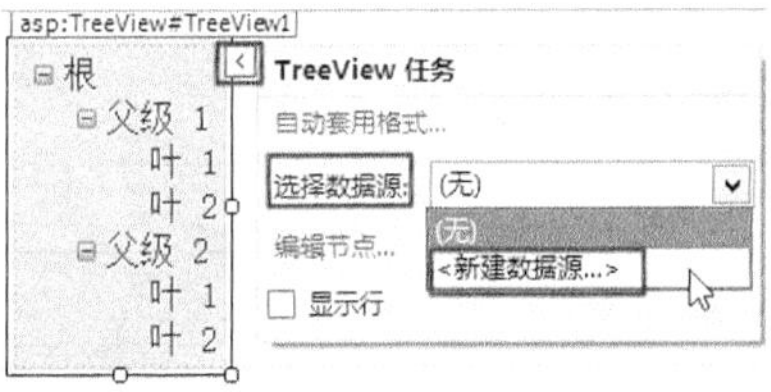

图 3-38　【TreeView 任务】面板 　　　　图 3-39　【数据源配置向导】对话框

(4) 单击【确定】按钮后，SiteMapDataSource 控件将从 Web.sitemap 文件中得到站点信息，此时的 TreeView 控件如图 3-40 所示。

(5) 编译并运行程序，在浏览器中加载 TreeView.aspx 页面，效果如图 3-41 所示。

图 3-40　设置数据源后的 TreeView 控件　　　图 3-41　TreeView 导航示例

提示

SiteMapDataSource 是一个数据源控件，在工具箱的【数据】类别中，该控件要求站点的根目录下有一个有效的站点地图文件。

在使用导航控件时，应尽量限制显示在 Menu 或 TreeView 控件中的主项和子项的数目。如果供用户选择的选项列表过长，用户会迷路或者混淆。当创建用来存储页面的文件夹时，最好给其起简短且有逻辑的名称。

③.5 登录控件

ASP.NET 4.5 中包含 7 个登录控件，每个都有不同的用途。下面详细介绍每个控件的用法。

③.5.1 Login 控件

Login 控件允许用户登录到站点。而在后台，它通过应用程序服务与配置好的成员提供者进行通信，查看用户名和密码是否代表系统中的有效用户。如果用户通过验证，就生成发送到用户浏览器的 Cookie。对于后续的请求，浏览器重新提交该 Cookie 给服务器，这样系统就知道它仍在处理有效用户。成员提供者的不同设置都在 Web.config 文件的<membership />元素中进行配置。

Login 控件的常用属性如表 3-10 所示。

计算机 基础与实训教材系列

表 3-10 Login 控件的常用属性

属　　性	说　　明
DestinationPageUrl	该属性定义了登录请求成功后将用户发往哪个 URL
CreateUserText	该属性控制用于邀请用户注册新帐户的文本
CreateUserUrl	该属性控制用户注册新帐户的页面的 URL
DisplayRememberMe	该属性指定控件是否显示 Remember Me 选项。如果设置为 false 或在登录时未选中该复选框，那么每次关闭和重新打开浏览器时，用户需要重新进行身份验证
RememberMeSet	该属性指定最初是否选择 Remember Me 选项
PasswordRecoveryText	该属性控制用于告诉用户可重置或恢复密码的文本
PasswordRecoveryUrl	该属性确定用户可获取新密码的页面的 URL
VisibleWhenLoggedIn	该属性控制当前用户登录时控件是否可见，默认值为 true

除了这些属性，Login 控件还有一些 Text 属性，如 LoginButtonText、RememberMeText、TitleText 和 UserNameLabelText，这些属性用于设置控件中和其子控件(如组成用户界面的 Button 和 Label 控件)上出现的文本信息。

默认情况下，ASP.NET 的身份验证机制假定在站点的根目录下有一个用于用户登录的页面 Login.aspx。这个页面要生效，至少需要有一个 Login 控件。如果要使用不同的页面，可以在<authentication />下面的<forms />元素中指定其路径，如下所示：

```
<authentication mode="Forms">
    <forms loginUrl="MyLoginPage.aspx" />
</authentication>
```

> 💡 **提示** ----------------------------------
>
> 　　在 Login 页面(配置在 loginUrl 中)上,Login 控件的 VisibleWhenLoggedIn 属性没有任何作用。在配置过的 Login 页面上,Login 控件总是可见。如果想要隐藏它,可以使用 LoginView 控件。

　　Login 控件也提供了一些事件,这些事件通常不需要进行处理,但经常会派上用场。例如,LoggedIn 事件在用户刚登录后触发,如果 DestinationPageUrl 不太灵活,这里是将用户动态发送到另一页面的理想场所。

　　【例 3-10】使用 Login 控件创建登录页面。

　　(1) 启动 VS 2012,新建空网站【例 3-10】。

　　(2) 通过【添加新项】对话框添加名为 Login.aspx 的网页。

　　(3) 在 Login.aspx 页面中添加一个 Login 控件,设置控件的 CreateUserText 属性为"注册新用户",CreateUserUrl 属性为"~/Register.aspx",PasswordRecoveryText 属性为"忘记密码",PasswordRecoveryUrl 属性为"~/PasswordRecovery.aspx",其他属性保持默认值即可。

　　(4) 编译并运行程序,将会出现【例 3-5】中如图 3-28 所示的错误,所以需要设置不使用 UnobtrusiveValidationMode。因为后面还需要在该站点中添加其他页面,也都需要设置该项,所以可以将此设置放到 Web.config 中。

　　(5) 打开 Web.config 文件,在<appSettings>节点中添加该设置,代码如下:

```
<appSettings>
    <add key="ValidationSettings:UnobtrusiveValidationMode" value="None" />
</appSettings>
```

　　(6) 编译并运行程序,效果如图 3-42 所示。

图 3-42　登录控件运行效果

> 💡 **提示** ----------------------------------
>
> 　　此时页面中的很多功能还不能使用,待所有登录控件介绍完以后,将完整地运行整个网站。

③.5.2　LoginView 控件

　　LoginView 控件用于向不同的用户显示不同的数据。该控件可以区分匿名用户和登录用户,甚至区分不同角色中的用户。LoginView 是模板驱动的,因此可允许定义显示给不同用户的不同模板。如表 3-11 所示列出了两个主要的模板和特殊的 RoleGroups 元素。

表 3-11　LoginView 控件的主要模板和 RoleGroups 元素

模　　板	说　　明
AnonymousTemplate	该模板中的内容只显示给未进行身份验证的用户
LoggedInTemplate	该模板中的内容只显示给登录用户。该模板与 AnonymousTemplate 互斥。任何时候只有其中一个模板可见
RoleGroups	该模板可以包含一个或多个 RoleGroup 元素，这些元素包含一个定义特定角色的内容的 ContentTemplate 元素。允许查看内容的角色定义在 Roles 属性中，该属性采用一个逗号分隔的角色列表。RoleGroups 元素与 LoggedInTemplate 互斥，这意味着如果用户是 RoleGroup 的其中一个角色中的成员，那么 LoggedInTemplate 中的内容就不可见。另外，只有匹配用户角色的第一个 RoleGroup 的内容可见

除了定义在控件的各种子元素中的内容之外，LoginView 控件本身并不输出任何标记，这意味着可以很容易地将它嵌入一对 HTML 标记之间，如\<h1>······\</h1>和\<li>······\</li>，从而创建自定义标题或者列表项。

③ 5.3　LoginStatus 控件

LoginStatus 控件提供了有关用户当前状态的信息。当用户未进行身份验证时，它提供【登录】链接；当用户登录后，它提供【注销】链接。通过设置 LoginText 和 LogoutText 属性，可以控制实际显示的文本；也可以设置 LoginImageUrl 和 LogoutImageUrl 属性显示图像而非文本；LogoutAction 属性可用来决定在用户注销时是否刷新当前页面，或是否在用户注销后将用户带至另一页面，通过设置 LogoutPageUrl 可以确定这一目标页面。

除了这些属性，该控件可以引发两个事件：LoggingOut 和 LoggedOut，它们分别在用户刚注销前后触发。

③ 5.4　LoginName 控件

LoginName 是一个极为简单的控件。它所做的就是显示登录用户的名称。为了将用户名嵌入到一些文本中，可以使用 FormatString 属性。如将 FormatString 属性设置为"当前登录用户是：{0}"，则运行时{0}将被用户名所取代。

【例 3-11】使用 LoginView、LoginStatus 和 LoginName 控件创建站点首页 Default.aspx。

(1) 启动 VS 2012，打开网站【例 3-10】。

(2) 通过【添加新项】对话框添加名为 Default.aspx 的网页，该页面将作为整个站点的默认页，针对登录用户和匿名用户，页面将显示不同的信息。

(3) 在 Default.aspx 的设计视图中，添加一个 LoginView 控件和一个 LoginStatus 控件。

(4) LoginStatus 控件的属性保持默认设置不变，选择 LoginView 控件，单击控件右上角的箭头图标,打开控件的【任务】面板,如图 3-43 所示,在【视图】下拉列表中有两个选项,分别为匿名用户模版(AnonymousTemplate)和登录用户模版(LoggedInTemplate),依次选择不同的视图,可编辑该视图下 LoginView 控件中的内容。

(5) 在匿名用户视图下,添加一些文字信息,并添加一个 HyperLink 控件,设置 HyperLink 控件的 Text 属性为"注册",NavigateUrl 属性为"Register.aspx",切换到【源】视图,可以看到生成的代码如下:

```
<asp:LoginView ID="LoginView1" runat="server">
<AnonymousTemplate>
这是匿名用户看到的信息,是否<asp:HyperLink ID="HyperLink1" runat="server" NavigateUrl="~/Register.aspx">
注册</asp:HyperLink>为网站的新用户。
</AnonymousTemplate>
```

(6) 在 LoginView 控件的登录用户视图下,添加一些文字信息,并添加一个 LoginName 控件和一个 HyperLink 控件,LoginName 控件用于显示用户的名字,HyperLink 控件用于导航到修改密码页面 ChangePassword.aspx。生成的相应代码如下:

```
<LoggedInTemplate>
这是登录会员看到的信息,
<asp:LoginName ID="LoginName1" runat="server" FormatString="欢迎你, {0}" />
<br /> 你可以
<asp:HyperLink ID="HyperLink2" runat="server" NavigateUrl="~/ChangePassword.aspx">修改密码
</asp:HyperLink>
</LoggedInTemplate>
</asp:LoginView>
```

上述代码通过模板区分了匿名用户和登录用户看到的信息,在匿名用户区域添加了【注册】链接;在登录用户区域使用了 LoginName 控件显示登录用户信息,并使用 HyperLink 控件提供了【修改密码】链接。

(7) 如果尚未登录,LoginStatus 控件将提供【登录】链接,但是如何让这个【登录】链接跳转到 Login.axpx 页面呢?这需要修改 Web.config 的配置信息。打开 Web.config,添加或修改认证模式如下:

```
<authentication mode="Forms">
  <forms loginUrl="Login.aspx" timeout="2880" />
</authentication>
```

(8) 在【解决方案资源管理器】窗口中右击 Default.aspx,从弹出的快捷菜单中选择【设为起始页】命令,将该页设置为站点的起始页。

(9) 编译并运行程序,由于此时用户尚未登录,所以显示如图 3-44 所示的信息。在此页面中,可以单击【注册】链接注册新用户,也可以单击【登录】链接跳转到登录页面进行登录。

图 3-43　LoginView 控件的任务面板

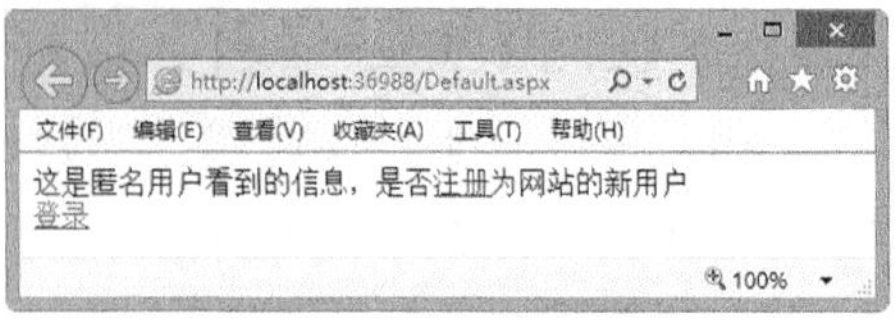

图 3-44　Default.aspx 页面效果

③.5.5　CreateUserWizard 控件

网站【例 3-10】中创建的两个页面中都有链接到注册页面，这就用到了 ASP.NET 4.5 中的 CreateUserWizard 控件，该控件用于注册新用户，它有一个较长的 Text 属性列表，包括 CancelButtonText、CompleteSuccessText、UserName- LabelText 和 CreateUserButtonText，它们会影响控件中显示的文本。所有属性都有默认设置，开发人员也可以将其修改为满足自己需求的内容。

除了文本类属性，该控件还有许多以 ImageUrl 结尾的属性，如 CreateUserButtonImageUrl。这些属性允许定义各种用户动作的图像而非控件生成的默认按钮。如果设置任一属性为有效的 ImageUrl，则还需要设置相应的 ButtonType。例如，要将【创建用户】按钮修改为图像按钮，则需要设置 CreateUserButtonImageUrl 属性为有效的图像地址，并设置 CreateUserButtonType 为 Image。ButtonType 的默认值为 Button，默认情况下它呈现为标准的按钮。也可以设置这些属性为 Link，这样它们将呈现为标准的 LinkButton 控件。

另外，该控件还提供了以下可设置用于修改其行为和外观的属性。

- ◉　ContinueDestinationPageUrl：该属性定义了用户在注册后单击【继续】按钮时被带往的页面。
- ◉　DisableCreatedUser：当帐户创建时是否将用户标记为禁用的。如果设置为 True，那么在帐户被启用前，用户不能登录到该站点，默认值为 False。
- ◉　LoginCreatedUser：在帐户创建后是否让用户自动登录，默认值为 True。
- ◉　RequireEmail：决定控件是否要求用户提供电子邮件地址，默认值为 True。
- ◉　MailDefinition：该属性包含大量子属性，允许定义在用户注册后发送给用户的电子邮件。

CreateUserWizard 控件能够向用户发送一封确认电子邮件，通知用户新帐户已经成功建立。这封电子邮件可以告知其用户名和密码。

【例 3-12】使用 CreateUserWizard 控件创建注册页面。

(1) 启动 VS 2012，打开网站【例 3-10】。

(2) 通过【添加新项】对话框添加名为 Register.aspx 的网页。

(3) 在 Register.aspx 页面中添加一个 CreateUserWizard 控件，设置控件的 ContinueDestination PageUrl 属性为 "~/Default.aspx"，这样，当新用户注册成功后，单击【继续】按钮可以导航到网站的首页 Default.aspx。

(4) 为了在注册新用户成功后能够给用户发送电子邮件，所以还需要进行以下设置。添加一个名为 RegistConfirm.txt 的文本文件到 App_Data 文件夹中，文件内容如下：

> 亲，<% UserName %>,
>
> 您已注册成为小石头网站的新用户.
> 请牢记以下信息：
> 用户名：   <% UserName %>
> 密　码：   <% Password %>
>
> 小石头网站管理员赵智暄和全体工作人员祝您身体健康

知识点

如果【解决方案资源管理器】中没有 App_Data 文件夹，可以在【解决方案资源管理器】窗口中右击网站名称，从弹出的快捷菜单中选择【添加】|【添加 ASP.NET 文件夹】|【App_Data】命令进行添加。

上述代码中的 UserName 和 Password 均为占位符，它们被包含在一对服务器端标记(<%、%>)中，从而被赋予特殊的含义，用户收到的邮件内容中，这两个占位符将被实际的用户名和密码替换。

(5) 回到 Register.aspx 页面，选中 CreateUserWizard 控件，在【属性】面板中设置 MailDefinition-BodyFileName 属性为刚才创建的文件 RegistConfirm.txt，设置 MailDefinition-Subject 属性为"你已经成为小石头网站的新用户"，MailDefinition-From 属性为一个可用的邮箱地址，确认邮件将以此邮箱发出。

(6) 要保证邮件能够正确发送，还需要在 Web.config 文件中配置邮件服务器，再次打开 Web.config 文件，在根元素<configuration>中添加或修改<system.net>元素，此处需要指定 SMTP 服务器的地址和发送邮件的 Email 地址：

```
<system.net>
  <mailSettings>
    <smtp deliveryMethod="Network" >
      <network host="smtp.163.com" />
    </smtp>
  </mailSettings>
</system.net>
```

如果 ISP 要求在发送电子邮件之前进行身份验证或者希望使用一个不同的端口号，可以向<network />元素中添加类似如下的信息：

```
<smtp deliveryMethod="Network">
  <network host="smtp.163.com" userName="UserName" password="Password"
        port="25" />
```

```
</smtp>
```

一些邮件服务器要求使用 SSL，这时可以在\<network /\>元素上添加 enableSsl 特性，如下所示：

```
<network enableSsl="true" host="smtp.163.com" password="Password" userName="you@gmail.com" />
```

知识点

SSL 是一种加密技术，用于加密发送到邮件服务器的数据以提高安全性能。

(7) 编译并运行程序，直接打开注册页面，或者通过 Default.aspx 页面中的【注册】链接导航到注册页，如图 3-45 所示。

(8) 输入注册信息，单击【创建用户】按钮即可创建新用户，如图 3-46 所示。

(9) 单击【继续】按钮将跳转到首页 Default.aspx，此时该页显示登录用户信息，如图 3-47 所示。

图 3-45　注册页面运行效果　　图 3-46　成功注册新用户

(10) 如果邮箱配置正确，此时注册时输入的电子邮箱内应该能收到一份由网站发来的邮件，邮件内容如图 3-48 所示。

图 3-47　注册成功后跳转到首页　　图 3-48　注册新用户收到的注册成功邮件

读者也许要问，注册的用户信息保存到什么地方了呢？在创建网站的过程中并没有处理这些信息啊？其实，这里还有一个应用程序的配置没有介绍。在首次尝试登录(或使用需要数据库访问的其他登录控件)时，提供者检查应用程序是否在使用带有必要数据库对象(如表)的数据库。默认情况下，它通过查找名为 LocalSqlServer 的连接字符串检查数据库。在 Web.config 文件中，无法找到这一连接字符串，因为它定义在 .NET Framework 文件夹 (C:\WINDOWS\Microsoft.NET\Framework\v4.5.0.2\Config)里名为 machine.config 的文件中。该文件中的连接字符串如下：

```
<connectionStrings>
    <add name="LocalSqlServer" connectionString="data source=.\SQLEXPRESS;
        Integrated Security=SSPI;AttachDBFilename=|DataDirectory|aspnetdb.mdf;
        User Instance=true"
```

```
providerName="System.Data.SqlClient" />
</connectionStrings>
```

这是一个针对 SQL Server Express Edition(Microsoft SQL Server 的免费版本)的连接字符串。可以使用|DataDirectory|的连接字符串指向 Web 站点的 App_Data 文件夹中的数据库。首次使用某个登录控件或其他应用程序服务时，ASPNETDB.MDF 数据库并没有在特定位置出现，应用程序服务会自动创建一个 ASP.NETDB.MDF 数据库，所以在第一次注册或者没注册直接登录时会感觉到慢。

此时，返回到 VS 的【解决方案资源管理器】中，打开 App_Data 文件夹，并单击该窗口工具栏中的刷新按钮，将看到如图 3-49 所示的新数据库 ASPNETDB.MDF。

双击这个数据库文件将在【服务器资源管理器】窗口中打开它。展开【表】节点，可以看到该数据库中已添加的表，如图 3-50 所示。

图 3-49　查看数据库文件 　图 3-50　ASPNETDB.MDF 中的表

在成功创建数据库后，登录控件就可以使用它。例如，在使用 CreateUserWizard 控件创建一个新账户后，记录将插入到 aspnet_Membership 和 aspnet_Users 表中。

3.5.6　PasswordRecovery 控件

在【例 3-10】中的 Login.aspx 页面上，有一个【忘记密码】的超链接，当时设置了 Login 控件的 PasswordRecoveryUrl 属性为"~/PasswordRecovery.aspx"，但是还没有创建 PasswordRecovery.aspx 页面。本节要介绍的 PasswordRecovery 控件就是专门为忘记密码而设计的。该控件允许用户获得自己已有的密码(如果系统支持)或是获得一个新的自动生成的密码。在这两种情况下，密码都将发送到用户注册时输入的电子邮件地址中。

PasswordRecovery 控件的大部分属性都是读者已熟悉的。它有大量 Text 属性，如 GeneralFailureText (当密码不可恢复时显示)和 SuccessText，该属性允许设置控件显示的文本。还有一些以 ButtonType、ButtonText 和 ButtonImageUrl 结尾的属性，这些属性允许修改控件的不同动作按钮的外观和行为。如果密码成功恢复，可以通过 SuccessPageUrl 属性将用户导航到另一个页面。

与 CreateUserWizard 一样，PasswordRecovery 也有一个 MailDefinition 元素，该元素用于指向作为邮件正文发送的文件。可以对用户名和密码使用同样的占位符来自定义消息。如果不对 MailDefinition 进行配置，则控件会使用一个默认的邮件正文。

【例 3-13】使用 PasswordRecovery 控件创建忘记密码页面。

(1) 启动 VS 2012，打开网站【例 3-10】。

（2）通过【添加新项】对话框添加名为 PasswordRecovery.aspx 的网页。

（3）在 PasswordRecovery.aspx 页面中添加一个 PasswordRecovery 控件，设置控件的 MailDefinition-Subject 属性为"你在小石头网站的新密码"；MailDefinition-From 属性为一个可用的邮箱地址，新密码邮件将以此邮箱发出。

（4）编译并运行程序，直接打开忘记密码页面，如图 3-51 所示。输入用户名，单击【提交】按钮，要求回答注册时填写的问题答案，如图 3-52 所示。

（5）输入正确的答案，单击【提交】按钮，提示密码已经发送，如图 3-53 所示。

（6）登录注册时填写的邮箱，可以看到新密码的邮件，如图 3-54 所示。

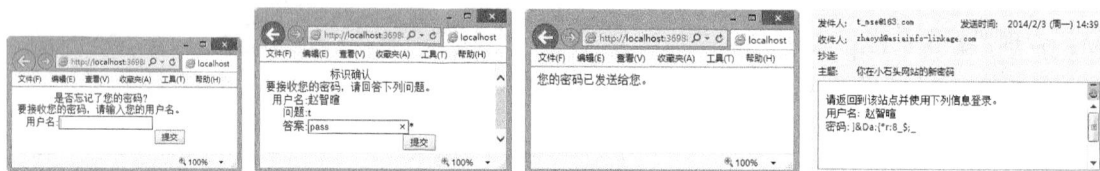

图 3-51　忘记密码页面　图 3-52　输入问题的答案　图 3-53　提示密码已发送　图 3-54　新密码邮件

计算机 基础与实训教材系列

知识点

默认情况下，密码在数据库中是以散列形式存储。散列是一个不可逆的进程，它为数据创建唯一索引。因为它是不可逆的，所以没有办法通过散列重新得到原始密码，这使得密码可以更安全地存储在数据库中。而对于忘记密码的情况，PasswordRecovery 控件将生成新密码，然后将新密码发送到与用户注册时填写的 Email 地址中。

③.5.7　ChangePassword 控件

对于登录成功的用户，这里提供了一个【修改密码】的超链接，ASP.NET 4.5 中的 ChangePassword 控件就是专为此功能设计的。类似于 CreateUserWizard 和 PasswordRecovery 控件，该控件也有许多属性，可用于修改文本、错误消息和按钮。它也有一个 MailDefinition 元素，用来给用户发送新密码的确认邮件。

【例 3-14】利用 ChangePassword 控件创建修改密码页面。

（1）启动 VS 2012，打开网站【例 3-10】。

（2）通过【添加新项】对话框添加名为 ChangePassword.aspx 的页面。

（3）在 ChangePassword.aspx 页面中添加一个 ChangePassword 控件，设置控件的 Continue-DestinationPageUrl 和 CancelDestinationPageUrl 属性均为"~/Default.aspx"，即密码修改成功或取消密码修改都将导航到 Default.aspx 页面。

（4）密码修改成功后，可以发送一封邮件通知给用户，所以，像注册新用户一样，创建一个邮件内容模版，在 App_Data 文件夹中新建一个文本文件 ChangePassword.txt，文件的内容如下：

亲，<% UserName %>,

您的密码已经修改成功.
请牢记以下信息:
用户名:　　<% UserName %>
密　码:　　<% Password %>

小石头网站管理员赵智暄和全体工作人员祝您身体健康

(5) 设置 ChangePassword 控件的 MailDefinition-BodyFileName 属性为 "~/App_Data/ Change Password.txt"，MailDefinition-Subject 属性为 "密码修改成功"，MailDefinition-From 属性为一个可用的邮箱地址，密码修改成功邮件将以此邮箱发出。

(6) 至此，整个网站的建设工作已基本完成，包括登录、注册、忘记密码和修改密码等功能。编译整个网站，打开网站首页 Default.aspx，单击其中的【登录】超链接，打开登录页面，输入用户名密码登录系统，登录成功后将自动跳转到 Default.aspx 页面，此时显示登录会员看到的信息，如图 3-55 所示。

(7) 单击【修改密码】超链接，进入 ChangePassword.aspx 页面，如图 3-56 所示。

(8) 在此输入新旧密码，单击【更改密码】按钮，提示修改完成，如图 3-57 所示，同时会收到网站发送的密码修改成功邮件，如图 3-58 所示。

图 3-55　登录用户看到的页面　　图 3-56　修改密码页面

如果密码设置得过于简单，将弹出如图 3-59 所示的错误提示。这是因为登录控件使用了一些默认属性。其实在注册新用户时，如果密码过于简单也同样会报类似的错误。下面就来介绍这些默认配置的来源，以及如何来修改这些配置。

图 3-57　密码更改完成　　　图 3-58　密码修改成功邮件　　　图 3-59　新密码无效错误提示

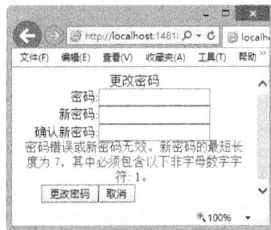

再次打开 machine.config 文件，定位到<system.web>下面的<membership>元素，如下所示:

```
<membership>
    <providers>
        <add name="AspNetSqlMembershipProvider" type="System.Web.Security.SqlMembershipProvider,
System.Web, Version=4.0.0.0, Culture=neutral, PublicKeyToken=b03f5f7f11d50a3a" connectionStringName=
```

```
"LocalSqlServer" enablePasswordRetrieval="false" enablePasswordReset="true" requiresQuestionAndAnswer="true"
applicationName="/" requiresUniqueEmail="false" passwordFormat="Hashed" maxInvalidPasswordAttempts="5"
minRequiredPasswordLength="7" minRequiredNonalphanumericCharacters="1" passwordAttemptWindow="10"
passwordStrengthRegularExpression=""/>
        </providers>
    </membership>
```

这就是 ASP.NET 默认的安全策略配置。如果要为某个应用程序配置不同的安全策略，可以在应用程序的 Web.config 文件中修改这些设置。

返回到 VS 2012，打开 Web.config 文件，在<system.web>下面添加如下<membership>元素：

```
    <membership>
      <providers>
      <clear/>
      <add name="AspNetSqlMembershipProvider" type="System.Web.Security.SqlMembershipProvider"
connectionStringName="ApplicationServices"
            enablePasswordRetrieval="false" enablePasswordReset="true" requiresQuestionAndAnswer="false"
requiresUniqueEmail="false"
            maxInvalidPasswordAttempts="5" minRequiredPasswordLength="6"
minRequiredNonalphanumericCharacters="0" passwordAttemptWindow="10"
            applicationName="/" />
      </providers>
    </membership>
```

这样就修改成密码至少 6 个字符，并且密码中可以不包含特殊字符了。

③.6 用户控件

有时可能需要控件具有 ASP.NET 内置服务器控件没有的功能。在这种情况下，用户可以创建自己的控件。有两个选择，可以创建用户控件和自定义控件。

用户控件是能够在其中放置标记和服务器控件的容器。然后，可以将用户控件作为一个单元对待，为其定义属性和方法。

自定义控件是编写的一个类，此类从 Control 或 WebControl 派生。

创建用户控件要比创建自定义控件方便很多，因为可以重用现有的控件。用户控件使创建具有复杂用户界面元素的控件极为方便。

③6.1 用户控件简介

用户控件对于封装需要在整个站点中重复使用的标记、控件和代码来说非常有用。在某种程度上，用户控件看起来有一些像服务器控件，它们都可以包含能够在页面中重用的编程逻辑和表现。

从开发设计角度来看，用户控件与完整的 ASP.NET 网页(.aspx 文件)也非常相似，同时具有用户界面页和代码页。可以采取与创建 ASP.NET 页相似的方式创建用户控件，然后向其中添加所需的标记和子控件。用户控件可以像页面一样包含对其内容进行操作的代码。

但是，用户控件与 ASP.NET 网页也有以下一些区别：

- 用户控件的文件扩展名为.ascx。
- 用户控件中没有@Page 指令，而是包含@Control 指令，该指令对配置及其他属性进行定义。
- 用户控件不能作为独立文件运行，而必须像处理任何控件一样，将它们添加到 ASP.NET 页面中。
- 用户控件中没有 HTML、body 或 form 元素。这些元素必须位于宿主页中。
- 可以在用户控件上使用与在 ASP.NET 网页上所用相同的 HTML 元素(HTML、body 或 form 元素除外)和 Web 控件。例如，如果要创建一个将用作工具栏的用户控件，则可以将一系列 Button 服务器控件放在该控件上，并创建这些按钮的事件处理程序。

3.6.2　创建并使用用户控件

本节将介绍如何创建并使用用户控件，这里创建的是一个实现微调控件的用户控件。

1. 创建用户控件

【例 3-15】创建一个实现微调控件的用户控件。

(1) 启动 VS 2012，新建空网站【例 3-15】。

(2) 打开【添加新项】对话框，从模版列表中选择【Web 用户控件】选项，添加用户控件 WebUserControl.ascx。

(3) 切换到 WebUserControl.ascx 的设计视图，添加一个 TextBox 控件和两个 Button 控件到设计窗口中。两个 Button 控件的 Text 属性分别设置为 "<" 和 ">"，TextBox 控件的 Text 属性为 0，TextMode 属性为 Number，控件布局如图 3-60 所示。

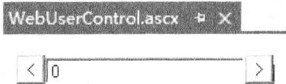
图 3-60　控件布局

(4) 切换到 WebUserControl1 的源视图，即打开 WebUserControl.ascx.cs 文件，定义一个用于计数的变量 count，并为 Page_Load 事件、两个按钮的单击事件分别添加代码如下：

```
protected int count;
protected void Page_Load(object sender, EventArgs e)
{
    if (IsPostBack)
    {
```

```
                count = int.Parse( TextBox1.Text);
        }
        else
        {
                count = 0;
        }
}
protected void Button2_Click(object sender, EventArgs e)
{
        count++;
        TextBox1.Text = count.ToString();
}
protected void Button1_Click(object sender, EventArgs e)
{
        count--;
        TextBox1.Text = count.ToString();
}
```

(5) 保存用户控件，至此完成了用户控件的创建，但这时还不能在浏览器中查看该控件的效果，而必须将该用户控件添加到 ASP.NET 页面中才行。

2. 使用用户控件

要在 ASP.NET 页面或另一个用户控件中使用用户控件，需要执行如下两个步骤：

(1) 需要注册控件，方法是向希望出现用户控件的页面或控件中添加一个@ Register 指令。

(2) 向页面添加用户控件的标记，并可以(可选地)在其上设置一些特性。

@ Register 指令包含如下 3 个重要的特性。

- src：指向要使用的用户控件。为了在以后的阶段使页面的移动更容易，也可以用~语法指向应用程序根文件夹中的控件。

- tagname：用在页面的控件声明中的标记名。可以自由地命名这个名称，但通常都让它与控件的名称相同。

- tagprefix：容纳用在页面的控件声明中的 TagName 的前缀。正如 ASP.NET 用 asp 前缀指代它的控件一样，也需要为自己的用户控件提供一个前缀。默认情况下，这个前缀是 uc，后跟一个序号，不过也可以将它改为其他内容，如改为公司名称或者自定义的缩略词。

【例 3-16】使用【例 3-15】中创建的用户控件。

(1) 启动 VS 2012，打开网站【例 3-15】。

(2) 添加名为 Default.aspx 的页面，切换到页面的设计视图，从【解决方案资源管理器】窗口中拖动 WebUserControl.ascx 到页面中。

(3) 切换到源视图，可以看到在@Page 指令下方自动生成的@Register 指令，如下所示：

```
<%@ Register src="WebUserControl.ascx" tagname="WebUserControl" tagprefix="uc1" %>
```

<div>中生成的声明控件的代码如下:

```
<div>
    <uc1:WebUserControl ID="WebUserControl1" runat="server" />
</div>
```

(4) 编译并运行程序，在默认浏览器中打开 Default.aspx 页面，单击微调按钮即可改变文本框中的数值，如图 3-61 所示。

图 3-61　使用用户控件页面效果

3. 为用户控件添加属性

与标准控件一样，也可以为用户控件添加公有属性或方法，从而使控件功能更为丰富。当向用户控件添加一个属性后，它会自动地在正在使用的页面中的控件的【智能提示】中和【属性】面板中变得可用，使得改变外部文件(如页面)中的行为变得更容易。

可以将用户控件的属性和方法添加到控件的后台代码文件中。添加的属性可以是各种形式的属性，就像设置标准控件的属性那样。

为了使微调控件更完善，可以为控件添加两个属性: Min 和 Max，分别表示控件所允许的最大和最小值。

【例 3-17】为【例 3-15】中创建的用户控件添加 Min 和 Max 属性。

(1) 启动 VS 2012，打开网站【例 3-15】。

(2) 打开用户控件 WebUserControl.ascx 的后台代码文件，并添加属性。代码如下:

```
public int Min { get; set; }
public int Max { get; set; }
```

✔ **知识点** -

输入 prop 后按 Tab 键两次。VS 会添加自动属性的代码结构。

(3) 修改两个按钮控件的单击事件处理程序，当 count 值达到 Min 或 Max 时将不能继续减小或增大，代码如下:

```
protected void Button2_Click(object sender, EventArgs e)
{
```

-99-

```
        count++;
        if (count > Max)
            count = Max;
        TextBox1.Text = count.ToString();
        if (count == Max)
            Button2.Enabled = false;
        Button1.Enabled = true;
}
protected void Button1_Click(object sender, EventArgs e)
{
        count--;
        if (count < Min)
            count = Min;
        TextBox1.Text = count.ToString();
        if (count == Min)
            Button1.Enabled = false;
        Button2.Enabled = true;
}
```

(4) 打开 Default.aspx 页面，选中用户控件，可以在【属性】窗口中设置新添加的属性 Min 和 Max，如图 3-62 所示。

(5) 如果在【源】视图中直接输入代码，也可以从【智能提示】窗口中看到这两个属性，如图 3-63 所示。

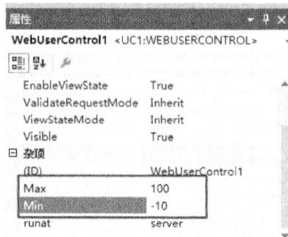

图 3-62　【属性】窗口设置 Min 和 Max　　图 3-63　【智能提示】窗口

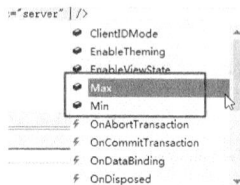

(6) 再次编译并加载 Default.aspx 页面，当文本框中的值达到最大值时，将不能再增大。当达到最小值时，也不能再减小。

4. 用户控件的站点范围注册

如果用户控件要在多个页面中使用，则可以在 Web.config 文件中全局地注册这个控件。这样，它就变得在整个站点内可用，而不需要在每个页面上注册。

在 Web.config 文件中注册用户控件的操作步骤如下：

(1) 打开站点根文件夹中的 Web.config 文件。

(2) 在<system.web>元素内添加如下代码，其中包含一个带有<add />子元素的<controls />元素：

```
<pages theme="Monochrome">
  <controls>
    <add tagPrefix="uc1" tagName="WebUserControl" src="~/WebUserControl.ascx" />
```

```
        </controls>
    </pages>
```

(3) 保存修改并关闭文件。

(4) 此时，再在 ASP.NET 网页中添加用户控件时，就不需要@Register 指令了。

用户控件对于封装重复内容非常有效，但是它们也会使站点难以管理，因为代码和逻辑包含在多个文件中。所以，不要过度使用用户控件。如果不确定有些内容是否会在站点的另一部分中重用，可以先直接把它嵌在页面中。如果有需要，在将它移到单独的用户控件中即可。

③.7　上机练习

本章的上机练习主要介绍 FileUpload 控件的使用，ASP.NET 服务器控件的用法都比较相似，通过本章的上机练习希望读者能触类旁通，自己摸索其他控件的用法。

上传文件是 Web 应用中比较常见的功能，在 ASP.NET 中，使用 FileUpload 控件可以快速开发实现上传文件的功能。

(1) 启动 VS 2012，新建空网站【上机练习 3】。

(2) 通过【添加新项】对话框添加名为 Default.aspx 的页面，添加一个 FileUpload 控件、一个 Button 控件和一个 Label 控件到页面中。控件的属性设置和布局如图 3-64 所示。

(3) 双击 Button 控件，添加按钮的单击事件处理程序，代码如下：

```
protected void Button1_Click(object sender, EventArgs e)
{
    if (IsPostBack)
    {
        bool bOK = false;
        string path = Server.MapPath("~/");
        if (FileUpload1.HasFile)
        {
            string fileExt = System.IO.Path.GetExtension(FileUpload1.FileName).ToLower();
            string[] allowExt = new string[] {".gif",".png",".jpeg",".jpg" };
            foreach (string str in allowExt)
                if (str == fileExt)
                    bOK = true;
```

```
        }
    if (bOK)
    {
        try
        {
            FileUpload1.PostedFile.SaveAs(path + FileUpload1.FileName);
            Label1.Text = "文件  " + FileUpload1.FileName + "  已成功上传";
        }
        catch (Exception ex)
        {
            Label1.Text = "文件上传失败  " + ex.Message;
        }
    }
    else
        Label1.Text = "只能上传.gif、.png、.jpeg、.jpg 类型的文件";
    }
}
```

(4) 编译并运行程序，在默认浏览器中加载 Default.aspx 页面，执行结果如图 3-65 所示。

图 3-64　控件布局

图 3-65　文件上传成功

3.8　习题

1. 如何将 RadioButton 控件进行分组？

2. 当使用一个 CustomValidator 控件时，可以在客户端和服务器上编写有效性验证代码。如何告知 ASP.NET 运行库在有效性验证处理期间调用什么客户端有效性验证方法？

3. 使用 TreeView 控件有两种方式：一种方式是作为带项和子项的列表，单击它们时能折叠或展开；另一种方式是作为显示所有项的静态列表，不能折叠或展开。要禁止用户展开或折叠树中的项，需要设置控件的什么属性呢？

4. 如何关闭视图状态？

5. 可以通过什么指令注册用户控件？

6. 如何为用户控件添加属性？

第4章 样式、主题与母版页

学习目标

开发 Web 应用程序通常需要考虑两个方面：功能和外观。ASP.NET 提供了一些可以在应用程序中对页面、控件的外观和样式进行自定义的功能。例如可以为某个控件设置字体、背景色和前景色、宽度以及高度等样式。本章将全面介绍 Web 应用程序中样式控制和页面布局所用到的技术和使用方法，包括 CSS 样式、主题和母版页。这些技术对于创建具有一致外观的网站非常有用，也将使站点看起来更专业和更具吸引力。

本章重点

- ⊙ 编写和应用 CSS 样式
- ⊙ VS 提供的编写 CSS 的工具
- ⊙ 创建和应用主题
- ⊙ 在主题中定义外观
- ⊙ skinID 属性的使用
- ⊙ 创建母版页和内容页

4.1 CSS 样式

Internet 开始出现时，Web 页面主要由文本和图像组成。文本是使用纯 HTML 格式化的，这种格式化所提供的样式化页面的选项很有限，因此诞生了 CSS 来弥补这方面的缺陷。

简而言之，使用 HTML 格式化存在如下问题：

- ⊙ 它的有限功能集远远满足不了页面的格式化需求。
- ⊙ 数据与表现混合在相同的文件中。
- ⊙ HTML 无法在浏览器中于运行时轻松地切换格式。

⊙ 必需的格式化标记与属性使页面更大，因此加载和显示更慢。

4.1.1 什么是CSS

CSS(Cascading Style Sheet)，中文译为层叠样式表，是用于控制网页样式并允许将样式信息与网页内容分离的一种标记性语言。就语法而言，CSS 是一种容易学习的语言。它的"语法"仅由几个概念组成，使得用户相当容易入门。

使用 CSS 样式可以非常灵活并更好地控制网页外观，大大减轻了用户实现精确布局定位、维护特定字体和样式的工作量。

CSS 规定了两种定义样式的方法，分别是内联式和级联式。

1. 内联式样式

直接将样式控制放在单个 HTML 元素内，称为内联式或行内样式。该样式通过 style 属性来控制每个元素的外观，这种方法直观但是很繁琐，除非具有相同样式的元素较少，否则很少采用。下面是一段采用内联式来控制各个元素外观的 CSS 示例代码：

```
<body style="text-align:center">
<form id="form1" runat="server">
<div style="text-align:center; width:400px; border:solid 1px blue">
<h1 style="font-size:x-large; color:red ">欢迎光临</h1>
<h2 style="font-size:large; color:blue ">这是一个被 style 修饰的页面</h2>
</div>
</form>
</body>
```

2. 级联式样式

在网页的 head 部分定义或导入的样式，称为级联式样式。该样式可以实现将网页结构和表现分离，这样，当修改某些元素的样式时，只需要修改 head 部分定义或引入的样式，该网页内所有具有该样式的元素都会自动应用新的样式。

级联式样式又可以使用两种方式来控制样式：内嵌式和链接式。

⊙ 内嵌式

在 head 部分直接定义的 CSS 样式，称为内嵌式。这种 CSS 一般位于 HTML 文件的头部，即在<head>与</head>标签内，并且以<style>开始，以</style>结束。例如将上面示例代码中的样式抽取出来，以内嵌式级联样式实现得到如下代码：

```
<head>
<title>内嵌式样式</title>
<style Type="text/css">
<!--
body{ text-align:center }
```

```
div{ text-align:center; width:400px; border:solid 1px blue }
h1{ font-size:x-large; color:red}
h2{ font-size:large;    color:blue }
-->
</style>
</head>
<body>
<div>
<h1>欢迎光临</h1>
<h2>这是一个内联式样式示例页面</h2>
</div>
</body>
```

其中<style>与</style>之间是样式的内容，在{ }前面可以写样式的类型和名称，{ }中是样式的属性。这种方法是添加样式表的常用方法。

知识点

采用内嵌式样式比内联式方便了很多，<body></body>内的代码也相对简洁，修改某个元素的样式时只需修改<head></head>内的代码即可。

⊙ 链接式

内嵌式只解决了一个网页内部结构和表现分离的问题，一般情况下网站都是由很多网页组成，不同网页中的某些元素采用了相同的样式，仍然需要分别设置，因此，将样式放在一个单独的 CSS 文件中，然后通过为每个网页引入该文件来实现统一的外观将是一种更好的选择。

在<head></head>部分通过导入以扩展名为.css 的文件来实现 CSS 样式，称为链接式。利用这种方法在网页中可以调用已经定义好的样式表来实现样式表的应用。定义好的样式表通常单独以文件的形式存放在站点目录中。这种方法实现了将网页结构和表现彻底分离，最适合大型网站的 CSS 样式定义。

例如，将上面示例中的样式抽取出来以文件的形式存放，保存到一个名为 style.css 的文件中，内容如下：

```
body
{
    text-align:center;
}
div
{
    text-align:center;
    width:400px;
    border:solid 1px blue;
```

```
}
h1
{
    font-size:x-large;
    color:red;
}
h2
{
    font-size:large;
    color:blue;
}
```

在页面中，可以通过<link>标记引用样式 style.css 文件，代码如下：

```
<head>
    <title>链接式样式</title>
    <link href="style.css" rel="stylesheet" type="text/css" />
</head>
<body>
        <div>
            <h1>欢迎光临，我叫赵智暄</h1>
            <h2>这是一个链接式样式示例页面</h2>
        </div>
</body>
```

知识点

在引用样式的标记<link>中，ref 属性规定了 XHTML 与被链接文件的关系，href 属性指定了要链接的样式表文件的 URL，type 属性则规定了链接文件的类型。上述样式文件与当前页面存放在同一个目录下，如果不存放在同一个目录下，相应的<link href=" "...>标记中 href 属性的值要有所改变。

3. 样式嵌套

如果某个元素既引用了链接样式文件中定义的样式，又在 head 部分定义了新的样式，或者在元素内部通过 style 属性定义了新的样式，那么该标记元素最终呈现的效果会是什么样呢？下面通过一个例子来说明这个问题。

【例 4-1】样式嵌套举例。

```
<head>
<title>样式嵌套</title>
<style Type="text/css">
<!--
```

```
h1{ font-weight:bold }
    h2{ color: yellow}
-->
</style>
<link rel="stylesheet" href="style.css" type="text/css">
</head>
<body>
<div>
<h1 style=" font-size:small ">赵智喧的主页</h1>
<h2 style=" font-weight:bold ">这个页面告诉你样式嵌套时的"就近使用"原则</h2>
</div>
</body>
```

其中，style.css 文件是前面创建的样式文件。运行这个 HMTL 文件，在浏览器中可以看到，h1 元素内的文字以粗体、小号、红色显示，而 h2 元素内的文字则以粗体、大号、蓝色显示。可见，链接式样式中 h1 元素的 font-size 属性和内嵌式样式中 h2 元素的 color 属性都没有起作用，而不冲突的样式则都会起作用。这就是样式嵌套中的冲突问题，浏览器解决这种问题的方法就是一旦发现样式冲突，则通过"就近使用"原则，采用距离该元素最近的样式进行显示，而不冲突的样式则通过顺序组合后形成最终样式进行显示。

知识点

> 设计者可以根据实际情况选择一种或多种样式控制方法进行样式定义。一般情况下，在样式表(.css)文件中定义适合大多数网页公用的样式，在网页内部采用内嵌式定义该页面特有的样式，内联式样式定义个别元素的样式，再结合可视化的开发工具，从而使样式控制真正灵活、方便。

4.1.2　CSS 属性简介

属性是元素的一部分，可通过样式表修改。CSS 规范定义了一个长属性列表，但在大多数 Web 站点中不会用到所有项。如表 4-1 所示列出了部分常见的 CSS 属性及其应用场合。

表 4-1　常见的 CSS 属性

CSS 属性	描　　述	示　　例
background-color background-image	指定元素的背景色或图像	background-color:White; background-image: url(Image.jpg);
border	指定元素的边框	border: 3px solid black;
color	修改字体颜色	color: Green;
display	修改元素的显示方式，允许隐藏或显示它们	display: none;这种设置使元素被隐藏，不占用任何屏幕空间

(续表)

CSS 属性	描　述	示　例
float	允许用左浮动或右浮动将元素浮动在页面上。其他内容则被放在相应的位置上	float: left; 该设定使跟着一个浮动的其他内容被放在元素的右上角。在本章后面将介绍其工作原理
font-family font-size font-style font-weight	修改页面上使用的字体外观	font-family: Arial; font-size: 18px; font-style: italic; font-weight: bold;
height width	设置页面中元素的高度或宽度	height: 100px; width: 200px;
margin padding	设置元素内部(内边距)或外部(页边距)的可用空间	padding: 0; margin: 20px;
visibility	控制页面中的元素是否可见。不可见的元素仍然会占用屏幕空间，只是看不到它们而已	visibility: hidden; 这会使元素不可见。但仍然会占用页面的原始空间

VS 2012 提供了许多 CSS 工具帮助用户找到恰当的属性，因此不必全部记住它们。

4.2　在 VS 中使用 CSS

VS 2012 提供了以下几个使用 CSS 的便利工具。

- ◉ 【样式表】工具栏：用来快速访问并创建新规则与样式。
- ◉ 【CSS 属性】面板：用来修改属性值。
- ◉ 【属性】面板中的 style 属性：设置或修改 CSS 属性。
- ◉ 【管理样式】窗口：用来组织站点的样式，将它们从内嵌样式表改为外部样式表，反之亦然；对它们重新排序；将现有样式表链接到一个文档；创建新的内联、内嵌或外部样式表。
- ◉ 【应用样式】窗口：用来从站点中选择所有可用样式，并将样式快速地应用到页面中的不同元素上。

4.2.1　创建新样式

在 VS 中使用 CSS 非常方便，即可以在源视图中利用智能感知功能设置各种样式，也可以利用一些可视化的对话框和便利工具快速完成各种样式的设置。

1. 在源视图下设置样式

在源视图下，利用 VS 的智能提示功能，可以方便地设置各种元素的内联式样式，具体步骤如下：

切换到页面的【源】视图，在要设置格式的 HTML 标记内，输入 style="，然后按空格键，将弹出 VS 提供的智能感知工具，如图 4-1 所示。

图 4-1　VS 的智能感知工具

知识点

通过这种方式，可以定义任意数量的属性("属性:值"对)，属性之间用分号分隔。

2. 通过【属性】面板设置 style 属性

在源视图或者设计视图下选中某个标记元素，在【属性】面板中找到 style 属性，单击该属性后面的省略号按钮(…)，将打开【修改样式】对话框，如图 4-2 所示。

该对话框分为两个窗格，左窗格列出 9 个类别，当选择某个类别时，右窗格显示所选类别下的选项。设置了样式选项并单击【确定】按钮后，新的样式定义将自动在源视图中生成，也可以在设计视图下查看最新的效果。

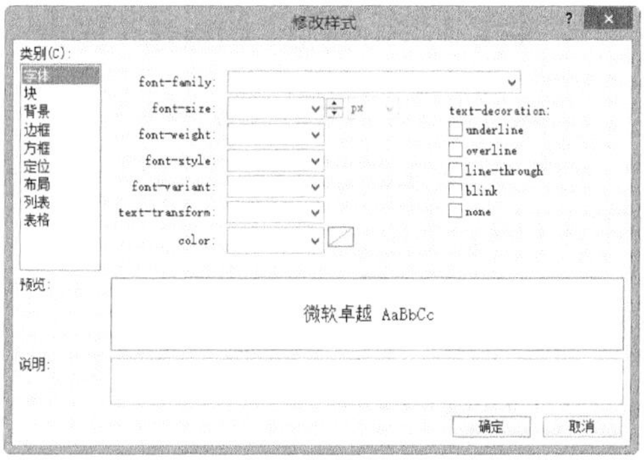

图 4-2　【修改样式】对话框

3. 新建内嵌式样式

前面两种方法只能将定义的样式属性以内联式生成，放在每个元素的 style 属性中。要想定义内嵌式样式可以通过【新建样式】对话框完成，具体步骤如下：

(1) 在页面的设计视图下，在【格式设置】工具栏的【目标规则】列表中，选择【应用新样式】选项，如图 4-3 所示。

图 4-3　选择应用新样式

知识点

选择【格式】|【新建样式】命令，也可以打开【新建样式】对话框。

(2) 此时将打开【新建样式】对话框，该对话框与【修改样式】对话框相似，所不同的是【新建样式】对话框中包含了【选择器】，用于选择对哪一个标记进行定义，以及通过【定义位置】将当前定义存放到哪里，如图 4-4 所示。

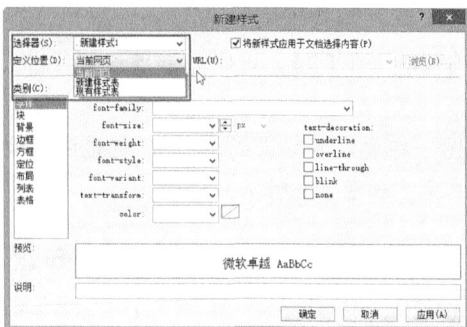

图 4-4 【新建样式】对话框

(3) 在【选择器】列表中选择某个选择器，如 h1，就可以创建应用于所有 h1 元素的样式。

(4)【定义范围】列表设置为【当前网页】，表示该样式规则在当前页的 style 元素中创建。若想查看已创建的样式规则，可以切换到源视图并滚动到 style 元素，该元素位于<head></head>标记内。

4. 使用【CSS 属性】面板修改样式

可以使用【CSS 属性】面板对已经定义的样式规则进行修改，具体步骤如下：

(1) 选择【视图】|【CSS 属性】命令，打开【CSS 属性】面板，如图 4-5 所示。

(2) 单击要修改样式的元素，【CSS 属性】面板中将显示当前应用的规则，以及该规则下定义的元素的 CSS 属性。

(3) 通过该面板可以很直观地修改 CSS 属性。

在 CSS 属性列表中所做的修改可以立即通过设计视图显示出来，相应的样式代码也会根据样式类型自动添加到相应的定义处。

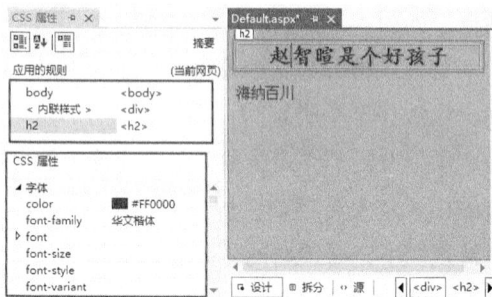

图 4-5 【CSS 属性】面板

5. 新建样式表

使用 CSS 的另一个有效方法是将样式规则放入样式表中，然后所有页面都可以引用这些样式，这样可以使这些页面样式看起来非常一致。

创建样式表的具体步骤如下：

(1) 打开【添加新项】对话框，在【模板】列表中选择【样式表】选项，在【名称】文本框中输入样式表的名称 StyleSheet.CSS，单击【添加】按钮即可。

(2) 此时，编辑器将打开一个包含空 body 样式规则的新样式表。

(3) 打开或切换到要附加样式表的页面的设计视图。选择【格式】|【附加样式表】命令，打开【选择样式表】对话框，选择刚才创建的样式表文件 StyleSheet.css，单击【确定】按钮，如图 4-6 所示。

图 4-6 【选择样式表】对话框

(4) 执行上述操作后，在页面的源视图中可以看到，在<head></head>标记中添加了如下代码：

<link href="StyleSheet.css" rel="stylesheet" type="text/css" />

知识点

可以通过多种方式为页面指定样式表。最简单的方法是在源视图中将文件从【解决方案资源管理器】中拖到页面的<head></head>标记中或者直接将文件拖到设计视图中。

4.2.2 添加样式规则

一个样式表由若干个样式规则组成。样式规则是指网页元素的样式定义，包括元素的显示方式以及元素在页中的位置等。打开前面添加的样式表文件 StyleSheet.css，此时的样式表是一个只包含 body 元素的空规则，在大括号内右击鼠标，从弹出的快捷菜单中选择【生成样式】命令，如图 4-7 所示，即可打开【修改样式】对话框，通过该对话框即可定义该元素的样式规则。

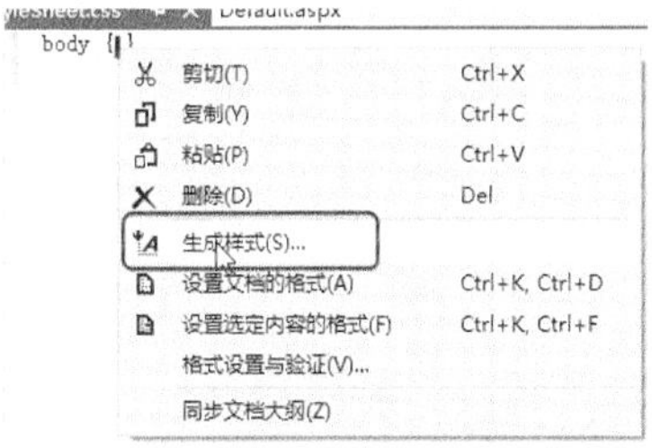

图 4-7 选择【修改样式】命令

知识点

直接在代码编辑器中输入规则很方便。然而，在创建复杂的规则时，【修改样式】对话框是创建新 CSS 声明的极佳工具，不需要记住各种 CSS 属性和它们的值，通过直观的界面操作即可。

类似地，还可以添加其他样式定义，每个样式的定义格式都是一样的，如下所示：

样式定义选择符{ 属性 1:值 1; 属性 2:值 2; …… }

其中，样式定义选择符是指样式定义的对象，可以是 HTML 标记元素，也可以是用户自定义的类、ID、伪类和伪元素等。

1. 标记选择符

任何 HTML 元素都可以是一个 CSS 的标记选择符。标记选择符仅仅是指向特别样式的元素。

只需在样式表文件最后一行输入一个 HTML 元素，后跟一对大括号，即可添加此类元素的样式定义，如 tr{ }。

2. 类选择符

每一个标记选择符都能自定义不同的类，从而允许同一元素具有不同的样式。指定某个标记选择符内的自定义类的一般形式为：

标记选择符.类名{样式属性 1:值 1; 样式属性 2:值 2; ……}

例如：

p.one{

color:red;

}

p.two{

color:blue;

}

在代码中引用类选择符的方法是通过元素的 class 属性来实现的。代码如下：

```
<p class="one">类别选择器 1</p>
<p class="two">类别选择器 2</p>
```

其含义是在 p 中引用 one 会以红色样式显示，在 p 中引用 two 会以蓝色样式显示。

类选择符的定义也可以与标记选择符无关，这样，类选择符可以应用于任何元素。这种自定义类选择符的形式如下：

.类名{样式属性 1:值 1; 样式属性 2:值 2; ……}

例如：

```
<style type="text/css">
.note{
color:red;
}
</style>
<h1 class="note">类别选择器 1</p>
<h2 class="note">类别选择器 2</p>
```

在这个例子，note 类选择符可被用于任何元素。

3. ID 选择符

ID 选择符用于分别定义每个具体元素的样式。一个 ID 选择符的指定要有指示符#在名字前面。使用时通过指定元素的 id 属性来关联。例如：

#index { color:blue }

引用时，使用 id 属性声明即可，例如：

<p id="index">本段落的颜色为蓝色</p>

自定义 ID 选择符与自定义类选择符的定义方式非常相似，但是两者在使用上是有区别的：在同一个网页中，多个标记元素可以使用同一个自定义类选择符，而 ID 选择符只能为某一个标记元素使用。这种选择符应该尽量少用，因为它有一定的局限。

> **提示**
>
> 如果在一个元素的样式定义中，既有标记选择符，又有自定义类选择符和自定义 ID 选择符，那么自定义 ID 选择符的优先级最高，其次是自定义类，标记选择符的优先级最低。

4. 伪类

伪类是 CSS 中非常特殊的类，能自动地被支持 CSS 的浏览器所识别。伪类可以指定 XHTML 中的 A 元素以不同的方式显示链接(links)、已访问链接(visited links)和可激活链接(active links)。其中，一个已访问链接可以定义为不同颜色的显示，甚至不同字体大小和风格。

CSS 中用 4 个伪类来定义链接的样式，分别是 a:link、a:visited、a:hover 和 a:active，例如：

a:link{font-weight : bold ;text-decoration : none ;color : #C00000 ;}

a:visited {font-weight : bold ;text-decoration : none ;color : #C30000 ;}

a:hover {font-weight : bold ;text-decoration : underline ;color : #F60000 ;}

a:active {font-weight : bold ;text-decoration : none ;color : #F90000 ;}

以上语句分别定义了"链接、已访问过的链接、鼠标停在上方时、点下鼠标时"的样式。注意，必须按以上顺序写，否则显示可能和预想的不一样。

5. 关联选择符

关联选择符是一个用空格隔开的两个或更多的单一标记选择符组成的字符串。一般格式如下：

选择符 1　选择符 2　……　{属性:值;　……}

这些选择符具有层次关系，并且它们的优先级比单一的标记选择符大。例如：

p h1{ color:red }

这种定义方式只对 p 所包含的 h1 元素起作用，单独的 p 或者单独的 h1 元素均无法采用该样式。这种方式不仅适用于标记选择符，还可以关联自定义用户类，自定义 ID 以及任何样式选择符。

6. 并列选择符

如果由多个不同的元素定义的样式相同，则可以使用并列选择符简化定义。例如：

h1,h2,h3{ color:blue }

每个元素之间用逗号隔开，表示 h1、h2、h3 标记中的内容都将以蓝色样式显示。

4.3 页面布局

除了为页面的内容设置样式，页面元素的布局和定位是否合理也是衡量网页设计是否美观的重要指标。本节将介绍网页的基本布局方式，页面元素的定位，以及表格布局和层布局。

4.3.1 网页布局概述

常见的网页布局方式有左对齐、居中和满宽度显示。默认情况下，网页内容是水平左对齐的，然而，在实际页面中，常用的布局方式是页面水平居中和满宽度显示。

1. 页面水平居中

设置页面水平居中的方法是设置 body 元素的 text-align 属性为 center。如果还希望页面的宽度固定，则可以通过设置 div 的 width 属性来实现。例如下面的代码：

```
<body style="text-align:center; ">
  <form id="form1" runat="server">
    <div id="div1" style="width:760px; text-align:center; height:200px"></div>
  </form>
</body>
```

2. 页面满宽度显示

设置页面满宽显示的方法是将 div 的固定宽度设置为百分比即可，这样宽度就会随显示界面的大小自动调整。例如下面的代码：

```
<body style="text-align:center; ">
  <form id="form1" runat="server">
    <div id="div1" style="width:98%; text-align:center; height:200px"></div>
  </form>
</body>
```

这种布局方式的优点是，无论浏览器是否最大化显示，都不会出现横向滚动条；缺点是页面元素相对位置不固定，不利于用户和窗体之间的操作。

4.3.2 页面元素的定位

页面元素的定位分为流布局和坐标定位布局两种。其中，坐标定位布局又分为绝对定位和相对定位，这里仅介绍流布局和坐标绝对定位。

1. 流布局 static

如果采用该布局，则页面中的元素将按照从左到右、从上到下的顺序显示，各元素之间不能重叠。如果不设置元素的定位方式，则默认就是流式布局。

2. 坐标绝对定位 absolute

在使用坐标绝对定位之前，必须先将 style 元素的 position 属性设置为 absolute，然后就可以由 style 元素的 left、top、right、bottom 和 z-index 属性来决定元素在页面中的绝对位置。left 属性表示元素的 x 坐标，top 属性表示元素的 y 坐标，坐标的位置是以它最近的具有 position 属性的父容器为参照物的。

【例 4-2】页面元素的定位方式演示。

(1) 启动 VS 2012，新建空网站【例 4-2】。

(2) 通过【添加新项】对话框添加名为 Default.aspx 的 Web 窗体页。

(3) 切换到源视图，修改页面<body>元素内的代码如下：

```
<body>
    <form id="form1" runat="server">
        <div id="div1" style="border: 1px #000080 solid; text-align: left; width:350px; height: 200px;">
            <div id="div2" style="width: 200px; height: 120px; text-align: left; border: 1px #00FF00 solid;
background-color: #E080F0">
                <div id="div3"style="position: absolute; top: 76px; left: 123px; width: 150px; height: 100px; border:
2px #800000 solid; background-color: #FFFF00">
                    <div id="div4" style="position: absolute; left: 23px; top: 30px; width: 100px; height: 60px; border:
3px #FF00FF solid; background-color: #00FFFF">
                        坐标定位内层 DIV</div></div>
                    坐标绝对定位 DIV</div>
                流式布局 div2</div>
            最外层 DIV，我在 div2 的后面</div>
    </form>
</body>
```

然后切换到设计视图，观察其显示的效果，如图 4-8 所示。运行该页面，可以看到，无论浏览器窗口如何变化，各层之间的位置仍然保持不变。

(4) 具有不相同 z-index 值的元素可以重叠，其效果就像多张透明的纸按顺序叠放在一起。其中，z-index 值大的元素会覆盖 z-index 值小的元素。为 div3 元素增加 z-index 属性，代码如下：

```
<div id="div3" style="position: absolute;   ……   z-index: -1;">
```

此时，设计视图的效果如图 4-9 所示。

图 4-8　页面元素定位效果　　　　　　图 4-9　设置 z-index 属性后的效果

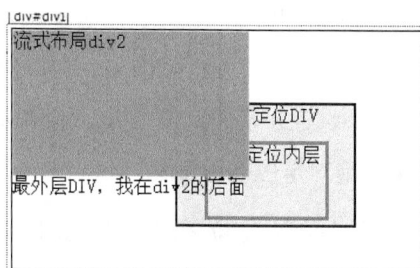

采用坐标定位的方式可以精确地将元素放在页面中相应的位置上，但是由于不同浏览器在显示方面存在的差异，也会给页面的整体布局带来混乱的效果，解决这一问题的方法就是使用表格布局。

④.3.3　表格布局

利用表格布局可以将网页中的内容合理地放置在相应的区域，每个区域之间互不干扰。例如，设计一个表格用来布局网站首页，实现如图 4-10 所示的效果。

【例 4-3】创建表格，通过该表格实现如图 4-10 所示的页面布局效果。

(1) 启动 VS 2012，新建空网站【例 4-3】。

(2) 通过【添加新项】对话框添加名为 Default.aspx 的页面。

(3) 切换到设计视图，将鼠标光标停留在 div 标记内。选择【表】|【插入表】命令，打开【插入表格】对话框，定义表格大小为 4 行 3 列，指定宽度为 100%，边框值为 1，边框颜色为红色，如图 4-11 所示。

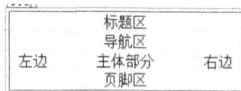

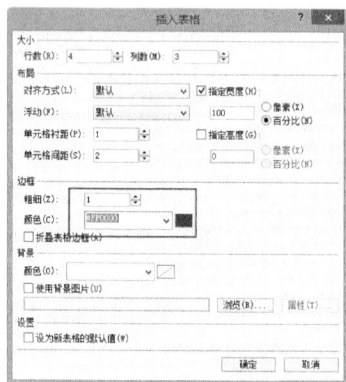

图 4-10　表格布局　　　图 4-11　【插入表格】对话框

💡 提示

从图中可以看出，表格中定义了一个标题区，一个导航区，一个页脚区，中间又分成 3 个区，这就需要先创建一个 4 行 3 列的表格，然后再通过详细设置达到图中的效果。

(4) 选中第 1 行的 3 个单元格，选择【表】|【修改】|【合并单元格】命令，将其合并。

(5) 用同样的方法合并第 2 行和第 4 行的 3 个单元格。

(6) 单击表格之外的其他空白处，此时设计视图的左上角将显示 body 标记，单击此处，将选择所有 body 区域中的元素，然后选择【格式】|【两端对其】|【居中】命令，使得页面中所有

文字都居中显示。

(7) 切换到源视图，分别为第 3 行的第 1 个单元格和第 3 个单元格添加 width 属性，使其占整个宽度的 20%，这样，中间的主体部分就占 60% 了。代码如下：

```
<td width="20%"> </td>
```

(8) 分别在不同区域输入如图 4-10 所示的区域文本即可完成布局设计。

如果对以上布局不满意，还可以直接在源视图中修改相应的属性信息。如表 4-2 所示列出了表格中常用的部分属性。

表 4-2　表格的常用属性

属　　性	说　　明
Border	表示边框宽度，如果设置为 0，表示无边框，此时默认 frame=void，rules=none；可以设置为大于 0 的值来显示边框，此时默认 frame=border，rules=all
Cellspacing	表示单元格间距(表格和 tr 之间的间隔)
Cellpadding	表示单元格衬距(td 和单元格内容之间的间隔)
Frames	表示如何显示表格边框。void：无边框(默认)；above：仅有顶部边框；below：仅有底部边框；hsides：仅有顶部和底部边框；vsides：仅有左右边框；lhs：仅有左边框；rhs：仅有右边框；box 和 border：包含全部 4 个边框
Rules	表示如何显示表格内的分隔线。all：显示所有分隔线；cols：仅显示列线；rows：仅显示行线；groups：仅显示组与组之间的分隔线

表格布局的最大优点是简单直观。但是如果将整个网页的元素都包含在表格内，则浏览器会将整个表格全部下载完毕后才显示表格中的内容，因此网页显示速度慢。此外，表格布局也不利于网页结构和表现的分离。解决该问题的方法就是网页整体采用 DIV 和 CSS 进行层布局，局部用表格进行布局。这是当前 Web 标准推荐的最佳布局方法。

④3.4　DIV 和 CSS 布局

在传统的表格布局中，完全依赖于表格对象 TABLE，在页面中绘制多个单元格，在表格中放置内容，通过表格的间距或者用无色透明的 GIF 图片来控制布局版块的间距，达到排版的目的。而以 DIV 对象为核心的页面布局中，通过层来定位，通过 CSS 定义外观，最大程度地实现了结构和外观彻底分离的布局效果，因此习惯上对层布局又称为 DIV 和 CSS 布局。

层布局最核心的标签就是 DIV。DIV 是一个容器，在使用时以 <DIV></DIV> 形式存在。在 XHTML 中，每一个标签都可以称作是容器，能够放置内容。但 DIV 是 XHTML 中专门用于布局设计的容器对象。

1. 定义层

添加层的方法非常简单，可以通过【工具箱】面板中的 HTML 选项卡拖拽一个 Div 项到设计视图中，或者在源视图中创建一对<div></div>标记。

2. 盒子模型

1996 年 CSS1 推出后，W3C 组织就建议把所有网页上的对象都放在一个盒子(box)中，设计师可以通过创建定义来控制这个盒子的属性，这些对象包括段落、列表、标题、图片以及层。盒子模型主要定义了 4 个区域：内容(content)、边框距(padding)、边界(border)和边距(margin)，如图 4-12 所示。

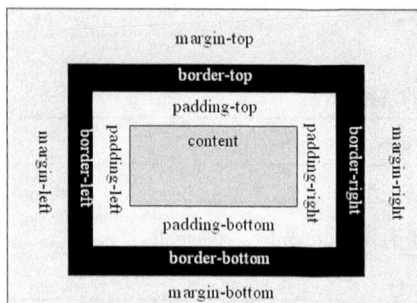

图 4-12　盒子模型

知识点

理解盒子模型就可以理解层与层之间定位的关系以及层内部的表达样式。其中，margin 属性负责层与层之间的距离，padding 属性负责内容和边框之间的距离。

下面的代码定义了盒子模型中的一些样式：

```
<style>
#sample2
{
background-color: #FFFF00;
border-style: solid;
padding-bottom: 25px;
margin-bottom: 50px;
width: 60%;
}
</style>
```

3. 层的定位

在一个页面中定义多个层，会发现这些层自动排列在不同的行，而要真正实现左右排列，就要加入新的属性——float(浮动属性)。float 浮动属性是 DIV 和 CSS 布局中的一个非常重要的属性。大部分的 DIV 布局都是通过 float 的控制来实现的。具体参数如下：

- float:none 用于设置无浮动；
- float:left 用于表示对象向左浮动；
- float:right 用于表示对象向右浮动。

例如，下面的代码将创建一种左右上下分栏的样式，其效果如图 4-13 所示。

```
<head runat="server">
```

```
<style>
  #left,#right{background-color:#eeeeee;border:1px solid #33ccff;height:200px; }
  #left{width:180px; float:left; }
  #bottom{ background-color:#eeeeee; border:1px solid #33ccff; height:50px; clear:both; }
</style>
</head>
<body>
  <form id="form1" runat="server">
    <div id="left">左侧的层</div>
    <div id="right">右侧的层</div>
    <div id="bottom">下方的层</div>
  </form>
</body>
```

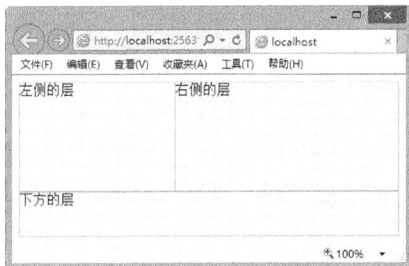

图 4-13　左右上下分栏

4. 利用 DIV 和 CSS 实现页面布局

DIV 只是一个区域标识，划定了一个区域，要实现样式还需要借助于 CSS，这样的分离，使得 DIV 的最终效果是由 CSS 来编写的。CSS 可以实现左右分栏，也可以实现上下分栏，而表格则没有这么大的灵活性。CSS 与 DIV 的无关联性，决定了 DIV 在设计上有极大的伸缩性，而不拘泥于单元格固定的模式束缚。因此，实现网页布局，通常是先在网页中将内容用 DIV 标记出来，然后再用 CSS 来编写样式。

采用 DIV 和 CSS 布局之前，首先要分析网页有哪些内容块，以及每个内容块的含义，这就是所谓的网页结构。通常情况下页面结构包含以下 4 部分。

(1) 标题区(header)：用来显示网站的标志和站点名称等。

(2) 导航区(navigation)：用来表示网页的结构关系，如站点导航，通常放置主菜单。

(3) 主功能区(content)：用来显示网站的主题内容，如商品展示、公司介绍等。

(4) 页脚区(footer)：用来显示网站的版权和有关法律声明等。

通常采用 DIV 元素来将这些结构先定义出来，类似下面这样：

```
<div id="header"></div>
<div id="globalnav"></div>
<div id="content"></div>
```

```
<div id="footer"></div>
```

然后在 CSS 样式表中定义每个元素 ID 的具体样式，从而控制整个页面的布局。例如：

```
#content
{
    width: 740px;
    margin-top: 0px;
    margin-left:auto;
    margin-right:auto;
}
```

④.4   主题

计算机 基础与实训教材系列

网站的美观主要涉及页面和控件的样式属性，在 ASP.NET 应用程序中，可以利用 CSS 控制页面上各元素的样式以及部分服务器控件的样式，但是，有些服务器控件的属性无法通过 CSS 进行控制。为了解决这个问题，从 ASP.NET 2.0 开始就提供了一种称为"主题"的新方式，它可以保持网站外观的一致性和独立性，同时使页面的样式控制更加灵活方便，例如动态实现不同用户界面的切换等。

④.4.1   主题概述

主题是指页面和控件外观属性设置的集合。主题由一个文件组构成，包括外观文件(扩展名为.skin)、级联样式表文件(扩展名为.css)、图片和其他资源等的组合，但一个主题至少包含一个外观文件。

1. 外观文件

外观文件是主题的核心文件，也称为皮肤文件，专门用于定义服务器控件的外观。在主题中可以包含一个或多个外观文件，外观文件的后缀名为.skin。

在控件外观设置中，只能包含主题的属性定义，如样式属性、模板属性、数据绑定表达式等，不能包含控件的 ID，如 Label 控件的外观设置代码如下：

```
<asp:Label runat="server" BackColor="Blue" Font-Names="Arial Narrow" />
```

这样一旦将该外观应用到 Web 页面中，则所有的 Label 控件都将显示外观所设置的样式。

右击某一个主题文件夹，从弹出的快捷菜单中选择【添加新项】命令，在打开的【添加新项】对话框中选择【外观文件】选项，并在【名称】文本框中输入外观文件名，单击【添加】按钮即可添加一个外观文件。

2. 级联样式表文件

主题中可以包含一个或多个 CSS 文件，一旦 CSS 文件被放在主题中，则应用时无需再在页面中指定 CSS 文件链接，而是通过设置页面或网站所使用的主题即可。当主题得到应用时，主题中的 CSS 文件会自动应用到页面中。

右击某一个主题文件夹，从弹出的快捷菜单中选择【添加新项】命令，在打开的【添加新项】对话框中选择【样式表文件】选项，即可添加样式表文件。

主题在 Web 站点的根文件夹的特殊文件夹 App_Themes 中。这个文件夹中可以包含多个主题目录，而外观文件等资源则放在主题目录中，如图 4-14 所示的主题目录结构中创建了 3 个主题，分别是"主题 1"、"主题 2"和"主题 3"，"主题 1"中包含一个外观文件，"主题 2"中包含两个外观文件，"主题 3"中包含一个外观文件和一个样式表文件。

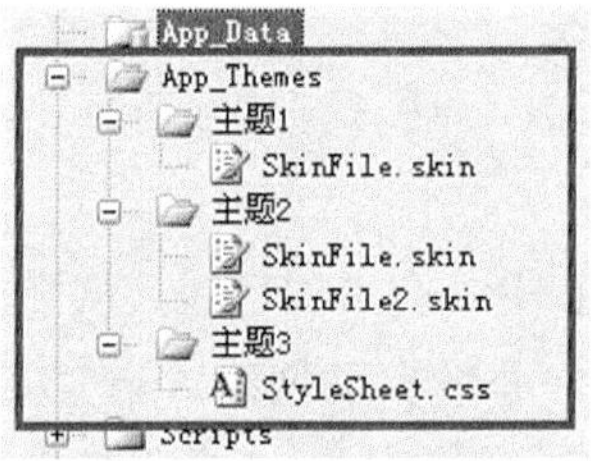

图 4-14　主题目录结构

> **知识点**
> 每当主题处于活动状态时，对主题文件夹中各个 CSS 文件的链接就会自动添加到页面的<head>部分。

3. 主题的类型

主题分为两大类型：一类是应用程序主题，另一类是全局主题。

- 应用程序主题：是指保存在 Web 应用程序的 App_Themes 文件夹下的一个或多个主题文件夹，主题的名称就是文件夹的名称。
- 全局主题：是指保存在服务器上，根据不同的服务器配置决定的，能够对服务器上所有 Web 应用程序起作用的主题文件夹。

一般情况下，很少用到全局主题，而本书所讲的主题仅指应用程序主题，即保存在应用程序中 App_Themes 文件夹下的主题文件夹，简称主题。

ASP.NET 页面有两个不同的设置主题的属性：Theme(页主题)属性和 StyleSheetTheme(页的样式表主题)属性。这两个属性都使用在 App_Themes 文件夹中定义的主题。虽然一开始它们看起来非常相似，但是在运行时它们的行为就不同了。StyleSheetThemes 在页面的生命周期中应用得非常早，在创建页面实例后不久就应用了。这意味着单个页面能通过在控件上应用内联属性来重写主题的设置。例如，带有将按钮的 BackColor 设置为紫色的外观文件的主题可以被页面标记中下面的控件声明重写：

```
<asp:Button ID="Button1" runat="server" Text="Button" BackColor="Red" />
```

而 Theme 属性在页面的生命周期中应用的时间较晚，能有效地重写为单个控件自定义的任何属性。

由于 StyleSheetTheme 的属性能被页面重写，而 Theme 又能再次重写这些属性，两者用于不同的目的。如果想为控件提供默认设置则应设置 StyleSheetTheme，即 StyleSheetTheme 能为控件提供默认值，然后又可以在页面级重写。如果想强制应用控件的外观则应使用 Theme 属性，因为 Theme 中的设置不能再重写，而且它有效地重写了任何自定义设置，因此能确保控件的外观就是在主题中定义的样子。

如果由于某种原因不想向特定控件应用外观，可以通过设置控件的 EnableTheming 属性来禁用外观，代码如下：

```
<asp:Button ID="Button1" runat="server" EnableTheming="False" Text="Button" />
```

由于将 EnableTheming 属性设置为了 False，因此就不会向控件应用外观，而仍然会应用主题的 CSS 文件中的 CSS 设置。

4.4.2 创建并应用主题

打开一个 Web 应用程序，在【解决方案资源管理器】中，右击项目名，从弹出的快捷菜单中选择【添加】|【添加 ASP.NET 文件夹】|【主题】命令，系统自动创建 App_Themes 文件夹，并在该文件夹下生成一个默认名为"主题1"的文件夹。在 App_Themes 文件夹中可以创建多个主题。

为了创建一个主题，需要做下列事情：

- 如果站点中还没有 App_Themes 文件夹，则首先要创建该文件夹。
- 对于要创建的每个主题，用主题的名称创建一个子文件夹。
- 可以创建一个或多个将成为主题一部分的 CSS 文件。虽然根据主题命名 CSS 文件有助于标识正确的文件，但并不要求一定要这样做。添加到主题的文件夹中的任何 CSS 文件都会在运行时自动添加到页面中。
- 可以向主题文件夹中添加一个或多个图像。CSS 文件应当用稍后将介绍的相对路径来引用这些图像。
- 可以向主题文件夹中添加一个或多个外观文件。外观允许为之后要在运行时应用的特定控件定义单个属性(比如 ForeColor 和 BackColor)。

执行了上述步骤后，就能将站点或单个 Web 页面配置为应用此主题。

1. 在主题中定义外观

skin 文件必须直接在主题的文件夹中创建，不能像存储主题的图像那样把 Skin 文件存储在一个子文件夹中。在外观文件中，系统没有提供控件属性设置的智能提示功能，这使得用户定义自己的控件及其属性比较困难。要想使用 VS 的智能提示功能，可做如下设置：

(1) 选择【工具】|【选项】命令，打开【选项】对话框。

(2) 展开【文本编辑器】选项，然后选择【文件扩展名】。

(3) 在右侧的【扩展名】文本框中输入 skin，然后从【编辑器】下拉列表中选择【用户控件编辑器】选项。

(4) 单击【添加】按钮，然后单击【确定】按钮完成设置，如图 4-15 所示。

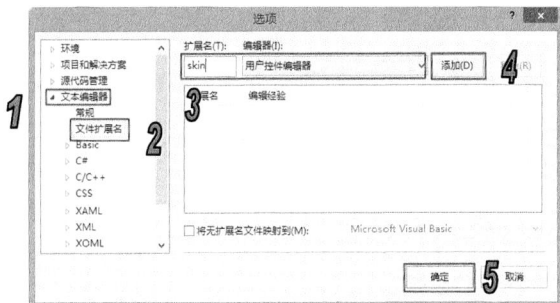

图 4-15 【选项】对话框

设置完以后，当再次打开一个 skin 文件时，就会出现智能提示功能了。

知识点

也可以不在外观文件中直接编写定义控件外观的代码，而是先在页面中设置控件的属性，然后再将自动生成的代码复制到外观文件中，去掉所有控件的 ID 属性即可。

【例 4-4】创建一个包含一些简单的控件外观的主题。

(1) 启动 VS 2012，新建空网站【例 4-4】。

(2) 在【解决方案资源管理器】中，右击项目名，从弹出的快捷菜单中选择【添加】|【添加 ASP.NET 文件夹】|【主题】命令，系统将创建名为 App_Themes 的文件夹和名为"主题 1"的子文件夹。

(3) 右击【主题 1】文件夹，从弹出的快捷菜单中选择【添加新项】命令，添加一个外观文件 SkinFile.skin。

(4) 新添加的文件中包含一段外观文件编写的说明文字和两个示例，这些内容都包含在注释标记(<%-- --%>)内，用来告诉读者如何编写外观文件，代码如下：

```
<%--
默认的外观模板。以下外观仅作为示例提供。
1. 命名的控件外观。SkinId 的定义应唯一，因为在同一主题中不允许一个控件类型有重复的 SkinId。
<asp:GridView runat="server" SkinId="gridviewSkin" BackColor="White" >
    <AlternatingRowStyle BackColor="Blue" />
</asp:GridView>
2. 默认外观。未定义 SkinId。在同一主题中每个控件类型只允许有一个默认的控件外观。
<asp:Image runat="server" ImageUrl="~/images/image1.jpg" />
--%>
```

(5) 按照以上示例，在文件最后添加如下代码，定义 Label 和 Button 控件的外观。

```
<asp:Label runat="server" ForeColor="#FF5050" Font-Size="15pt" Font-Names="Verdana" />
```

```
<asp:Button runat="server" Borderstyle="Solid" Borderwidth="2px" Bordercolor="Red" Backcolor="yellow"/>
```

(6) 保存该外观文件。

(7) 添加名为 Default.aspx 的页面，切换到设计视图，添加一个 Label 控件和一个 Button 控件。

(8) 在【属性】面板中选择 Document 元素，设置 Theme 属性为"主题 1"，如图 4-16 所示。切换到源视图中，可发现代码第一行的@ Page 指令中添加了如下属性：

```
<%@ Page ... Theme="Theme1"%>
```

(9) 编译并运行程序，在默认浏览器中打开该页面，效果如图 4-17 所示。

图 4-16　应用主题

图 4-17　应用主题后的控件效果

2. 使用 SkinID 属性

如果希望某些控件的外观和页面中具有相同类型的其他控件的外观不一样，则可以在.skin 文件中给特定的控件添加一个 SkinID 属性。

【例 4-5】在【例 4-4】的基础上增加一个按钮控件的外观定义并指定 SkinID 属性，然后在测试页面中应用该特定外观。

(1) 启动 VS 2012，打开网站【例 4-4】。

(2) 打开外观文件 SkinFile.skin。

(3) 添加一个按钮的外观定义，并为其设置 SkinID 属性，代码如下：

```
<asp:Button runat="server" SkinID="GreenBtn"   Font-Size="14pt" Borderstyle="dotted" Borderwidth="2px"
Bordercolor="white" Backcolor="Green" ForeColor="red"/>
```

(4) 在 Default.aspx 页面中再添加一个 Button 控件，设置其 SkinID 属性为 GreenBtn，如图 4-18 所示。

(5) 编译并运行程序，在浏览器中查看控件的显示效果，如图 4-19 所示。

图 4-18　设置控件的 SkinId 属性

图 4-19　应用 SkinID 属性的控件

3. 在主题中定义样式表

除了外观文件，在主题中还可以定义.css 文件，然后在网页文件中设置 StyleSheetTheme 属性为定义的主题即可。

【例 4-6】在网页文件中同时使用外观文件和样式表文件。

(1) 启动 VWD 2010，打开网站【例 4-4】。

(2) 右击【主题 1】文件夹，从弹出的快捷菜单中选择【添加新项】命令，添加一个样式表文件 StyleSheet.css。

(3) 在 StyleSheet.css 样式文件中添加如下代码，定义 h2 的样式:

```
h2
{
        border-style: dashed;
        font-size: 1.6em;
        padding-bottom: 0px;
        margin-bottom: 0px;
        color: #FF00CC;
}
```

(4) 在 Default.aspx 页面中添加<h2>标记的元素，代码如下:

```
<h2>金百合舞蹈学校网站管理员赵智暄欢迎您的光临</h2>
```

(5) 修改当前页面的 Document 标记中属性 StyleSheetTheme 的值为 "主题 1"。

(6) 编译并运行程序，在浏览器中即可看到引入外观和样式表文件后的最终显示效果，如图 4-20 所示。

创建了主题之后，可以定制如何在应用程序中使用主题，方法是：将主题作为自定义主题与网页文件关联，或者将主题作为样式表主题与网页文件关联。样式表主题和自定义主题都使用相同的主题文件，但是样式表主题在网页文件的控件和属性中的优先级最低。

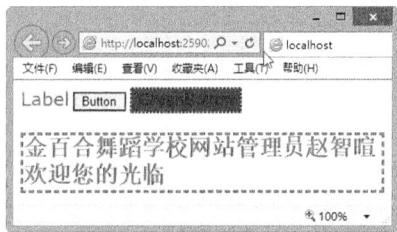

图 4-20   引入外观和样式后的页面效果

在 ASP.NET 中，优先级的顺序从高到低依次如下:

(1) 主题设置，包括 Web.config 文件中设置的主题。

(2) 本地网页文件的样式属性设置。

(3) 样式表主题设置。

在这里，如果选择使用样式表主题，则在网页文件中本地声明的任何样式信息都将覆盖样式表主题的属性。同样，如果使用自定义主题，则主题的属性将覆盖本地网页文件中设置的任何样式内容，以及使用中的任何样式表主题中的任何内容。

4. 主题的应用级别

有 3 个不同的选项可以向 Web 站点应用主题，分别是：在 Page 指令中的页面级、站点级修改 Web.config 文件，以及通过程序来设置主题。

⊙ 在页面级设置主题

在【例 4-3】和【例 4-4】中就是使用这种方式来应用主题的。在页面级设置 Theme 属性或 StyleSheetTheme 属性很容易，只要设置页面的 Page 指令中的相关属性即可。例如：

```
<%@ Page Language="C#" AutoEventWireup="false" CodeFile="Default.aspx.cs"
         Inherits="_Default" Theme="主题 1" StyleSheetTheme="主题 1" %>
```

用 StyleSheetTheme 替换 Theme 来应用一个主题，该主题的设置可以由单个页面重写。

⊙ 在站点级设置主题

为了在整个 Web 站点中强制应用同一个主题，可以在 Web.config 文件中设置主题。要做到这一点，需要将一个 theme 属性添加到<system.web>元素内的<pages>元素中，代码如下：

```
<pages theme="主题 1">
    ...
</pages>
```

确保全部用小写字母输入 theme，因为 Web.config 文件中的 XML 是区分大小写的。

⊙ 通过程序来设置主题

设置主题的第三种也是最后一种方式是通过代码来编程设置。由于主题的工作方式，需要在页面生命周期的早期完成这一工作。通常是在 PreInit 事件通过 Page 对象的 Theme 属性来设置主题。

④.4.3 动态切换主题

动态切换主题是指在运行时切换主题。例如，可以通过允许用户使用喜欢的颜色和布局。由于使用的是在运行时向页面应用主题的方式，因此需要在页面的生命周期较早的时候设置主题，即在 PreInit 事件中设置。

为了允许用户修改主题，可以向其提供一个下拉菜单，当用户修改列表中的活动选项时，该菜单自动向服务器发起回发请求。在服务器上，就会得到从列表中选择的主题，将它应用到页面上，然后将选项存储在 Cookie 中，以便在下次访问 Web 站点时检索它。

【例 4-7】让用户选择自己喜欢的主题，实现动态换肤功能。

(1) 启动 VS 2012，新建空网站【例 4-7】。

(2) 在【解决方案资源管理器】中，右击项目名，从弹出的快捷菜单中选择【添加】|【添加 ASP.NET 文件夹】|【主题】命令，系统将创建名为 App_Themes 的文件夹和名为"主题 1"的子文件夹。

(3) 右击【主题 1】文件夹，从弹出的快捷菜单中选择【添加新项】命令，添加一个新的外观文件 SkinFile.skin，用同样的方法在该文件夹下再添加一个 CSS 样式文件 StyleSheet.css。

(4) 右击【主题 1】文件夹，从弹出的快捷菜单中选择【新建文件夹】命令，新建一个文件夹，修改其名称为 images。在 images 文件夹上右击，选择【添加现有项】命令，添加一个图片作为主题 1 的背景图片。

(5) 用相同的方法创建"主题 2"，其中也包括一个外观文件 SkinFile.skin、一个 CSS 样式文件 StyleSheet.css 以及 images 文件夹和主题 2 的背景图片。

(6) "主题 1"定义为"浪漫小屋"，所以背景图片和控件的外观都以粉色和橘黄色为主，修改主题 1 中的外观文件 SkinFile.skin，添加如下代码:

```
<asp:Label runat="server" BackColor="Fuchsia" BorderColor="White" Borderstyle="dotted"
        Font-Bold="True" Font-Size="Larger" ForeColor="Blue"></asp:Label>
<asp:DropDownList runat="server" BackColor="#FFFF99"
        Font-Bold="True" Font-Size="Large" ForeColor="#FF0066"></asp:DropDownList>
<asp:Calendar runat="server" BackColor="#FFFFCC"
        BorderColor="#FFCC66" BorderWidth="1px" DayNameFormat="Shortest"
        Font-Names="Verdana" Font-Size="8pt" ForeColor="#663399" Height="200px"
        ShowGridLines="True" Width="220px">
        <DayHeaderStyle BackColor="#FFCC66" Font-Bold="True" Height="1px" />
        <NextPrevStyle Font-Size="9pt" ForeColor="#FFFFCC" />
        <OtherMonthDayStyle ForeColor="#CC9966" />
        <SelectedDayStyle BackColor="#CCCCFF" Font-Bold="True" />
        <SelectorStyle BackColor="#FFCC66" />
        <TitleStyle BackColor="#990000" Font-Bold="True" Font-Size="9pt"
            ForeColor="#FFFFCC" />
        <TodayDayStyle BackColor="#FFCC66" ForeColor="White" />
</asp:Calendar>>
```

(7) "主题 1"的样式表文件中只定义背景图片，所以添加如下代码即可:

```
body
{
    background-image: url('images/love.jpg');
}
```

(8) "主题 2"定义为"鸟语花香"，所以背景图片和控件的外观都以青春和绿色为主，在主题 3 的外观文件中添加如下代码:

```
<asp:Label runat="server" BackColor="#FFFF66" ForeColor="#0066FF" Font-Bold="True" Font-Size="Large"
BorderStyle="Groove" />
```

```
<asp:DropDownList runat="server"    Font-Bold="True"
            BackColor="#FFFFCC" ForeColor="Lime" Font-Size="Large"/>
<asp:Calendar runat="server" BackColor="White"
            BorderColor="#66FF33" BorderWidth="1px" CellPadding="1"
            DayNameFormat="Shortest" Font-Names="Verdana" Font-Size="8pt"
            ForeColor="#003399" Height="200px" Width="220px">
            <DayHeaderStyle BackColor="#99FF33" ForeColor="#99FF66" Height="1px" />
            <NextPrevStyle Font-Size="8pt" ForeColor="#CCCCFF" />
            <OtherMonthDayStyle ForeColor="#999999" />
            <SelectedDayStyle BackColor="#009999" Font-Bold="True" ForeColor="#CCFF99" />
            <SelectorStyle BackColor="#99CCCC" ForeColor="#336666" />
            <TitleStyle BackColor="#009900" BorderColor="#3366CC" BorderWidth="1px"
                Font-Bold="True" Font-Size="10pt" ForeColor="#CCCCFF" Height="25px" />
            <TodayDayStyle BackColor="#99CCCC" ForeColor="White" />
            <WeekendDayStyle BackColor="#66FF66" />
    </asp:Calendar>
```

(9) 在"主题2"的样式表文件中定义背景图片，添加如下代码:

```
body
{
    background-image: url('images/flower.jpg');
}
```

(10) 添加名为 Default.aspx 的测试页面，切换到设计视图，添加一个 Label 控件、一个 DropDownList 控件和一个 Calendar 控件，设置 Label 控件的 Text 属性为"请选择主题: "，为 DropDownList 控件的 Items 属性添加几个选项，设置其 AutoPostBack 属性为 True，生成的代码如下:

```
<asp:Label ID="Label1" runat="server" Text="请选择主题: "></asp:Label>
<asp:DropDownList ID="DropDownList1" runat="server" AutoPostBack="True">
    <asp:ListItem Value="主题 1">浪漫小屋</asp:ListItem>
    <asp:ListItem Value="主题 2">鸟语花香</asp:ListItem>
</asp:DropDownList>
```

(11) 为 DropDownList 控件添加 SelectedIndexChanged 事件处理程序，代码如下:

```
protected void DropDownList1_SelectedIndexChanged(object sender, EventArgs e)
{
    HttpCookie myTheme = new HttpCookie("myTheme");
    myTheme.Expires = DateTime.Now.AddMonths(3);
```

```
myTheme.Value = Server.UrlEncode(DropDownList1.SelectedValue);
Response.Cookies.Add(myTheme);
Response.Redirect(Request.Url.ToString());
}
```

知识点

在下拉列表的事件处理程序中，最后一步是将用户重定向到同一个页面，否则就不会立即应用新主题。因为主题需要在页面的生命周期的早期设置，所以不能再为当前的请求设置。通过将用户重定向到同一个页面，就发出了一个能够成功应用选中主题的新请求。

(12) 当页面加载时将需要再次从列表中预先选择恰当的项，以显示正确的主题。进行此操作的最佳位置是在 Page 类的 Load 事件中。添加处理程序的代码如下：

```
protected void Page_Load(object sender, EventArgs e)
{
    if (!Page.IsPostBack)
    {
        string selectedTheme = Server.UrlDecode( Page.Theme);
        HttpCookie myTheme = Request.Cookies.Get("myTheme");
        if (myTheme != null)
        {
            selectedTheme = myTheme.Value;
        }
        if (!string.IsNullOrEmpty(selectedTheme) &&
                DropDownList1.Items.FindByValue(selectedTheme) != null)
        {
            DropDownList1.Items.FindByValue(selectedTheme).Selected = true;
        }
    }
}
```

(13) 正如前面所提到的，主题需要在 PreInit 事件(该事件在页面生命周期的早期发生)中设置。在该事件内可以查看带选中主题的 cookie 是否存在。如果存在，就可以用它的值设置恰当的主题，代码如下：

```
protected void Page_PreInit(object sender, EventArgs e)
{
    HttpCookie preferredTheme = Request.Cookies.Get("myTheme");
    if (preferredTheme != null)
    {
        Page.Theme = Server.UrlDecode( preferredTheme.Value);
```

```
        }
    }
```

(14) 编译并运行程序，在浏览器中打开 Default.aspx 页面，通过下拉列表选择不同的主题，效果如图 4-21 所示。

图 4-21　动态切换主题效果

4.5　母版页

在构建 Web 站点时，应该努力使布局和行为尽可能保持一致。而且有很多元素，如站点标题、公共导航以及版权信息等，会出现在每一个页面中，这些元素的一致布局会让用户知道自己始终是在同一个站点中。虽然这些元素可以通过在 XHTML 中使用包含文件构建，但 ASP.NET 4.5 和 VS 2012 提供了更加健壮的母版页技术来实现。

母版页的最大好处是它们可以在单个地方定义站点中所有页面的全局外观。这意味着如果要修改站点的布局，比如要把菜单从左边移到右边，只需修改母版页，基于此类母版页的页面就会自动进行相应的修改。

4.5.1　母版页概述

母版页是用于设置页面外观的模板，是一种特殊的 ASP.NET 网页文件，同样也具有其他 ASP.NET 文件的功能，如添加控件、设置样式等，只不过扩展名是.master。在母版页中，界面被分为公用区和可编辑区。公用区的设计方法与一般页面的设计方式相同，可编辑区用 ContentPlaceHolder 控件预留出来。

引用母版页的.aspx 页面称为内容页。在内容页中，母版页的 ContentPlaceHolder 控件预留的可编辑区会被自动替换为 Content 控件，开发人员只需要在 Content 控件区域中填充内容即可，在母版页中定义的其他标记将自动出现在引用该母版页的.aspx 页面中，母版页的部分以灰色显示，表示不能修改这些内容。

每一个母版页中可以包含一个或多个内容页。使用母版页可以统一管理和定义具有相同布局风格的页面，给网页设计和修改带来极大的方便。使用母版页有如下优点：

- 使用母版页可以集中处理页的通用功能，以便可以仅在一个位置进行更新。
- 使用母版页可以方便地创建一组控件和代码，并将结果应用于一组新的页面。
- 通过允许控制占位符控件的呈现方式，母版页可以在细节上控制最终页的布局。
- 母版页提供一个对象模型，使用该对象模型可以从各个内容页自定义母版页。

提示

　　在使用母版页时，母版页中使用的图片和超链接应尽量使用服务器端控件来实现，如 Image 和 HyperLink 控件。即使控件不需要服务器代码也是如此，这是因为将设计好的母版页或内容页移动到另一个文件夹时，如果使用的是服务器控件，即使不改变服务器控件的 URL，ASP.NET 也可以正确解析，并自动将其 URL 改为正确的位置。但是如果使用了普通 HTML 标记，那么 ASP.NET 将无法正确解析这些标记的 URL，从而导致图片不能显示和链接失败，给维护带来极大麻烦。

4.5.2　创建母版页

　　当创建新的 Web 站点时，总是先添加作为所有其他页面的基础母版页，即使站点中只有少数几个页面，母版页仍然可以确保整个站点拥有一致的外观。

　　在某种程度上，母版页看起来就像正常的 ASPX 页面。创建母版页的方法也和创建一般页面的方法非常相似。区别是母版页无法单独在浏览器中查看，必须通过创建内容页才能浏览。

1. 创建母版页

　　下面这个例子是一个很常见的布局，母版页中包含一个标题、一个导航菜单和一个页脚，这些内容将在站点的每个页面中出现。在母版页中包含两个内容占位符，其中导航菜单有默认内容，主区域为空，这是母版页中的一个可变区域，可以使用内容页中的信息来替换此区域。

　　【例 4-8】创建一个母版页。

　　(1) 启动 VS 2012，新建空网站【例 4-8】。

　　(2) 在【添加新项】对话框中选择【母版页】模板，添加名为 MasterPage.master 的母版页。

　　(3) 观察母版页的源代码，在页面的顶部是一个@ Master 声明，而不是通常在 ASP.NET 页面中看到的@ Page 指令。它也有 CodeFile 和 Inherits 属性，如下所示：

```
<%@ Master Language="C#" AutoEventWireup="true" CodeFile="MasterPage.master.cs" Inherits="MasterPage" %>
```

　　(4) 此外，页面的主体还包含一个 ContentPlaceHolder 控件，这是母版页中的一个区域，其中的可替换内容将在运行时由内容页合并。为了方便母版页的编辑，通常情况下先将 ContentPlaceHolder 控件删除。母版页编辑完成后，再放置 ContentPlaceHolder 控件，下面的步骤将采用这种方法布局。

提示

　　尽管通常只需要几个占位符就可以创建灵活的页面布局，但实际上想创建多少就可以创建多少。

(5) 在母版页的<form>标记中添加下面的代码，替换<div>标记与创建母版页时默认添加的 ContentPlaceHolder。

```
<form id="form1" runat="server">
  <div id="PageWrapper">
    <div id="top" align="center"
          style="background-color:#FF66FF; font-family: 微软雅黑; color: #FFFFFF;"><h1>欢迎光临金百
合舞蹈学校</h1></div>
    <div id="menu" align="right">
      <asp:ContentPlaceHolder id="menuContent" runat="server">
          <a href="Default.aspx">首页</a> <a href="link.aspx">友情链接</a> <a href="About.aspx">关
于本网站</a>
      </asp:ContentPlaceHolder>
    </div>
    <div id="main">
      <asp:ContentPlaceHolder ID="mainContent" runat="server">
      </asp:ContentPlaceHolder>
    </div>
    <div id="footer" align="center" style="color:Gray">版权所有(C)金百合舞蹈学校 2014.01.30</div>
  </div>
</form>
```

(6) 现在已经创建了母版页，所以可以先保存并关闭母版页。该母版页的设计视图效果如图 4-22 所示。

在下一小节，将会看到如何将该母版页面作为内容页的模板使用。

图 4-22　母版页设计效果

2. 母版页详解

前面已经创建了带有主内容占位符的母版页。切换到母版页的源视图，可发现页面的页头 head 部分也有一个 Content PlaceHolder。

```
<head runat="server">
  <title></title>
  <asp:ContentPlaceHolder id="head" runat="server">
  </asp:ContentPlaceHolder>
</head>
```

每当创建一个新的母版页时都会自动添加此占位符。在内容页中可以用它来添加页面特有的位于页面的<head>标记之间的内容，比如 CSS(包括内嵌样式表和外部样式表)和 JavaScript。

母版页中名为 menuContent 的 ContentPlaceHolder 包含 3 个超链接，这是可以作为内容页的默认新项，当基于该母版页新建页面时，内容页即可以重写这部分内容，也可以不重写。

3. 嵌套母版页

母版页也可以嵌套。嵌套母版页是基于另一个母版页的母版页。内容页面则可以基于嵌套母版页。如果有一个目标为不同区域仍然需要共享相同外观的 Web 站点，采用嵌套母版页就比较有用。例如，有一个公司网站，分为各个部门。外部母版页定义站点的全局外观，包括公司 Logo 和其他品牌元素等。然后不同的部门又可以创建自己的嵌套母版页，这样各部门就能向它们在站点的部分中加上自己的身份标识。

嵌套母版页的创建很简单，当添加母版页时选中"选择母版页"复选框即可，就像后面介绍的添加内容页一样，然后在内容页中要重写的位置将<asp:ContentPlaceHolder>控件添加到<asp:Content>控件中即可。

④.5.3　创建内容页

母版页如果没有内容页来使用它，就没有用处。通常仅有少量几个母版页，却可以有很多内容页。为了将一个内容页基于一个母版页，可以在添加新网页到站点时，选中【添加新项】对话框底部的【选择母版页】复选框；也可以直接在页面上设置 MasterPageFile 属性。

内容页中只能含有映射到母版页中的<asp:ContentPlaceHolder>控件的<asp:Content>控件。而这些控件又可以包含标准标记，比如 HTML 和服务器控件声明。因为内容页中的整个标记需要用<asp:Content>标记括起来，所以不太容易将现有 ASPX 页面转换为内容页。通常是将要保留的内容复制到剪贴板上，删除原页面，然后基于母版页添加新页面。添加了该页面后，再把剪贴板上的内容粘贴到<asp:Content>标记内。

【例 4-9】基于【例 4-8】创建的母版页创建内容页。

(1) 启动 VS 2012，打开网站【例 4-8】。

(2) 通过【添加新项】对话框添加 3 个新页面: Defualt.aspx、link.aspx、About.aspx。添加上述 3 个页面时，需要选中【添加新项】对话框中的【选择母版页】复选框，如图 4-23 所示，并在弹出的【选择母版页】对话框中选择【例 4-8】中创建的母版页 MasterPage.master，如图 4-24 所示。

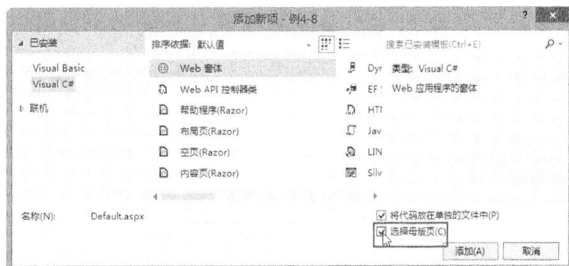

图 4-23　基于母版页创建 Web 窗体

(3) 基于母版页新建的网页初始代码如下所示:

```
<%@ Page Title="" Language="C#" MasterPageFile="~/MasterPage.master" AutoEventWireup="true"
CodeFile="Default.aspx.cs" Inherits="_Default" %>

    <asp:Content ID="Content1" ContentPlaceHolderID="head" Runat="Server">
```

```
</asp:Content>
<asp:Content ID="Content2" ContentPlaceHolderID="menuContent" Runat="Server">
</asp:Content>
<asp:Content ID="Content3" ContentPlaceHolderID="mainContent" Runat="Server">
</asp:Content>
```

(4) 指向 ContentPlaceHolder 的 Content 控件的 ContentPlaceHolderID 属性是在母版页中定义的。ContentPlaceHolderID 为 head 的占位符就是用来添加页面特有的位于<head>标记之间的内容的，本例中对此占位符不做任何修改，只设置菜单内容和主内容区域。

(5) 切换到 Default.aspx 页面的设计视图，单击 menuContent 控件右侧的小三角按钮，打开【Content 任务】面板，选择【默认为母版页的内容】选项，此时将弹出【确认】对话框，提示用户如果使用母版页的内容将从网页中删除此区域中的所有内容，单击【是】按钮，如图 4-25 所示。

图 4-24　选择母版页　　　　图 4-25　【确认】对话框

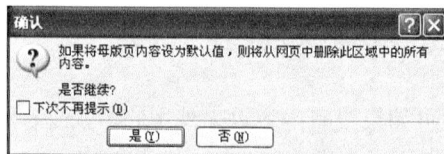

知识点

将默认值设置为母版页的内容之后，还可以通过【Content 任务】面板中的【创建自定义内容】选项来再次创建自己的内容。

(6) 分别在3个页面的mainContent区域添加不同的内容以区分不同的页面。

(7) 编译并运行程序，当在浏览器中请求基于母版页的页面时，服务器会阅读内容页与母版页，将两者合并，然后将最终结果发送给浏览器，效果如图 4-26 所示。

图 4-26　页面运行效果

4.6　上机练习

本章的上机练习主要学习在内容页中访问母版页的成员。从而实现母版页与内容页的信息交换。在内容页中可以通过编程方式访问母版页中的成员，包括母版页上的任何公共属性或方法以及任何控件。要实现内容页对母版页中定义的属性或方法进行访问，则该属性或方法必须声明为公共成员(public)。

(1) 启动 VS 2012，新建空网站【上机练习 4】。

(2) 添加母版页 myMasterPage.master，母版页的内容设置与【例 4-8】系统。

(3) 在【解决方案资源管理器】中右击 myMasterPage.master，从弹出的快捷菜单中选择【查看代码】命令，打开其后台代码文件 myMasterPage.master.cs。

(4) 在类定义中创建名为 strName 的属性，并在视图状态中存储该属性的值。添加的代码如下：

```
public string strName
    {
        get{return (string)ViewState["myName"];}
        set { ViewState["myName"] = value; }
    }
```

(5) 添加页面的 Init 事件处理程序代码如下：

```
void Page_Init(Object sender, EventArgs e)
{
    if (!Page.IsPostBack)
    {
        this.strName = "赵艳铎";
    }
}
```

(6) 基于该母版页创建内容页 Default.aspx，并切换到该页面的源视图。在页面顶部的@ Page 指令下面添加@ MasterType 指令：

```
<%@ MasterType virtualpath="~/myMaster.master" %>
```

知识点

　　该指令的作用是将内容页的 Master 属性绑定到 myMaster.master 页。

(7) 切换到该页的设计视图，设置 menuContent 区域【默认为母版页的内容】。在 mainContent 区域中添加一个 Label 控件、一个 TextBox 控件和一个 Button 控件，设置 Button 控件的 Text 属性为"提交"。

(8) 在 Default.aspx 页面的 PreRender 事件处理程序中添加如下代码：

```
protected void Page_PreRender(object sender, EventArgs e)
{
    Label1.Text = "这是获取到母版页中的变量值：" + Master.strName;
}
```

知识点

　　这里选择 PreRender 事件而不是 Load 事件，是因为 Load 事件在按钮的 Click 事件之前执行，而 PreRender 事件则在 Click 事件之后执行，这样每次修改母版页中变量的值，单击【提交】按钮后，页面都会自动显示变量的最新值。

(9) 为按钮控件添加单击事件处理程序，代码如下：

```
protected void Button1_Click(object sender, EventArgs e)
{
    if (TextBox1.Text != "")
    {
        Master.strName = TextBox1.Text;
    }
    else
    {
        string info = "alert(\"请输入新的变量值！\"); ";
        Page.ClientScript.RegisterClientScriptBlock(this.GetType(), "warning", info, true);
    }
}
```

(10) 编译并运行程序，在默认浏览器中打开 Defalt.aspx 页，显示效果如图 4-27 所示。

(11) 在文本框中输入新的变量值，然后单击【提交】按钮，效果如图 4-28 所示。

图 4-27　获取母版页中的变量

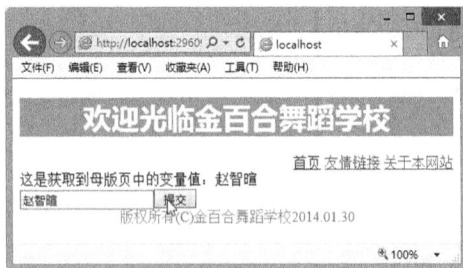

图 4-28　修改母版页中变量的值

④.7　习题

1. 什么是级联式样式？

2. VS 提供了哪些使用 CSS 的便利工具？

3. 在下面两个规则中，哪个规则比较容易在 Web 站点中跨页面重用？请解释原因。

```
#MainContent
{
   border: 1px solid blue;
}
.BoxWithBorders
{
   border: 1px solid blue;
}
```

4. 解释设置页面的 Theme 属性与 StyleSheetTheme 属性之间的区别。

5. 如何将内容页中的 Content 控件与母版页中的 ContentPlaceHolder 关联起来？

6. 如何禁用主题？

7. 创建一个 CSS 规则，将站点中所有的一级标题(h1)的外观设置为：

⊙　字体使用 Arial，并且加粗；

⊙　颜色为红色；

⊙　字体大小为 18 像素；

⊙　上边框和左边框为蓝色细边。

8. 什么是并列选择符？

9. 设想用下面的外观定义创建了一个应用到站点中所有按钮的外观：

```
<asp:Button runat="server" CssClass="MyButton" />
```

该 CSS 类 MyButton 设置按钮的背景色为黑色，前景色为白色。为了使页面中的一个特定按钮引人注目，决定给它设置一个红色背景。有哪些方法可以控制这个按钮的外观？

10. 指出设置页面 Theme 属性的 3 种不同方式，并解释这些方式之间的区别。

第5章

访问和操作数据库

学习目标

ASP.NET 应用程序的数据访问是通过 ADO.NET 进行的，ADO.NET 可以使 Web 应用程序能够从各种数据源中快速访问数据。本章首先介绍数据库的基本知识并在 SQL Server 中新建数据库，接着介绍 ADO.NET 访问数据库的方法，最后介绍了 ASP.NET 提供的数据绑定技术和数据控件的使用。通过本章的学习，读者应能够掌握如何访问和操作数据源，以及数据信息的显示与更新。

本章重点

- ⊙ 在 SQL Server 中创建数据库
- ⊙ 了解 ADO.NET 的基本知识
- ⊙ 掌握 ADO.NET 访问数据库的方法
- ⊙ 掌握单值和列表控件的数据绑定
- ⊙ 理解数据源控件的工作原理
- ⊙ 掌握 GridView 控件的使用方法和技巧
- ⊙ 学会设计主-从页面显示数据库信息

5.1 数据库基础

数据库是非常有用的，因为它允许通过结构化的方式来存储和检索数据。数据库最大的好处是能够在运行时被访问，这就意味着在 VS 中，将不再局限于在设计时所创建的静态文件。

5.1.1 数据库概述

简单来说，数据库就是以易于访问、管理和更新的形式排列的数据的集合。例如，日常生活中，人们用笔记本记录亲戚和朋友的联系方式，将他们的姓名、地址、电话等信息都记录下来。这个"通讯录"就是一个最简单的"数据库"，每个人的姓名、地址、电话等信息就是这个数据库中的"数据"。在计算机领域，数据库是指长期存储在计算机内的、有组织的、可共享的、统一管理的相关数据的集合。

最为流行的一种数据库是关系数据库(Relational Database)。这种数据库常用于 Web 站点中，也将用于本书后续部分。不过，关系数据库并不是唯一的数据库类型，还有其他类型的数据库，包括平面文件数据库、对象关系数据库和面向对象数据库，但这些数据库在 Internet 应用程序中不常见。

关系数据库中有表(table)的概念，其中数据以行和列的形式存储，如同电子表格一样。表中的每行包含存储于其中的记录项的完整信息，而每列包含表中记录项的特定属性的信息。

"关系"指的是数据库中不同表相互关联的方式。它不是将相同的数据一遍遍地复制，而是在其自己的表中存储重复的数据，然后从其他表中创建与该数据的关系。

在 ASP.NET 项目中可以使用多种不同类型的数据库，包括 Microsoft Access、SQL Server、Oracle 和 MySQL。不过，在 ASP.NET 4.5 Web 站点中最常用的数据库是 Microsoft 的 SQL Server。本书主要使用 Microsoft SQL Server 2008 Express Edition，因为它是随 VS 免费提供的，有着许多创新性的功能。而且，由于其数据库引擎与 SQL Server 2008 商业版的相同，因而可以在开发周期的后续阶段轻松地升级或迁移到商业版本。

5.1.2　新建数据库和表

要使用数据库，首先就要创建数据库和表。本节将介绍如何新建 SQL Server 数据库，并在数据库中新建数据表和表之间的关系。本书后面的章节将主要使用该数据库。

1. 新建 SQL Server 数据库

【例 5-1】在 VS 的【服务器资源管理器】窗口中连接到 SQL Server 服务器，并新建数据库 WeiBo。

(1) 启动 VS 2012，首先，选择【视图】|【服务器资源管理器】命令，打开【服务器资源管理器】窗口。

(2) 在【服务器资源管理器】窗口中右击【数据连接】，从弹出的快捷菜单中选择【创建新 SQL Server 数据库】命令，如图 5-1 所示。

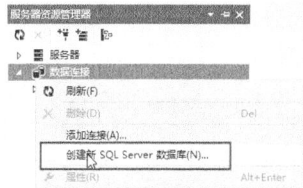

(3) 此时将打开【创建新的 SQL Server 数据库】对话框，如图 5-2 所示。

图 5-1　【服务器资源管理器】窗口

图 5-2　【创建新的 SQL Server 数据库】对话框

(4) 在【服务器名】下拉列表中选择或者输入 SQL Server 数据库服务器名称，通常为"[机器名]\[数据实例名]"的格式，然后选择登录到服务器的方式，最后在【新数据库名称】文本框中输入新建数据库的名称 WeiBo。

(5) 单击【确定】按钮，便创建了一个空数据库 WeiBo，此时可以在【服务器资源管理器】窗口中看到连接到 WeiBo 的数据连接，如图 5-3 所示。

知识点

如果要连接到已有的数据库，则可以右击【数据连接】，从弹出的快捷菜单中选择【添加连接】命令，在打开的【添加连接】对话框中进行操作即可，如图 5-4 所示。

图 5-3 新建数据库后的【服务器 资源管理器】窗口

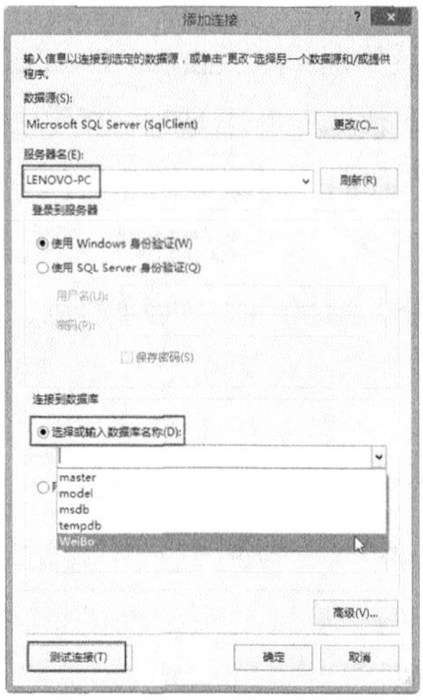

图 5-4 【添加连接】对话框

有了与数据库连接，就可以处理该数据库中的对象了。使用 VS 内置数据库工具，创建和操纵 SQL Server 2008 数据库表很容易，接下来就介绍如何在数据库中创建自己的表。

2. SQL Server 中的数据类型

与 Visual Basic .NET 和 C#这样的编程语言一样，SQL Server 数据库也使用不同的数据类型来存储数据。SQL Server 2008 支持 30 多种不同的数据类型，大部分与.NET 中使用的类型类似。如表 5-1 所示列出了最常用的 SQL Server 数据类型及其说明。

表 5-1 最常用的 SQL Server 数据类型

SQL Server 2008 数据类型	描 述	对应的.NET 数据类型
bit	以 0/1 格式存储布尔值(1 表示 True，0 表示 False)	System.Boolean
char / nchar	包含固定长度的文本。如果存储的文本短于定义的长度，就用空格填充。nchar 以 Unicode 格式存储数据，允许存储用各种语言编写的数据	System.String
datetime	存储日期和时间	System.DateTime
datetime2	与 datatime 类型相似，但具有更高的精度和范围	System.DateTime
date	存储日期，没有时间元素	System.DateTime
time	存储时间，没有日期元素	System.TimeSpan
decimal	允许存储较大的小数	System.Decimal

(续表)

SQL Server 2008 数据类型	描　述	对应的.NET 数据类型
float	允许存储较大的小数	System.Double
image	允许存储大的二进制对象，如文件。尽管其名称暗示了只可用它存储图像，但事实并非如此。可用它存储任何类型的文档或其他二进制对象	System.Byte[]
tinyint	用于存储 0~255 之间的整数	System.Byte
smallint	用于存储 - 32 768~32 767 之间的整数	System.Int16
int	用于存储 - 2 147 483 648~2 147 483 647 之间的整数	System.Int32
bigint	用于存储 - 9 223 372 036 854 775 808~9 223 372 036 854 775 807 之间的较大整数	System Int64
text / ntext	用于存储较多的文本	System.String
varchar / nvarchar	用于存储变长的文本。nvarchar 以 Unicode 格式存储数据，这样就可以存储用各种语言编写的数据	System.String
uniqueidentifier	存储全局唯一标识符	System.Guid

其中的一些数据类型允许指定最大长度。在定义 char、nchar、varchar 或 nvarchar 类型的列时，需要指定字符长度。例如，nvarchar(10)最多可存储 10 个字符。从 SQL Server 2005 开始，到 SQL Server 2008 之前的 SQL Server 版本，这些数据类型都允许指定 MAX 为最大值。通过 MAX 说明符，可以在单个列中最多存储2GB数据。对于大段的文本，例如评论主体部分，应该考虑使用nvarchar(max)数据类型。如果清楚某列(像邮政编码或手机号)的最大长度或想显式限制其长度，则可以指定这一长度。例如，评论的标题应存储于 nvarchar(200)的列中，限制最大字符数为 200。

3. 主键和标识列

主键是为了唯一标识表中记录的一个或多个列。如果将一列标识为主键，那么数据库引擎就可以确保最终不会出现具有相同值的两个记录。主键可以由单个列(例如，包含了表中每条记录的唯一数值的数字列)组成，也可以由多个列组成，这些列组合起来构成整条记录的唯一 ID。

SQL Server 也支持标识列。标识列是一个数字列，其值是在插入新记录时自动生成的。它们通常用作表的主键。

> **知识点**
> 主键不是必须的，但设置了主键可以使数据库编程人员的工作变得简单，因此建议还是为表添加主键。

4. 创建表

前面已经创建了数据库 WeiBo，该数据库设计为一个简易微博系统的后台数据库。微博是随着 Web 2.0 而兴起的一类开放的互联网社交服务，因其具有简单易用、门槛低、传播即时等特点而迅速吸引了众多互联网爱好者。它允许用户以简短文字随时随地更新自己的状态，每条信息的长度都在 140 字以内，每个用户是微内容的创造者也是微内容的传播者和分享者。

【例 5-2】设计 WeiBo 数据库中的表，并使用 VS 的内置数据库工具创建这些表。

(1) 在【服务器资源管理器】窗口中，展开【数据连接】，然后继续展开例 5-1 中创建的数据库 WeiBo。

(2) 右击下面的【表】节点，从弹出的快捷菜单中选择【添加新表】命令，将打开表的【设计】窗口，如图 5-5 所示。在此窗口中，可以输入构成表定义的列名和数据类型,窗口的下半部分是创建表的 SQL 语句。

(3) 首先来设计用户信息表 W_USER。该表主要是存储用户的相关信息，具体字段信息如表 5-2 所示。

表 5-2　W_USER 表字段信息

字段名称	数据类型	描述
userId	int	用户编号，主键，标识列
username	nvarchar(30)	用户名，非空
userLogin	nvarchar(30)	登录名，非空
userPassword	nvarchar(40)	登录密码，非空
userSex	varchar(2)	性别，只能为"男"或"女"，非空
userPhoto	Image	用户头像，可空
userEmail	varchar(32)	用户邮箱，Email，可空
registTime	datetime	注册时间，非空
userAddress	nvarchar(64)	用户地址，可空
userBirthday	datetime	出生日期，可空
userTelephone	varchar(16)	手机号码，可空
homeUrl	varchar(20)	微博地址，非空，其他用户访问时所用的 URL
userInfo	nvarchar(64)	自我介绍，可空

(4) 输入字段名称 userId，并选择数据类型后，取消选中【允许为 null】列的复选框，即设置该列非空。接着，在该列上单击鼠标右键，从弹出的快捷菜单中选择【设置主键】命令，如图 5-6 所示，即可将该列设置为主键。

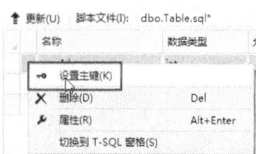

图 5-5　表的【设计】窗口　　　　图 5-6　【表设计器】工具栏

(5) 选中 userId 列，在【属性】面板中可以设置该列更多的属性，展开【属性】面板中的【标识规范】选项，将【(是标识)】选项设置为 True，如图 5-7 所示，将该列设置为标识列。

图 5-7　设置【标识规范】属性

知识点

默认情况下，标识列的第一条记录的值为 1，后续记录依次加 1。可以通过【标识规范】选项中的【标识增量】和【标识种子】属性进行设置，来改变列的默认行为。

(6) 按表 5-2 所示设置完其他字段信息后，【设计】窗口下方将生成相应的 SQL 语句，修改该语句中的表名为 W_USER，如图 5-8 所示。然后单击窗口左上角的【更新】按钮，将弹出【预览数据库更新】对话框，显示执行此更新的信息，如图 5-9 所示，单击【更新数据库】按钮即可完成 W_USER 表的创建。

图 5-8　修改表名并执行更新

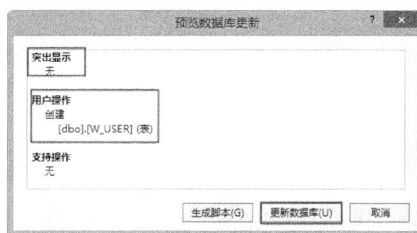

图 5-9　【预览数据库更新】对话框

(7) 用同样的方法设计并创建信息表 W_MESSAGE，该表存储用户发表的微博信息，具体字段信息如表 5-3 所示。

表 5-3　W_MESSAGE 表字段信息

字段名称	数据类型	描述
msgId	int	信息编号，主键，标识列
userId	int	用户编号，非空
msgContent	nvarchar(140)	信息内容，非空
praiseCount	int	被赞次数，非空
replyCount	int	评论次数，非空
replyCount	int	评论次数，非空
postTime	datetime	发表时间，非空

计算机基础与实训教材系列

(8) 信息评论表 W_REPLY 用于存储其他用户评论某条信息的记录，具体字段信息如表 5-4 所示。

表 5-4　W_REPLY 表字段信息

字段名称	数据类型	描述
replyId	int	评论编号，主键，标识列
msgId	int	信息编号，非空
replyUserId	int	评论用户编号，非空
replyContent	nvarchar(140)	评论内容，可空
replyTime	datetime	评论时间，非空

知识点

也可以给上述表中的时间类型的字段列指定默认值。默认值是在插入数据时，如果没指定该列的数据，数据库会自动插入默认值。对于上述时间类型的列，可以设置默认值为 getdate()，它会自动插入当前日期和时间。

(9) 不同用户之间可以收听，所以还需要一个关注用户表 W_USER_FUN，具体的字段信息如表 5-5 所示。

表 5-5　W_USER_FUN 表字段信息

字段名称	数据类型	描述
funId	int	收听用户关系编号，主键，标识列
userId	int	用户编号，非空
funUserId	int	收听用户编号，非空

提示

一旦创建好表，如果要对其进行修改，如增加字段或修改某个字段的数据类型等，可以右击表名，从弹出的快捷菜单中选择【打开表定义】命令，打开表的设计视图进行修改。

5. 添加或删除表中的数据

如果在两个表之间创建了关系，那么在试图插入、修改或删除数据时，数据库将强制这一关系。这里通过 VS 内置的数据库工具向表中插入数据，然后进行删除操作，验证表间关系的约束。后面的章节将会介绍如何在 Web 站点上处理这种情况，以及如何向用户显示友好的错误提示。

【例 5-3】通过 VS 内置的数据库工具，向表中插入一些数据，或者修改和删除表中已有的数据。

(1) 在【服务器资源管理器】窗口中，右击 W_USER 表，从弹出的快捷菜单中选择【显示表数据】命令，打开表的数据视图。

(2) 在除 userId 之外的其他非空字段中分别输入一些用户信息，然后按 Tab 键离开当前行，则该行数据就被插入到数据库中了，并且 userId 列会自动用一个唯一的序号填充。最终得到的列表如图 5-10 所示。

userId	userName	userLogin	userPassword	userSex	userP...	userEmail	registTime	userAddress	userBi...	userTelep...	homeUrl
2	赵智疆	zzx	mypass	女	NULL	zzx@163.com	2014/2/8 19:0...	河北沧州	NULL	NULL	zzx	/
3	赵艳择	zyd	pass	男	NULL	zyd@asiainfo-linkage.com	2014/2/8 19:0...	北京海淀	NULL	NULL	zyd	/
4	奕莉莉	lll	sha	女	NULL	luanpeng2@sina.com	2014/2/8 19:0...	北京西城	NULL	NULL	lll	/

图 5-10　向 W_USER 表中插入记录

(3) 用同样的方法可以向其他表中插入记录。如果要修改已有的记录，执行在数据视图中直接修改相应字段的值即可。

(4) 如果要删除某条记录，可以在该行最前面的单元格处右击鼠标，从弹出的快捷菜单中选择【删除】命令即可，如图 5-11 所示。删除之前，会弹出对话框询问用户是否确认删除，如图 5-12 所示。

图 5-11　删除记录行　　图 5-12　删除确认对话框

提示

对数据库中表的操作也可以通过 SQL 语句来完成。SQL(Structured Query Language，结构化查询语言)是用于查询关系数据库的实际语言，本书不对其做专门介绍，感兴趣的读者可参考相关书籍。

5.2　使用 ADO.NET

ADO.NET 是.NET Framework 提供的数据访问的类库，ADO.NET 对 Microsoft SQL Server、Oracle 和 XML 等数据源提供一致的访问。应用程序可以使用 ADO.NET 连接到这些数据源，并检索和更新所包含的数据。

5.2.1　ADO.NET 概述

ADO.NET 作为重要的.NET 数据库应用程序的解决方案，更多地显示了涵盖全面的设计，而不仅仅是单纯地以数据库为中心，如图 5-13 所示为 ADO.NET 的架构。

在 ADO.NET 中，访问 ADO.NET 中的数据源是由托管提供程序所控制，ADO.NET 架构中的两个主要组件是 Data Provider(数据提供者)和 DataSet(数据集)。相应地可以把 ADO.NET 的基本类分为数据提供者对象和数据集对象。提供者对象可用于每一种类型的数据源；专用于提供者的对象完成数据源中实际的读取和写入工作；而数据集对象则是将数据读入到内存中，用来访问和操纵数据。如图 5-14 所示为这些对象之间的关系。

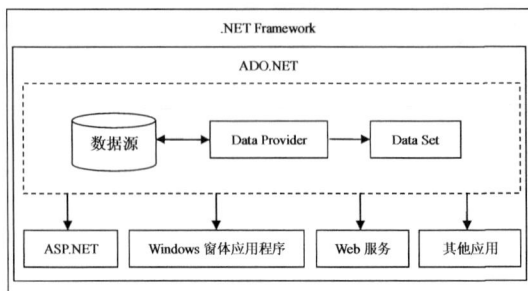

图 5-13　ADO.NET 架构　　　　图 5-14　ADO.NET 对象之间的关系

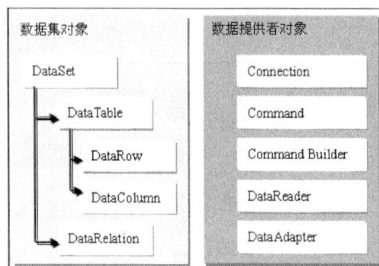

提供者对象需要一个活动的连接，可以使用它们先从数据库中读取数据，然后根据需要，通过数据集对象使用内存中的数据，也可以使用提供者对象更新数据源中的数据。数据集对象以非连接方式使用，甚至在数据库连接关闭之后，还可以使用内存中的数据。

5.2.2　提供者对象

Data Provider 提供了 DataSet 和数据中心(如 MS SQL Server)之间的联系，同时也包含了存取数据中心(数据库)的一系列接口。通过数据提供者所提供的应用程序编程接口(API)，可以轻松地访问各种数据源的数据，包括 OLE DB 和 ODBC 所支持的数据库。

Data Provider 主要有以下 3 功能：

(1) 连接对象 Connection、命令对象 Command、参数对象 Parameter 提供了数据源和 DataSet 之间的接口。

(2) 数据流提供了高性能的、前向的数据存取机制。通过 DataReader 可以轻松而高效地访问数据流，而 DataAdapter 可以用数据源填充 DataSet 并解析更新。

(3) 更底层的对象允许连接到数据库，然后执行数据库系统级的特定命令。

在 ADO.NET 中，连接数据源有 4 种接口：SQLClient、OracleClient、ODBC、OLEDB。其中 SQLClient 是 Microsoft SQL Server 数据库专用连接接口；OracleClient 是 Oracle 数据库专用的连接接口；ODBC 和 OLEDB 可用于其他数据源的连接。在应用程序中使用任何一种连接接口时，必须在后台代码中引用对应的命名空间，类的名称也随之发生变化，如表 5-6 所示。

表 5-6　数据连接方式命名空间与对应的类名称

名称空间	对应的类名称
System.Data.SqlClient	SqlConnection、SqlCommand、SqlDataReader、SqlDataAdapter

(续表)

名称空间	对应的类名称
System.Data.Odbc	OdbcConnection、OdbcCommand、OdbcDataReader、OdbcDataAdapter
System.Data.OleDb	OleDbConnection、OleDbCommand、OleDbDataReader、OleDbDataAdapter
System.Data.OracleClientt	OracleConnection、OracleCommand、OracleDataReader、OracleDataAdapter

1. 连接对象

连接对象是使用 ADO.NET 访问数据库的第一个对象，它提供了到数据源的基本连接。如果使用的数据库需要用户名和密码，或者是位于远程网络服务器上，则连接对象可以提供建立连接并登录的细节。根据数据源的不同，连接对象有 4 种：SqlConnection、OleDbConnection、OdbcConnection 和 OracleConnection。

连接对象的常用属性和方法如表 5-7 所示。

表 5-7　连接对象的常用属性和方法

属性或方法	描　　述
ConnectionString	该属性用来指定连接的数据源，需要使用很多参数：如 Data Source 指明数据源；Initial Catalog 指明数据库；Integrated Security 指明集成安全；User ID 和 Password 分别用于指明登录帐户和密码等
ConnectionTimeout	该属性用于获取在尝试建立连接时终止尝试并生成错误之前所等待的时间，单位为秒，默认值为 15
Database	该属性返回当前数据库的名称或连接打开后要使用的数据库名称，默认为空字符串
DataSource	获取要连接的数据源实例的名称
Open	该方法用于打开由 ConnectionString 属性指定的数据源连接
Close	该方法用于断开由 ConnectionString 属性指定的数据源连接

2. 命令对象

命令对象用于向数据源发出命令。命令对象可直接执行 SQL 语句或存储过程，其 CommandText 属性就是要执行的 SQL 语句，如 "SELECT * FROM Customers"。对于不同的提供者，该对象的名称也略有不同。例如，用于 SQL Server 的命令对象为 SqlCommand，用于 ODBC 的为 OdbcCommand，用于 OLE DB 的命令对象为 OleDbCommand，用于 Oracle 的命令对象为 OracleCommand。

Command 对象的常用属性和方法如表 5-8 所示。

表 5-8　Command 对象的常用属性和方法

属性或方法	描　　述
CommandText	获取或设置要对数据源执行的 SQL 语句或存储过程

(续表)

属性或方法	描　　述
CommandTimeout	获取或设置在终止执行命令的尝试并生成错误之前的等待时间，以秒为单位，默认值为 30
CommandType	获取或设置 CommandText 的类型，其值为 System.Data.CommandType 值之一，默认为 Text
Connection	获取或设置 Command 实例使用的 Connection 对象
ExcuteNonQuery	该方法对连接的数据库执行 SQL 语句并返回影响的行数，返回值为受影响的行数
ExcuteReader	将 CommandText 发送到 Connection 并生成一个 DataReader，返回值为一个 DataReader 对象
ExcuteScalar	执行查询并返回查询所返回的结果集中的第一行第一列，忽略其他行或列
ExcuteXmlReader	将 CommandText 发送到 Connection 并生成一个 System.Xml.XmlReader 对象，返回值为该 XmlReader 对象
ResetCommandTimeout	将 CommandTimeout 属性重置为默认值

3. CommandBuilder 对象

CommandBuilder 对象用于构建 SQL 命令，在基于单一表查询的对象中进行数据修改。对于不同的提供者，该对象的名称分别为：用于 SQL Server 的 SqlCommandBuilder，用于 ODBC 的 OdbcCommandBuilder，用于 OLE DB 的 OleDbCommandBuilder 和用于 Oracle 的 OracleCommandBuilder。CommandBuilder 对象的常用属性和方法如表 5-9 所示。

表 5-9　CommandBuilder 对象的常用属性和方法

属性或方法	描　　述
DataAdapter	获取或设置自动为其生成 SQL 语句的一个 DataAdapter 对象
GetUpdateCommand	获取自动生成的、对数据库执行更新操作所需的 Command 对象
GetDeleteCommand	获取自动生成的、对数据库执行删除操作所需的 Command 对象
GetInsertComman	获取自动生成的、对数据库执行插入操作所需的 Command 对象

4. DataReader 对象

DataReader 对象用于从数据源中读取仅能前向和只读的数据流。对于简单的数据读取来说，此对象的性能最好。对于不同的提供者，该对象的名称分别为：用于 SQL Server 的 SqlDataReader，用于 ODBC 的 OdbcDataReader、用于 OLE DB 的 OleDbDataReader 和用于 Oracle 的 OracleDataReader。

DataReader 对象的常用属性和方法如表 5-10 所示。

表 5-10　DataReader 对象的常用属性和方法

属性或方法	描　　述
FieldCount	获取当前行中的列数

（续表）

属性或方法	描　　述
RecordsAffected	被更改、插入或删除的行数
IsClosed	指示是否可关闭数据读取器
Close	关闭 DataReader 对象
GetName	获取指定列的名称
Read	使 DataReader 前进到下一条记录，如果存在多个行则返回 true，否则返回 false
NextResult	当读取批处理 SQL 语句的结果时，使数据读取器前进到下一个结果，如果存在多个结果集则返回 true，否则返回 false
IsDBNull	获取一个值，指示列中是否包含不存在的或已丢失的值
GetOrdinal	在给定列名称的情况下获取列序号

5. DataAdapter 对象

DataAdapter(数据适配器)是 DataSet 和数据源之间的桥梁，可以执行针对数据源的各种操作，包括更新变动的数据，填充 DataSet 对象以及其他操作。对于不同的提供者，该对象的名称分别为：用于 SQL Server 的 SqlDataAdapter，用于 ODBC 的 OdbcDataAdapter、用于 OLE DB 的 OleDbAdapter 和用于 Oracle 的 OracleDataAdapter。

在创建 DataAdapter 对象时，可以直接指定 Connection 和 Command 对象。如果要定义后指定属性，主要包括：SelectCommand、InsertCommand、UpdateCommand 和 DeleteCommand。

DataAdapter 对象的常用方法主要有以下 3 个。

- ⊙ Fill：该方法用来执行 SelectCommand，用数据源的数据填充 DataSet 对象。
- ⊙ GetData：该方法新建一个数据集中 DataTable 并填充它。
- ⊙ Update：更新数据集中的某个 DataTable。

5.2.3　数据集对象

DataSet 即数据集，是 ADO.NET 的断开式结构的核心。它可以看作是内存中的数据库数据的副本，用于支持 ADO.NET 中的离线数据的访问。DataSet 对象表示了数据库中的完整的数据，包括表、限制以及表之间的关系。正是由于 DataSet 的存在，才使得编程人员在编写应用程序时可以不考虑各数据源之间的差异，从而使用统一的编程接口。

程序运行时，组件可以交换数据集。也就是说，一个组件可以将数据集传递给另一个组件。为了适应在组件间进行数据集交换，ADO.NET 使用了一个基于 XML 的保持和传递格式。ADO.NET 解决方案将内存中的数据(数据库)表示为一个 XML 文件，然后将这个 XML 文件发送给另一个组件。

用户可以使用 DataSet 对象对数据集中的内容进行处理。DataSet 对象允许使用与关系模型一致的方法对数据集的内容进行处理。例如，DataSet 对象有一个 DataTable 对象集合，每个 DataTable

对象都有行和列，并且与其他 DataTable 对象有关联。当一个组件将数据集传递给另一个组件时，接收组件将把接收到的数据集物化为一个 DataSet 对象。

数据集对象位于 System.Data 命名空间中，用于定义 ADO.NET 的断开的、客户端的对象，包括 DataSet、DataTable、DataRow、DataColumn 和 DataRelation 等。

1. DataSet 对象

DataSet 是数据集对象中的首要对象，此对象表示一组相关表，在应用程序中这些表作为一个单元来引用。例如，Student、Class 和 Score 是一个 DataSet 中的 3 张表，有了此对象，就可以快速地从每一个表中获取所需要的数据，当与服务器断开时检查并修改数据，然后在另一个操作中使用这些修改的数据更新服务器。

DataSet 允许访问低级对象，这些对象代表单独的表和关系。它们是 DataTable 对象和 DataRelation 对象。

DataSet 对象的常用方法如表 5-11 所示。

表 5-11　DataSet 对象的常用方法

方　　法	描　　述
AcceptChanges	提交自加载此 DataSet 或上次调用 AcceptChanges 以来对其进行的所有更改
BeginInit	开始初始化在窗体上使用或由另一个组件使用的 DataSet，初始化发生在运行时
EndInit	结束在窗体上使用或由另一个组件使用的 DataSet 的初始化
Clear	通过移除所有表中的所有行来清除任何数据的 DataSet
Clone	复制 DataSet 的结构，包括所有 DataTable 架构、关系和约束。不复制任何数据
Copy	复制 DataSet 的结构和数据，返回新的 DataSet，具有与该 DataSet 相同的结构和数据
Merge	将指定的 DataSet 及其架构合并到当前 DataSet 中
GetChanges	获取 DataSet 的副本，该副本包含自加载以来或上次调用 AcceptChanges 方法以来所有的更改，可以对该副本执行操作

2. DataTable 对象

该对象代表 DataSet 中的一个表。例如，W_USER。

DataTable 对象的 Rows 和 Columns 分别是 DataRow 和 DataColumn 对象，可用于访问 DataTable 表中的行和列。

- DataColumn 对象：代表表中的一列，如 userName 或 userLogin。
- DataRow 对象：代表来自表的关联数据的一行，如 W_USER 表中的 userId、userName 和 userAddress 等。

3. DataRelation 对象

该对象代表通过共享列而发生关系的两个表之间的关系，例如，W_MESSAGE 表中的 userId 列标识发表信息的用户。于是可以创建 DataRelation 对象，通过共享列 userId 建立 W_USER 和

W_MESSAGE 表之间的关系。

⑤.2.4　使用 ADO.NET 访问数据库

ASP.NET 访问数据库的程序开发流程有以下 4 个步骤：

(1) 利用 Connection 对象创建数据连接。

(2) 利用 Command 对象数据源执行 SQL 命令。

(3) 利用 DataReader 对象读取数据源的数据。

(4) DataSet 对象与 DataAdapter 对象配合，完成数据的查询和更新操作。

1. 注册微博新用户

【例 5-4】访问 5.1 节创建的 WeiBo 数据库，创建注册微博新用户功能的页面。

注册新用户就是向 W_USER 表中添加一条新记录，在添加记录之前需要判断是否已经存在相同的登录名用户，并且要求用户设置的登录名 userLogin 和个人微博地址 homeUrl 唯一。

(1) 启动 VS 2012，新建空网站【例 5-4】。

(2) 通过【添加新项】对话框添加一个名为 Register.aspx 的页面。

(3) 使用表格布局，插入一个 11 行 3 列的表格，合并表格第 1 行的 3 个单元格，后面的第 1 列输入文本信息，第 2 列添加相应的控件，第 3 列添加验证控件，最后一行添加 2 个按钮控件，用来提交和取消输入。最终的页面布局如图 5-15 所示。

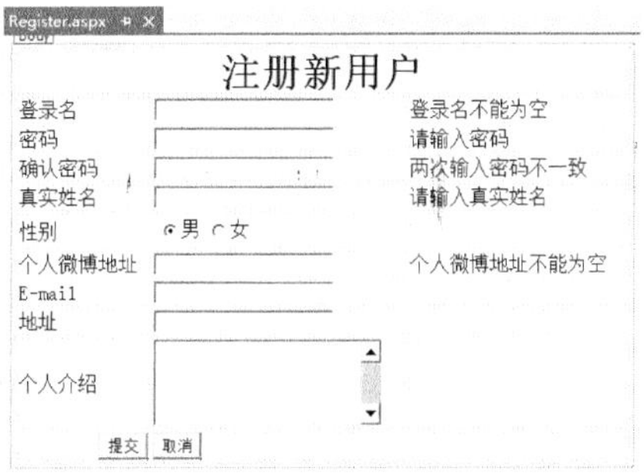

图 5-15　注册页面的布局

提示

这是一个快速注册页面，只选取了 W_USER 表中的非空项和部分可空字段要求用户输入，其他信息可以在用户注册并成功登录后，通过完善个人资料和上传头像等功能页面实现。

(4) 打开页面的后台代码文件 Register.aspx.cs，由于要访问数据库，所以在后台代码文件中需要引入相应的命名空间：

```
using System.Data.SqlClient;
using System.Data;
```

(5) 创建连接对象时，需要设置连接字符串属性 ConnectionString，通常将该连接串配置在 web.config 配置文件中，打开该文件，添加如下配置信息：

```
<connectionStrings>
```

```
        <add name="WeiBoConnectionString" connectionString="Data Source=.\sqlexpress;Initial
Catalog=WeiBo;Integrated Security=True"
                providerName="System.Data.SqlClient" />
    </connectionStrings>
```

(6) 因为要使用验证控件，所以在 Web.config 文件的 <appSettings>节点中添加设置不使用 UnobtrusiveValidationMode。代码如下：

```
<appSettings>
        <add key="ValidationSettings:UnobtrusiveValidationMode" value="None" />
</appSettings>
```

(7) 在第 2 章已经介绍过读取 web.config 文件中的配置项，因此需要先添加 using 语句引入 System.Web.Configuration 命名空间。

(8) 接下来，添加一个私有方法，验证登录名和个人微博地址是否已经被使用，该方法有两个参数，第一个参数是要验证的字段值，第二个参数是验证类别，该参数有个默认值 LOGIN。如果不指定该参数则进行登录名验证，如果该参数为 URL，则进行个人微博地址验证。代码如下：

```
    private bool doCheck(string condValue,string type="LOGIN")
        {
            bool ret = true;
            string strConn =
WebConfigurationManager.ConnectionStrings["WeiBoConnectionString"].ConnectionString;
            SqlConnection con = new SqlConnection(strConn);
            con.Open();
            SqlCommand cmd = new SqlCommand("SELECT * FROM W_USER WHERE userLogin =
@cond_value", con);
            if(type.Equals("URL"))
                cmd.CommandText = "SELECT * FROM W_USER WHERE homeUrl = @cond_value";
            cmd.Parameters.AddWithValue("@cond_value", condValue);
            SqlDataReader reader = cmd.ExecuteReader();
            while (reader.Read())//如果有结果表明记录已存在
            {
                ret= false;
            }
            cmd = null;
            con.Close();
            con = null;
            return ret;
        }
```

(9) 为【提交】按钮添加单击事件处理程序，代码如下：

```
protected void ButtonSubmit_Click(object sender, EventArgs e)
    {
            if (!doCheck(TextBoxLogin.Text))
            {
    Page.ClientScript.RegisterClientScriptBlock(this.GetType(), "success", "alert(\"该登录名已存在\"); ", true);
                return;
            }
            if (!doCheck(TextBoxHomeUrl.Text,"URL"))
            {
                Page.ClientScript.RegisterClientScriptBlock(this.GetType(), "success", "alert(\"个人微博地址已
被使用\"); ", true);
                return;
            }
        string strConn = WebConfigurationManager.ConnectionStrings["WeiBoConnectionString"].ConnectionString;
        SqlConnection con = new SqlConnection(strConn);
        con.Open();
        SqlCommand cmd = new SqlCommand("INSERT INTO W_USER(userName," +
            "userLogin,userPassword,userSex,homeUrl,userEmail,userInfo," +
            "userAddress,registTime) values(@user_name,@user_login,@user_password," +
            "@user_sex,@home_url,@user_email,@user_info,@user_address,@regist_time)", con);
        cmd.Parameters.AddWithValue("@user_name", TextBoxName.Text);
        cmd.Parameters.AddWithValue("@user_login", TextBoxLogin.Text);
        SHA1CryptoServiceProvider sha1csp = new SHA1CryptoServiceProvider();
        byte[] src = System.Text.Encoding.UTF8.GetBytes(TextBoxPassword.Text);
        byte[] des = sha1csp.ComputeHash(src);//加密后的密码
        cmd.Parameters.AddWithValue("@user_password", Convert.ToBase64String(des));
        cmd.Parameters.AddWithValue("@user_sex", RadioButtonList1.SelectedValue);
        cmd.Parameters.AddWithValue("@home_url", TextBoxHomeUrl.Text);
        cmd.Parameters.AddWithValue("@user_email", TextBoxEmail.Text);
        cmd.Parameters.AddWithValue("@user_info", TextBoxInfo.Text);
        cmd.Parameters.AddWithValue("@user_address", TextBoxAddress.Text);
        cmd.Parameters.AddWithValue("@regist_time", DateTime.Now);
        int count = cmd.ExecuteNonQuery();
        if (count == 1)//如果为 1,表示插入一条记录
    Page.ClientScript.RegisterClientScriptBlock(this.GetType(), "success", "alert(\"恭喜你，注册成功\"); ", true);
        else
          Page.ClientScript.RegisterClientScriptBlock(this.GetType(), "success", "alert(\"注册失败\"); ", true);
        cmd = null;
        con.Close();
        con = null;
```

```
        Response.Redirect("Login.aspx");
    }
```

✔️ **知识点** --

上述代码中，在存储密码时使用了 SHA1 进行加密，需要使用 using 语句引入相应的命名空间 System.Security.Cryptography。

(10) 编译并运行程序，在浏览器中打开 Register.aspx，输入注册信息。如果必填项没有输入，验证控件会给出相应的提示信息，输入完整信息后，如图 5-16 所示。单击【提交】按钮，将验证登录名和个人微博地址是否可用，如果可用即可注册成功，并跳转到登录页面 Login.aspx。此时浏览器会提示找不到资源，如图 5-17 所示，这是因为还没有创建该页面，下一个例子就是实现微博的登录页面 Login.aspx。

计算机
基础与实训教材系列

图 5-16　注册页面

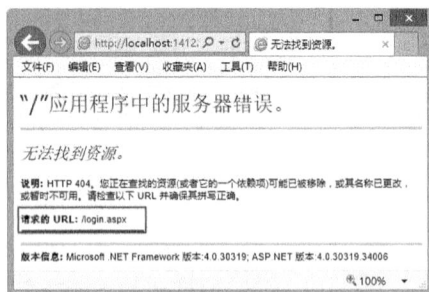

图 5-17　注册成功跳转到 Login.aspx

(11) 注册成功后，读者可到数据库中查看 W_USER 表，看是否新增了记录。

2. 登录微博

【例 5-5】在【例 5-4】的基础上，创建微博用户登录页面，登录成功后显示用户的基本信息、用户收听和被收听的用户总数以及用户发表的信息数(这里只显示数量，不显示具体内容，后面学习了数据控件后将显示信息列表)。

(1) 启动 VS 2012，打开网站【例 5-4】。

(2) 通过【添加新项】对话框添加名为 Login.aspx 的页面。

(3) 在页面中添加一个 Panel 控件，该控件中用表格布局，添加相应的控件用于输入登录名和密码，并为两个文本框分别添加必选项验证控件。Panel1 控件的布局如图 5-18 所示。

(4) 添加另一个 Panel 控件 Panel2，用于登录成功后显示用户相关信息。控件中包括用户头像和基本信息，布局如图 5-19 所示。

(5) 新建一个 images 文件夹，在其中添加两个图片 boy.gif 和 girl.gif，用于显示没有上传头像用户的默认头像，如果用户性别为"男"，则显示 boy.gif，否则显示 girl.gif。

(6) 打开页面的后台代码文件 Login.aspx.cs，添加 using 语句，引入所需的命名空间，如下所示：

```
using System.Security.Cryptography;
using System.Web.Configuration;
using System.Data.SqlClient;
using System.Data;
```

图 5-18 Panel1 控件布局

图 5-19 Panel2 控件布局

(7) 为【登录】按钮添加单击事件处理程序，代码如下：

```
protected void Button1_Click(object sender, EventArgs e)
{
    string str = WebConfigurationManager.ConnectionStrings["WeiBoConnectionString"].ConnectionString;
    SqlConnection con = new SqlConnection(str);
    DataSet ds = new DataSet();
    con.Open();
    SqlDataAdapter sqld = new SqlDataAdapter("SELECT userId,userName FROM W_USER "+
        " WHERE userLogin = @user_login AND userPassword = @password", con);
    sqld.SelectCommand.Parameters.AddWithValue("@user_login", TextBoxLogin.Text);
    SHA1CryptoServiceProvider sha1csp = new SHA1CryptoServiceProvider();
    byte[] src = System.Text.Encoding.UTF8.GetBytes(TextBoxPassword.Text);
    byte[] des = sha1csp.ComputeHash(src);//加密后的密码
    sqld.SelectCommand.Parameters.AddWithValue("@password", Convert.ToBase64String(des));
    sqld.Fill(ds, "user");//用 Fill 方法填充 DataSet
    DataTable dTable = ds.Tables["user"];//将数据表的数据复制到 DataTable 对象
    DataRowCollection rows = dTable.Rows;//获取数据行
    if (rows.Count > 0)
    {
        Session["user_id"] = rows[0][0];
        Session["user_name"] = rows[0][1];
        ShowInfo(Int32.Parse(rows[0][0].ToString()));
    }
    else
    {
    Page.ClientScript.RegisterClientScriptBlock(this.GetType(), "success", "alert(\"用户名密码错误\"); ", true);
```

```
        }
        con.Close();
        con = null;
    }
```

💡 **提示**

上述代码与注册页面所用的技术略有不同，这里使用的是 DataAdapter 对象和 DataSet 对象来读取数据集中的数据。感兴趣的读者也可以将其改为用 DataReader 对象实现。

(8) 登录成功后，将用户的 ID 和姓名存放到 Session 变量中，然后调用私有函数 ShowInfo 更新 Panel2 中的控件信息并显示，相应的代码如下：

```
private void ShowInfo(int user_id)
    {
        Panel1.Visible = false;//隐藏 Panel1
        Panel2.Visible = true;
        string strConn =
WebConfigurationManager.ConnectionStrings["WeiBoConnectionString"].ConnectionString;
        SqlConnection con = new SqlConnection(strConn);
        con.Open();
        SqlCommand cmd = new SqlCommand("SELECT userName,userEmail,userAddress,userInfo"+
            ",userTelephone FROM W_USER WHERE userId = "+user_id.ToString(), con);
        SqlDataReader reader = cmd.ExecuteReader();
        if (reader.Read())//如果有结果表明记录已存在
        {
            LabelName.Text=reader.GetString(0);
            if (!reader.IsDBNull(1))
                LabelEmail.Text = reader.GetString(1);
            else
                LabelEmail.Text = "";
            if (!reader.IsDBNull(2))
                LabelAddress.Text = reader.GetString(2);
            else
                LabelAddress.Text = "";
            if (!reader.IsDBNull(3))
                LabelInfo.Text = reader.GetString(3);
            else
                LabelInfo.Text = "";
            if (!reader.IsDBNull(4))
                LabelTelephone.Text = reader.GetString(4);
```

```
                else
                        LabelTelephone.Text = "";
        }
        cmd.CommandText = "SELECT COUNT(*) FROM W_USER_FUN WHERE userId = " +
user_id.ToString();
        reader.Close();
        reader = cmd.ExecuteReader();
        if (reader.Read())
                LabelOther.Text = reader.GetInt32(0).ToString();
        cmd.CommandText = "SELECT COUNT(*) FROM W_USER_FUN WHERE funUserId = " +
user_id.ToString();
        reader.Close();
        reader = cmd.ExecuteReader();
        if (reader.Read())
                LabelFun.Text = reader.GetInt32(0).ToString();
        cmd.CommandText = "SELECT COUNT(*) FROM W_MESSAGE WHERE userId = " +
user_id.ToString();
        reader.Close();
        reader = cmd.ExecuteReader();
        if (reader.Read())
                LabelMsg.Text = reader.GetInt32(0).ToString();
        reader.Close();
        cmd = null;
        con.Close();
        con = null;
        ShowPhoto(user_id);//显示头像
    }
```

该方法通过几次查询操作获取 Panel2 中需要显示的信息，最后调用 ShowPhoto 方法显示头像信息。

(9) ShowPhoto 方法用于显示用户头像。如果用户未设置头像，则根据用户的性别显示一个默认头像，代码如下：

```
    private void ShowPhoto(int user_id)
        {
            string strConn =
WebConfigurationManager.ConnectionStrings["WeiBoConnectionString"].ConnectionString;
            SqlConnection con = new SqlConnection(strConn);
            con.Open();
            SqlCommand cmd = new SqlCommand("SELECT userSex,userPhoto FROM W_USER"+
                " WHERE userId = " + user_id.ToString(), con);
```

```
        SqlDataReader reader = cmd.ExecuteReader();
        if (reader.Read())//如果有结果表明记录已存在
        {
            if (!reader.IsDBNull(1))
                Image1.ImageUrl = "~/touxiang.aspx?userid=" + user_id.ToString();
            else
                Image1.ImageUrl = reader.GetString(0).Equals("男") ? "~/images/boy.gif" : "~/images/girl.gif";
        }
        reader.Close();
        cmd = null;
        con.Close();
        con = null;
    }
```

从代码可以看出，显示头像指定 Image 控件的 ImageUrl 为一个 URL 地址，所以还需要添加这个页面。

(10) 通过【添加新项】对话框添加名为 touxiang.aspx 的页面，切换到该页面的后台代码文件，添加 using 语句以引入所需的命名空间，然后在页面的 Load 事件中添加如下代码：

```
protected void Page_Load(object sender, EventArgs e)
    {
    string strConn = WebConfigurationManager.ConnectionStrings["WeiBoConnectionString"].ConnectionString;
        SqlConnection con = new SqlConnection(strConn);
        con.Open();
        SqlCommand cmd = new SqlCommand("SELECT userPhoto FROM W_USER" +
            " WHERE userId = " + Request.QueryString["userid"].ToString(), con);
        SqlDataReader reader = cmd.ExecuteReader();
        if (reader.Read())//如果有结果表明记录已存在
        {
            if (!reader.IsDBNull(0))
            {
                byte[] data = reader.GetSqlBytes(0).Buffer;
                Response.ContentType = "image/gif";
                Response.OutputStream.Write(data, 0, data.Length);
            }
        }
        reader.Close();
        cmd = null;
        con.Close();
        con = null;
    }
```

因为数据库中存放的用户头像格式是二进制数据，所以从数据库中读取到图像信息后，通过指定 ContentType 来指定 touxiang.aspx 传送到客户端的是一个图像数据。

(11) 返回到 Login.aspx 页面，在页面的 Load 事件中判断用户是否已登录。如果未登录则显示 Panel1，隐藏 Panel2，反之显示 Panel2，隐藏 Panel1。代码如下：

```
protected void Page_Load(object sender, EventArgs e)
{
        if (Session["user_id"] != null)
                ShowInfo(Int32.Parse(Session["user_id"].ToString()));
        else
        {
                Panel1.Visible = true;
                Panel2.Visible = false;
        }
}
```

(12) 编译并运行程序，在浏览器中打开登录页面，如图 5-20 所示。输入正确的登录名和密码后，将显示用户的相关信息，如图 5-21 所示。

图 5-20　登录页面　　　　图 5-21　登录成功页面

5.3　数据绑定和数据控件

前面已经介绍了通过 ADO.NET 访问数据库，下面将继续介绍如何利用 ASP.NET 提供的控件将数据呈现在页面上。首先介绍单值绑定和列表控件的数据绑定过程，然后介绍 GridView 等复杂数据绑定控件的基本用法。主要涉及以下 3 种复杂数据绑定控件：GridView、DataList 和 FormView。

5.3.1　数据绑定概述

Web 系统的一个典型的特征是后台对数据的访问和处理与前台数据的显示分离，而前台显示是通过 HTML 来实现的。一种呈现数据的最直接方式是将需要显示的数据和 HTML 标记拼接成字符串并输出，但这种方案的缺点也是显而易见的，不但复杂而且难以重用，尤其是有大量数据需要处理时。为了简化开发过程，ASP.NET 环境中提供了多种不同的服务器端控件来帮助程序员更快速高效地完成数据的呈现。这些用于数据呈现的 ASP.NET 控件，集成了常见的数据显示框架和数据处理功能，因而在使用时只需要设置某些属性，并将需要显示的数据交付给控件，控件就可以帮助用户按照固定的样式(例如表格)或通过模板自定义样式将一系列数据呈现出来，同时还自动继承某些内置的数据处理功能，例如：排序、分页等。这些控件就被称为数据绑定控件，而将数据交付给数据绑定控件的过程就称为数据绑定。

数据绑定控件本质上依然是通过 HTML 来呈现数据的，只不过按照某种样式生成 HTML 框架并将数据填入其中的工作由控件自动完成。一些复杂的数据绑定控件还提供了大量的功能帮助用户对数据进行进一步操作，例如：排序、过滤、新增、修改和删除等，使得数据呈现的过程变得简单而灵活。所以，数据绑定控件的使用是 ASP.NET 编程中非常重要的一部分内容。

5.3.2　单值和列表控件的数据绑定

数据绑定实际上是在 HTML 标记中或服务器控件中设置要显示数据的过程。对于页面中的 HTML 标记，可以直接嵌入数据或绑定表达式来设置要显示的数据。而对于服务器控件来说，通常通过设置控件属性或指定数据源来完成数据的绑定，并控制其呈现的样式。常用的绑定表达式具有以下形式：<%# XXX%>，绑定表达式可以直接嵌入到前台页面代码中去，通常用于 HTML 标记中的数据显示或单值控件数据设置，例如，Label、TextBox 等。而对于列表控件(如：DropDownList、CheckBoxList)以及后面要着重介绍的复杂数据绑定控件则常采用设置数据源的方式完成数据呈现。

1. 单值绑定

单值绑定其实就是实现动态文本的一种方式。为了实现单值绑定，可以向页面中添加一些特殊的绑定表达式。主要有以下几种数据绑定表达式。

- ◉ <%= XXX %>：内联引用方式，可以引用 C#代码。
- ◉ <%# XXX %>：可以引用.cs 文件中的字段，但该字段必须初始化后，在页面的 Load 事件中使用 Page.DataBind 方法进行绑定。
- ◉ <%# Eval(XXX) %>：类似于 JavaScript，数据源也需要绑定。

例如，下面的数据绑定表达式都是有效的：

```
<%# DateTime.Now %>
<%# 3+(6*number) %>    //其中，number 是 Web 也后置代码类中的 public 或 protected 变量
<%# Request.Browser.Browser %>
```

提示

单值绑定有两个缺点：(1) 数据绑定代码与定义用户界面的代码混合在一起；(2) 代码过于分散。正是由于这两个缺点，导致不方便管理页面和代码，所以应尽量少用单值绑定。

2. 多值绑定

多值绑定通常与列表控件以及复杂的数据控件一起工作，可以把多条数据一次绑定到这些控件中。

多值绑定的步骤如下：

(1) 把存储数据的数据对象绑定到列表控件或数据控件的 DataSource 属性。

(2) 调用控件或者当前页面的 DataBind()方法。

为了创建多值绑定，需要使用支持数据绑定的控件，ASP.NET 提供了一系列这类控件，这些控件如下。

- 列表控件：ListBox、DropDownList、CheckBoxList 和 RadioButtonList 等。
- HtmlSelect 控件：这是一个 HTML 控件，类似于 ListBox 控件。
- 复杂数据控件：GridView、DetailsView、FormView、ListView 等。

5.3.3 数据控件简介

为了有效地处理系统中的数据，ASP.NET 工具箱的【数据】类别中提供了两组数据感知控件：数据源控件和数据绑定控件。数据源控件用于从数据源(如数据库或 XML 文件)中检索数据，然后将这一数据提供给数据绑定控件；数据绑定控件可用于显示和编辑数据。

1. 数据源控件

数据源控件用于连接数据源、从数据源中读取数据以及把数据写入数据源。数据源控件不呈现任何用户界面，而是充当特定数据源与 ASP.NET 网页上的其他控件之间的桥梁。数据源控件实现了各种数据检索和修改功能，其中包括查询、排序、分页、筛选、更新、删除以及插入等。

在工具箱的【数据】类别下包含了 8 个不同的数据源控件。

- ObjectDataSource 控件：具有数据检索和更新功能的中间层对象，允许使用业务对象或其他类，并可创建依赖中间层对象管理数据的 Web 应用程序。
- SqlDataSource 控件：用来访问存储在关系数据库中的数据源，包括 Microsoft SQL Server、Oracle、OLE DB 和 ODBC。当该控件与 SQL Server 一起使用时，支持高级缓存功能；当数据源作为 DataSet 对象返回时，该控件还支持排序、筛选和分页功能。
- AccessDataSource 控件：用于在 Web 页面中显示 Microsoft Access 数据库的数据。它非常简单，在某种程度上类似于 SqlDataSource 控件，因为它允许处理来自数据库的数据。但不同之处在于它只针对 Microsoft Access 数据库进行优化。
- XmlDataSource 控件：主要用于绑定分层的、基于 XML 的数据。该控件支持使用 XPath 表达式来实现筛选功能，并允许对数据应用 XSLT 转换，此外，还允许通过保存更改后的 XML 文档来更新数据。
- SiteMapDataSource 控件：该控件结合导航控件实现站点导航功能，第 3 章在介绍导航控件时曾介绍过如何使用 SiteMapDataSource。

⊙ EntityDataSource 控件：EntityDataSource 控件之于 EF(Entity Framework)就像 SqlDataSource 控件之于基于 SQL 的数据源，它提供了一个声明性的方法来访问模型。和 SqlDataSource 控件一样，EntityDataSource 提供了对 CRUD 操作的轻松访问，另外使数据排序和筛选也变得非常简单。EntityDataSource 通过 LINQ to EF 提供了对底层 SQL Server 数据库的完全访问。

⊙ LinqDataSource 控件：用作 LINQ to SQL 的数据源。LINQ to SQL 是一种类似于 EF(将在第 6 章介绍)的技术。因为 Microsoft 现在大力推广的是 EF，而不是 LINQ to SQL，所以本书不讨论该控件。

⊙ QueryExtender 控件：用作 LinqDataSource 和 EntityDataSource 控件的增件，因为它可以用来创建丰富的过滤界面，从而能够搜索特定的数据，而不必手动编写大量代码。

本章重点介绍 SqlDataSource 控件，SqlDataSource 控件使用 ADO.NET 类与 ADO.NET 支持的任何数据库进行交互。通过该控件，可以在 ASP.NET 页面中访问和操作数据，而无需直接使用 ADO.NET 类，只需提供用于连接到数据库的连接字符串，并定义使用数据的 SQL 语句和存储过程即可。在运行时，SqlDataSource 控件会自动打开数据库连接，执行 SQL 语句或存储过程，返回指定数据，然后关闭连接。

下面通过一个具体的实例来学习 SqlDataSource 控件的使用。

【例 5-6】使用数据源控件和数据绑定初始化 BulletedList 控件。

(1) 启动 VS 2012，新建空网站【例 5-6】。

(2) 通过【添加新项】对话框添加一个名为 Default.aspx 的页面。

(3) 切换到页面的设计视图，添加几个用于输入查询条件的文本框控件，然后添加一个【查询】按钮和一个 BulletedList 控件用于显示查询结果，页面布局如图 5-22 所示。

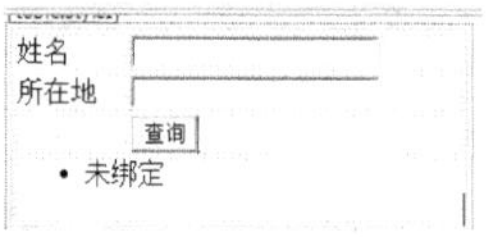

图 5-22　页面布局　　图 5-23　添加 SqlDataSource 控件

(4) 在工具箱的【数据】类别中双击 SqlDataSource 控件，将添加该控件并打开控件的【任务】面板，单击【配置数据源】选项，如图 5-23 所示。

(5) 此时将打开【配置数据源】向导对话框，第一步是选择数据连接，因为前面已经添加了数据连接，所以在此可以从下拉列表中直接选择。

如果下拉列表中没有，可以单击【新建连接】按钮进行添加，这里选择前面创建的 WeiBo 数据库。单击【连接字符串】前面的加号，可以查看该连接生成的连接字符串，如图 5-24 所示。

图 5-24　选择数据连接

(6) 单击【下一步】按钮，将打开如图 5-25 所示的【将连接字符串保存到应用程序配置文件中】对话框。选中【是，将此连接另存为】复选框，即可将其保存到 web.config 文件中。

(7) 单击【下一步】按钮，打开如图 5-26 所示的【配置 Select 语句】对话框。在该对话框中可以选择需要的表和列，也可以增加 WHERE 子句和 ORDER BY 子句，还可以单击【高级】按钮进行高级 SQL 生成选项设置。这里选择 W_USER 表和其中的几个字段。

图 5-25　【将连接字符串保存到应用程序配置文件中】对话框

(8) 单击【WHERE】按钮，打开如图 5-27 所示的【添加 WHERE 子句】对话框，在此设置查询条件，共设置了两个查询条件，分别是 userName 和 userAddress，其值都是模糊查询，【运算符】选择 LIKE 相应控件的值。

图 5-26　【配置 Select 语句】对话框

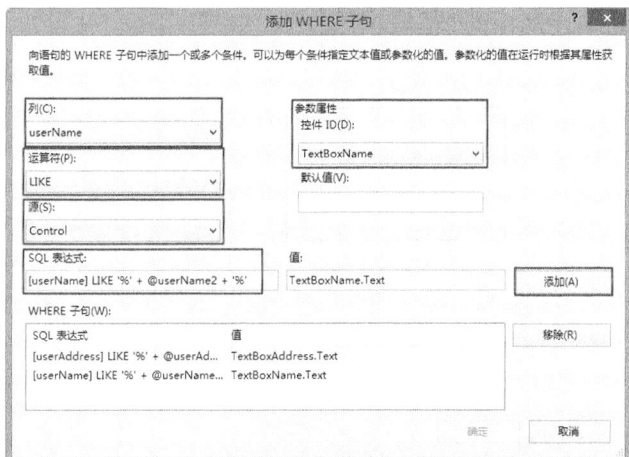

图 5-27　【添加 WHERE 子句】对话框

(9) 在图 5-27 中的【列】下拉列表中选择相应的列名，然后选择【运算符】，在【源】下拉列表中选择 Control，然后在【参数属性】中选择控件 ID，此时将自动生成 SQL 表达式，单击【添加】按钮即可添加一个查询条件。用同样的方法将 userName 和 userAddress 都添加完成后，单击【确定】按钮返回【配置 Select 语句】对话框，在此对话框中将显示生成的 SELECT 语句，如图 5-28 所示。

图 5-28　【配置 Select 语句】对话框中显示生成的 SELECT 语句

(10) 单击【下一步】按钮，打开如图 5-29 所示的【测试查询】对话框。

图 5-29　【测试查询】对话框

(11) 单击【测试查询】按钮，将打开【参数值编辑器】对话框，如图 5-30 所示。输入一些查询参数，单击【确定】按钮，即可显示查询结果，如图 5-31 所示。

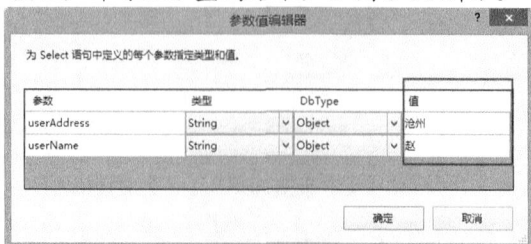

图 5-30　【参数值编辑器】对话框

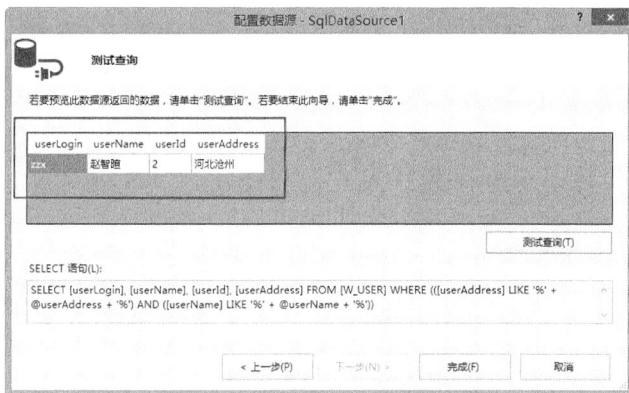

图 5-31 显示测试查询的结果

(12) 单击【完成】按钮，完成数据源的配置。切换到源视图，可以看到生成的代码如下所示:

```
<asp:SqlDataSource ID="SqlDataSource1" runat="server"
        ConnectionString="<%$ ConnectionStrings:WeiBoConnectionString %>"
        SelectCommand="SELECT [userId], [userLogin], [userName], [userAddress] FROM [W_USER]
WHERE ((([userName] LIKE '%' + @userName + '%') AND ([userAddress] LIKE '%' + @userAddress + '%')))">
        <SelectParameters>
            <asp:ControlParameter ControlID="TextBoxName" Name="userName"
                PropertyName="Text" Type="String" />
            <asp:ControlParameter ControlID="TextBoxAddress" Name="userAddress"
                PropertyName="Text" Type="String" />
        </SelectParameters>
</asp:SqlDataSource>
```

(13) 选中 BulletedList 控件，在【属性】窗口中设置控件的数据绑定相关的属性，包括 DataSourceID、DataMember、DataTextField 和 DataValueField，如图 5-32 所示。

知识点

在 web.config 文件中的<connectionStrings>元素下将创建上述连接字符串，然后数据源控件将通过下面的语句访问这个连接字符串: ConnectionString="<%$ ConnectionStrings:WeiBoConnectionString %>"。

(14) 双击【查询】按钮，在其单击事件中添加如下代码，实现数据绑定:

```
protected void Button1_Click(object sender, EventArgs e)
{
    BulletedList1.DataBind();
}
```

(15) 编译并运行程序，在浏览器中打开 Default.aspx 页面，输入查询条件，单击【查询】按钮，将显示模糊查询结果，如图 5-33 所示。

图 5-32   设置 BulletedList 控件的数据绑定属性

图 5-33   模糊查询结果

2. 数据绑定控件

使用数据绑定控件可以在 Web 页面上显示和编辑数据。在 VS 2012 工具箱的【数据】类别中有 7 个数据绑定控件。其中，GridView、DataList、ListView 和 Repeater 都可以同时显示多条记录，而 DetailsView 和 FormView 设计为一次显示一条记录，DataPager 是为 ListView 控件提供分页功能的辅助控件。

- ● GridView 控件：这是一个功能非常多的控件，它支持自动分页(记录被划分到多个"页面"中)、排序、编辑、删除和选择。它像一个带有行和列的电子表格那样呈现数据，其中每行包含一条完整的记录。尽管有许多种可以样式化这些行和控件外观的方法，但不能从根本上改变表现数据的方式。另外，GridView 并不允许直接在底层数据源中插入记录。

- ● DataList 控件：该控件不仅可以像 GridView 那样以行表现数据记录，也可以以列的形式表现，从而可以创建一种矩阵形式的数据表现方法。另外，它也允许通过一组模板定义数据的外观。

- ● Repeater 控件：该控件在输出到浏览器的 HTML 方面提供了最大的灵活性，因为该控件本身并不添加任何 HTML 到页面输出中。因此，它常用于 HTML 有序列表或无序列表(<ol>和<ul>)，以及其他列表形式。可以通过控件提供的大量模板定义整个客户端标记。不过，该控件没有分页、排序和修改数据的内置功能。

- ● ListView 控件：该控件是在 ASP.NET 3.5 中引入的，它很好地合并了 GridView、DataList 和 Repeater 的功能。ASP.NET 4.5 中对 ListView 做出了一些改动，使它更易于使用。类似于 GridView，它支持数据编辑、删除和分页。像 DataList 那样，它支持多列和多行布局，而且还像 Repeater 那样允许完全控制控件生成的标记。

- ● DetailsView 控件：和 FormView 控件有些类似，它们都只能一次显示一条记录。DetailsView 使用内置的表格格式显示数据，而 FormView 使用模板来定义数据的外观。

- ● FormView 控件：FormView 有一个 RenderOuterTable 属性。当把这个属性设为 True(默认值为 False)时，控件不会生成包装的 HTML <table>元素，这样就会生成更少的代码和更清晰的 HTML。

- ● DataPager 控件：该控件可以在其他控件上分页，目前它只能用于扩展 ListView 控件，但随着.NET Framework 未来版本的发布，这一情况将会改观。

3. 其他数据控件

工具箱中【数据】类别中还有一个控件是 Chart 控件。它最初是作为 Visual Studio 2008 的一个增件发布的，但是现在已经完全集成到了 VS 2010 和 VS 2012 中。它可用来绘制从简单的条形图到 3D 饼图和折线图的各种图形。这个控件不在本书的讨论范围之内，所以这里不做介绍。

5.3.4 使用数据控件

本节将使用 GridView、FormView 和 DetailsView 控件以主-从表的形式显示信息评论表 W_REPLY、用户表 W_USER 和信息表 W_MESSAGE 中的数据。

【例 5-7】使用数据绑定控件实现主-从数据显示。

(1) 启动 VS 2012，新建空网站【例 5-7】。

(2) 添加名为 Default.aspx 的页面，向页面中添加 GridView、FormView 和 DetailsView 控件各一个。

(3) 为 GridView 控件添加数据源。打开【GridView 任务】面板，从【选择数据源】下拉列表中选择【<新建数据源>】选项，如图 5-34 所示。

(4) 在打开的【数据源配置向导】对话框中选择数据源类型为【SQL 数据库】，如图 5-35 所示，单击【确定】按钮。

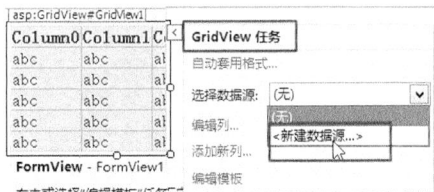

图 5-34 为 GridView 控件配置数据源　　　　图 5-35　【数据源配置向导】对话框

接下来的步骤与【例 5-6】中创建数据源的方法类似，所不同的是，这里选择的表是 Z_REPLY 表，字段选择"*"，即表中的所有列。生成的数据源代码如下：

```
<asp:SqlDataSource ID="SqlDataSource1" runat="server"
    ConnectionString="<%$ ConnectionStrings:WeiBoConnectionString %>"
    SelectCommand="SELECT * FROM [W_REPLY]"></asp:SqlDataSource>
```

(5) 在【GridView 任务】面板中选择【编辑列】选项，打开【字段】对话框，可以在该对话框中设置 GridView 控件显示的字段。在【选定的字段】列表中，将每个字段的 HeaderText 属性都改为中文，如图 5-36 所示。

(6) 接下来在【可用字段】区域中将 CommandField 下面的命令按钮，通过【添加】按钮，添加到【选定的字段】中。

(7) 选中【GridView 任务】面板中的【启用分页】和【启用排序】复选框，在【属性】面板中设置控件的 DataKeyNames 属性为"msgId，replyUserId"。

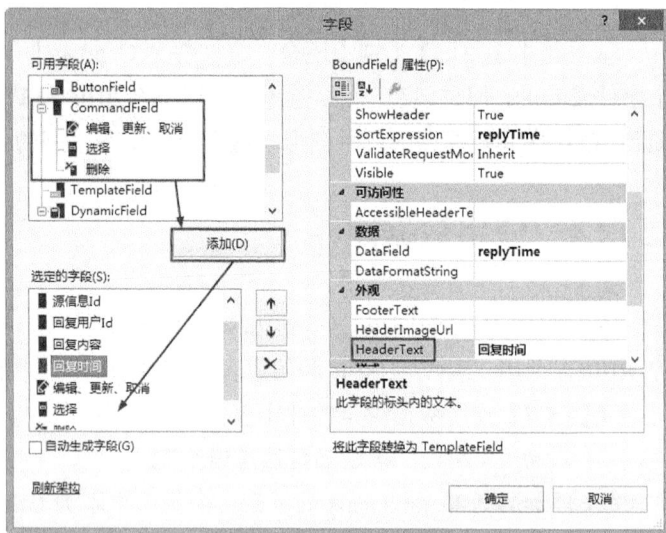

图 5-36　【字段】对话框

(8) 通过【GridView 任务】面板中的【自动套用格式】选项为控件选择一个好看的外观。

(9) 为 FormView 控件新建数据源，在【配置 Select 语句】一步中选项 W_USER 表，然后单击【WHERE】按钮打开【添加 WHERE 子句】对话框，设置【列】、【运算符】、【源】和【控件 ID】分别为"userId"、"="、"Control"和"GridView"。生成的数据源代码如下：

```
<asp:SqlDataSource ID="SqlDataSource2" runat="server"
    ConnectionString="<%$ ConnectionStrings:WeiBoConnectionString %>"
    SelectCommand="SELECT * FROM [W_USER] WHERE ([userId] = @userId)">
    <SelectParameters>
        <asp:ControlParameter ControlID="GridView1" Name="userId"
            PropertyName="SelectedValue" Type="Int32" />
    </SelectParameters>
</asp:SqlDataSource>
```

(10) 上述代码中 GridView 控件的 SelectedValue 属性对应 GridView 控件的 DataKeyNames 字段的值，由于前面设置 GridView 控件的 DataKeyNames 为两个字段，所以此处略作修改，将 <SelectParameters> 修改为如下代码：

```
<SelectParameters>
    <asp:ControlParameter ControlID="GridView1" Name="userId"
        PropertyName="SelectedDataKey.Values[1]" Type="Int32" />
</SelectParameters>
```

(11) 通过【FormView 任务】面板中的【编辑模板】选项，将控件中的字段信息都修改为中文并删除密码和头像字段(不展示这两个字段),通过【自动套用格式】选项设置控件的外观。

(12) 用类似的方法为 DetailsView 控件添加数据源,同样需要修改<SelectParameters>参数,相应的数据源代码如下:

```
<asp:SqlDataSource ID="SqlDataSource3" runat="server"
    ConnectionString="<%$ ConnectionStrings:WeiBoConnectionString %>"
    SelectCommand="SELECT * FROM [W_MESSAGE] WHERE ([msgId] = @msgId)">
    <SelectParameters>
        <asp:ControlParameter ControlID="GridView1" Name="msgId"
            PropertyName="SelectedDataKey.Values[0]" Type="Int32" />
    </SelectParameters>
</asp:SqlDataSource>
```

(13) 同样也对 DetailsView 控件进行编辑模板和自动套用格式设置。

(14) 至此已完成所有工作,没有编写任何代码,一个简单的主-从数据显示页面就做好了。编译并运行程序,查看效果,当选择 GridView 控件中的某一条记录时,下面将显示该行记录对应的用户信息和原始信息。同时可以对信息评论表 W_REPLY 中的数据进行编辑和删除操作,如果 5-37 所示。

图 5-37　主-从信息表显示

5.4 上机练习

本章的上机练习主要介绍数据库中的事务处理。对于数据库管理系统来说,如果没有显式定义事务的开始和结束,就默认一条 SQL 语句为一个单独事务,多数情况下采用这种默认方式就足够了。但是,有时需要将一组 SQL 语句作为一个事务,要么全部执行成功,要么全部不执行。

在 ASP.NET 中,可以使用 Connection 和 Transaction 对象开始、提交和回滚事务。步骤如下:

(1) 调用 Connection 对象的 BeginTransaction 方法来标记事务的开始,BeginTransaction 方法返回对 Transaction 的引用。

(2) 将 Transaction 对象赋给 Command 的 Transaction 属性。

(3) 执行事务操作。

(4) 如果事务操作成功,使用 Transaction 对象的 Commit 方法提交事务,否则,使用 Rollback 方法回滚事务。

下面来看一个具体的实例。当转发或评论一条微博信息时,需要向评论表 W_REPLY 中插入一条记录,同时还要修改原始信息 W_MESSAGE 表中的 replyCount 字段。

(1) 启动 VS 2012,新建空网站【上机练习 5】。

(2) 添加名为 Default.aspx 的页面，在页面中添加一个 TextBox 控件和一个 Button 控件，设置 TextBox 控件的 TextMode 属性为 MultiLine，Button 控件的 Text 属性为"事务提交"。

(3) 为按钮控件添加单击事件处理程序，代码如下：

```
protected void Button1_Click(object sender, EventArgs e)
{
    string strConnect = "Data Source=.;Initial Catalog=WeiBo;Integrated Security=True;";
    SqlConnection conn = new SqlConnection(strConnect);
    conn.Open();
    SqlTransaction tran = conn.BeginTransaction();//开始事务
    SqlCommand sqlcommand = new SqlCommand("INSERT INTO W_REPLY(msgId,replyUserId " +
        ",replyContent,replyTime) values(@msgId,@replyUserId,@replyContent,@replyTime)", conn);
    sqlcommand.Parameters.AddWithValue("@msgId", 1);
    sqlcommand.Parameters.AddWithValue("@replyUserId", 2);
    sqlcommand.Parameters.AddWithValue("@replyContent", TextBox1.Text);
    sqlcommand.Parameters.AddWithValue("@replyTime", DateTime.Now);
    sqlcommand.Connection = conn;
    sqlcommand.Transaction = tran;
    try
    {
        int count = sqlcommand.ExecuteNonQuery();
        if (count == 1)//如果为 1,表示插入一条记录
        {
        sqlcommand.CommandText = "update W_MESSAGE set replyCount=replyCount+1 where msgId=1";
            count = sqlcommand.ExecuteNonQuery();
            if (count == 1)//如果为 1,表示插入一条记录
            {
                tran.Commit();
    Page.ClientScript.RegisterClientScriptBlock(this.GetType(), "success", "alert(\"转播成功, 提交事务\"); ", true);
            }
            else
            {
                tran.Rollback();
    Page.ClientScript.RegisterClientScriptBlock(this.GetType(), "success", "alert(\"转播失败，事务回滚\"); ", true);
            }
        }
        else
        {
            tran.Rollback();
    Page.ClientScript.RegisterClientScriptBlock(this.GetType(), "success", "alert(\"转播失败,事务回滚\"); ", true);
```

```
            }
        }
        catch (Exception ex)
        {
            tran.Rollback();
    Page.ClientScript.RegisterClientScriptBlock(this.GetType(), "success", "alert(\"转播失败，事务回滚\"); ", true);
        }
        finally
        {
            sqlcommand = null;
            conn.Close();
            conn = null;
        }
    }
```

💿 提示

　　本例旨在介绍事务的提交与回滚，所以代码中 replyUserId 和 msgId 都被写死了，也就是说，运行本例一次，msgId 为 1 的信息就被 userId 为 2 的用户转播一次。

　　(4) 编译并运行程序，如图 5-38 所示，输入评论内容，单击【事务提交】按钮即可转播并评论信息，如果事务提交成功，将弹出提示对话框，如图 5-39 所示。如果发生任何异常，整个事务都将回滚，并弹出相应的提示对话框，如图 5-40 所示。

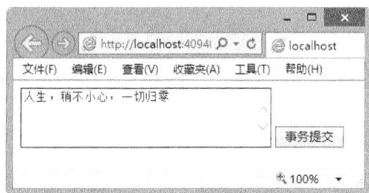

图 5-38　页面运行效果　　　　图 5-39　事务提交信息框　　　图 5-40　事务回滚提示框

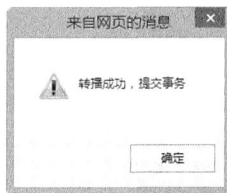

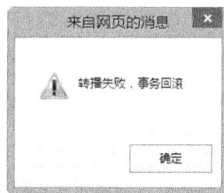

　　(5) 转播成功后，查看 W_REPLY 表，可以看到新增的记录。同时，W_MESSAGE 表中，msgId 为 1 的记录的 replyCount 字段加 1。

⑤.5　习题

1. 编写程序，使用 ADO.NET 的提供者对象查询用户表中的所有用户信息。

2. 如何使用 ADO.NET 调用存储过程？

3. ASP.NET 提供了哪些数据源控件？

4. DataKeyNames 属性有什么作用？

第6章

LINQ

学习目标

LINQ 是一种与.NET Framework 中使用的编程语言紧密集成的新查询语言。使用 LINQ 可以直接通过代码查询多种数据源中的数据。本章主要介绍了 LINQ 语言及其语法，以及在 ASP.NET 项目中使用 LINQ 数据的方法。通过本章的学习，读者应能够掌握 LINQ 的基本语法以及 LINQ to EF 的应用。

本章重点

- ◉ LINQ 及其语法
- ◉ LINQ 的各种形式及其适用场合
- ◉ 了解 ADO.NET Entity Framework
- ◉ 使用 EntityDataSource 控件来访问 EF

6.1 LINQ 简介

LINQ (Language-Integrated Query，即语言集成查询)，是一种与.NET Framework 中使用的编程语言紧密集成的新查询语言。它使得用户可以像使用 SQL 查询数据库的数据那样从.NET 编程语言中查询数据。事实上，LINQ 语法部分模仿了 SQL 语言，它使得熟悉 SQL 的编程人员更容易上手。

使用 LINQ 可以直接通过代码查询多种数据源中的数据。LINQ 之于.NET 应用程序编程就像 SQL 之于关系数据库。通过简单的、声明性的语法，可以查询集合中匹配条件的对象。

LINQ 并不只是.NET Framework 的一个增件。相反，它被设计和实现为.NET 编程语言中的一部分。这意味着，LINQ 被真正集成到.NET 中，为查询数据提供了一个统一的方法，而不管数据的来源。另外，由于它被集成到语言中，而不是特定的项目类型中，所以可用于各种项目，包括 Web 应用程序、Windows Forms 应用程序、Console 应用程序等。

LINQ 相关的类都放在 System.Linq 命名空间，所以要使用 LINQ，必须引入该命名空间：

using System.Linq;

由于 LINQ 非常强大，又极具潜力，因此它被集成到.NET Framework 的多个不同地方。下面将介绍不同的 LINQ 实现。

提示 -

LINQ 是在.NET 3.5 以后引入的，所以在.NET 2.0 及以前的版本中是不能使用 LINQ 的。

6.1.1　LINQ to Objects

这是语言集成的最基本形式。使用 LINQ to Objects，可以查询.NET Framework 中存在的几乎所有集合。实际上，使用 LINQ to Objects 对内存中的所有对象进行简单查询是非常方便的。

使用 LINQ 的查询通常由以下 3 个步骤组成：

(1) 获得数据源；

(2) 创建查询；

(3) 执行查询。

【例 6-1】使用 LINQ 查询编号为奇数的学生信息，本例用到了泛型中的 Dictionary<K,V>定义一组集合。

(1) 启动 VS 2012，新建空网站【例 6-1】。

(2) 添加名为 Default.aspx 的页面，在页面的 Load 事件中添加如下代码：

```
protected void Page_Load(object sender, EventArgs e)
{
    Dictionary<int,string> user = new Dictionary<int,string>();
    user.Add(1, "赵艳铎");
    user.Add(2, "小石头");
    user.Add(3, "赵智暄");
    user.Add(4, "金百合");
    var result = from val in user where val.Key % 2 == 1
                    select val;
    Response.Write("全部信息如下：<br/>");
    foreach (var item in user)
    {
        Response.Write("学号："+ item.Key +"；       姓名："+ item.Value);
        Response.Write("<br/>");
```

```
    }
    Response.Write("查询结果如下： <br/>");
    foreach(var item in result)
    {
        Response.Write("学号： "+ item.Key + ";          姓名： "+item.Value);
        Response.Write("<br/>");
    }
}
```

(3) 上述代码是查询编号为奇数的用户信息并输出。编译并运行程序，如图 6-1 所示。

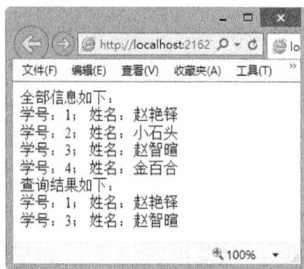

图 6-1   页面运行效果

> **知识点**
>
> Dictionary<K,V>用于定义一组键(Key)到一组值(Value)的映射，每一个添加项都是由一个值及其相关连的键组成，并且每个键都必须是唯一的。

6.1.2   LINQ to XML

LINQ to XML 是读写 XML 的一种新的.NET 方法。现在，可以在应用程序中编写直接针对 XML 的 LINQ 查询，而不是使用普通的 XML 查询语言，如 XSLT 或 XPath。

1. XML 概述

XML(eXtensible Markup Language，称为可扩展标记语言)，是一种可以用来创建自己的标记的标记语言。它由万维网协会(W3C)创建，用来克服 HTML(即超文本标记语言 Hypertext Markup Language)的局限。和 HTML 一样，XML 基于 SGML——标准通用标记语言(Standard Generalized Markup Language)。XML 是 SGML 上的一个子集，XML 包含了 SGML 的很多特性，但是要比 SGML 简单得多。

XML 类似于 HTML，但是 XML 不是 HTML 的替代品，XML 和 HTML 是两种不同用途的语言，其中最主要的区别是：XML 是专门用来描述文本的结构，而 HTML 则是用来描述如何显示文本的。

XML 提供了一种保存数据的格式，数据可以通过这种格式很容易地在不同的应用程序之间实现共享。它是用来存放数据的，可以利用相关的 XML API(MSXML DOM、JAVA DOM 等)对 XML 进行存取和查询。

在 System.Xml.Linq 命名空间中定义了很多 LINQ to XML 的类，这些类的关系如图 6-2 所示。

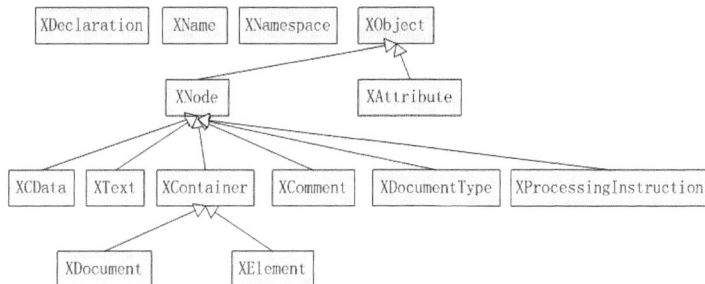

图 6-2 LINQ to XML 的类结构关系

其中 XElement 类是 LINQ to XML 中最基础的类，使用它可以创建一个 XMl 元素，使用 XAttribute 类可以为元素添加属性，使用 XNamespace 类可以为 XML 定义命名空间。

2. 使用 LINQ to XML

【例 6-2】使用 LINQ to XML 读取 XML 文件中的数据，查询符合条件的信息，并将其保存到结果 XML 中。

(1) 启动 VS 2012，新建空网站【例 6-2】。

(2) 通过【添加新项】对话框添加名称为 Users.xml 的 XML 文件，其内容如下：

```xml
<?xml version="1.0" encoding="utf-8" ?>
<Users>
  <User>
    <user_id>1</user_id>
    <user_name>赵艳铎</user_name>
    <user_sex>男</user_sex>
    <user_telephone>15910806516</user_telephone>
    <user_address>北京市海淀区</user_address>
    <user_info>青春就是用来追忆的</user_info>
  </User>
  <User>
    <user_id>2</user_id>
    <user_name>小石头</user_name>
    <user_sex>男</user_sex>
    <user_telephone>82166054</user_telephone>
    <user_address>浙江省杭州市</user_address>
    <user_info>痛苦只是一种撕心裂肺的体验</user_info>
  </User>
  <User>
    <user_id>3</user_id>
    <user_name>赵智暄</user_name>
    <user_sex>女</user_sex>
```

```
      <user_telephone>03173208842</user_telephone>
      <user_address>河北省沧州市</user_address>
      <user_info>你也许已走出我的视线，但从未走出我的思念</user_info>
  </User>
</Users>
```

(3) 继续添加一个名为 Default.aspx 的页面，并在页面中添加一个 Label 控件，用于显示读取到的 XML 数据。

(4) 切换到页面的后台代码文件，引入命名空间 System.Xml.Linq，然后在页面的 Load 事件中添加如下代码：

```
protected void Page_Load(object sender, EventArgs e)
{
    Label1.Text = "<table border=\"1\" cellpadding=\"1\"><tr align=\"center\">";
    Label1.Text += "<td>用户 ID</td><td>姓名</td><td>性别</td><td>电话</td>";
    Label1.Text += "<td>所在地</td><td>个人介绍</td></tr>";
    XElement users = XElement.Load(Server.MapPath("Users.xml"));
    foreach (XElement user in users.Elements())
    {
        Label1.Text+="<tr>";
        foreach(XNode node in user.Nodes())
            Label1.Text += "<td>" + node + "</td>";
        Label1.Text += "</tr>";
    }
    Label1.Text += "</table>";
    //查询性别为"男"的用户节点
    var result = from user in users.Nodes()
                 where ((XElement)user).Element("user_sex").Value == "男"
                 select user;
    Label1.Text += "<br/>性别为"男"的用户信息如下：<br/><table border=\"1\"";
    Label1.Text += " cellpadding=\"1\"><tr align=\"center\"><td>用户 ID</td><td>姓名</td>";
    Label1.Text += "<td>性别</td><td>电话</td><td>所在地</td><td>个人介绍</td></tr>";
    foreach (XElement user in result)
    {
        Label1.Text += "<tr>";
        foreach (XNode node in user.Nodes())
            Label1.Text += "<td>" + node + "</td>";
        Label1.Text += "</tr>";
    }
    Label1.Text += "</table>";
    //查询姓"赵"的用户节点
```

```
var result = from user in users.Nodes()
                where ((XElement)user).Element("user_name").Value.StartsWith( "赵")
                select user;
Label1.Text += "<br/>姓"赵"的用户信息如下：<br/><table border=\"1\"";
Label1.Text += " cellpadding=\"1\"><tr align=\"center\"><td>用户 ID</td><td>姓名</td>";
Label1.Text += "<td>性别</td><td>电话</td><td>所在地</td><td>个人介绍</td></tr>";
foreach (XElement user in result)
{
    Label1.Text += "<tr>";
    foreach (XNode node in user.Nodes())
        Label1.Text += "<td>" + node + "</td>";
    Label1.Text += "</tr>";
}
Label1.Text += "</table>";
}
```

　　上述代码中首先加载 XML 文件中的数据，并以表格形式显示，然后查询其中性别为"男"的用户节点并显示在下方的表格中，接着查询姓"赵"的用户节点显示在第三个表格中。

　　(5) 编译并运行程序，在浏览器中打开 Default.aspx 页面，如图 6-3 所示。

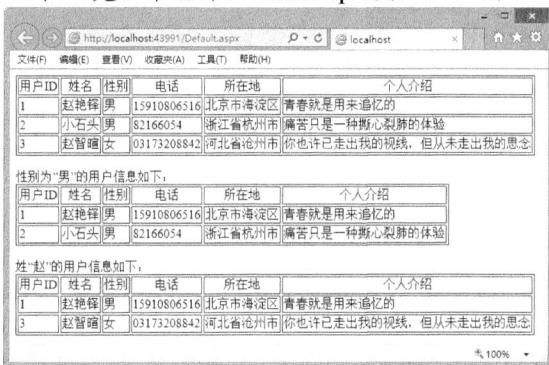

图 6-3　Default.aspx 页面效果

6.1.3　LINQ to ADO.NET

　　ADO.NET 是.NET Framework 的一部分，它允许访问数据、数据服务(像 SQL Server)和其他许多不同的数据源。使用 LINQ to ADO.NET，可以查询与数据库相关的信息集，包括 LINQ to Entities、LINQ to DataSet、LINQ to SQL 和 LINQ to Entities。

　　LINQ to Entities 是 LINQ to SQL 的超集，比后者有更丰富的功能。不过，对于大多不同类型的应用程序来说，LINQ to SQL 足够了。

　　LINQ to DataSet 允许对 DataSet 编写查询。

　　LINQ to SQL 允许在.NET 项目中编写针对 Microsoft SQL Server 数据库的面向对象的查询。

LINQ to SQL 将 LINQ 查询转换为 SQL 语句，然后再发送到数据库中执行 CRUD 的 4 种操作。在 ASP.NET 4.0 中，Microsoft 已经表示不会再积极开发 LINQ to SQL，这是因为 LINQ to SQL 与 Entity Framework(EF)在功能上有很大的重叠，在 LINQ to SQL 中能实现的操作在 EF 中也能实现。但是，与 LINQ to SQL 相比，EF 的功能要强大得多，并且功能要丰富得多。正因为如此，Entity Framework 是比 LINQ to SQL 更好的选择。本章将重点讨论 Entity Framework。

⑥.1.4　LINQ 与泛型

LINQ 查询是建立在泛型这种数据类型的基础之上的，泛型是在.NET Framework 2.0 开始引入的。虽然编程人员无须深入了解泛型技术就可以开始编写 LINQ 查询，但是了解下面的两个泛型的基本概念有助于帮助读者理解其工作原理。

(1) 当创建泛型集合类(如 List<T>)的实例时，需要将"T"替换为集合中指定的对象类型。如字符串集合表示为 List<string>。因为泛型集合是强类型的，所以比将元素存储为 Object 类型的集合要强大得多。如果试图将一个 int 类型的对象添加到 List<string>，则会产生编译错误。

(2) IEnumerable<T>表示的是一个接口，通过该接口可以使用 foreach 语句来遍历泛型集合类。LINQ 查询变量可以类型化为 IEnumerable<T>或者它的派生类，如 IQueryable<T>。

为了避免使用泛型语法，可以使用匿名类型来声明查询，即使用 var 关键字来声明查询。var 关键字指示编译器通过查看在 from 子句中指定的数据来推断查询变量的类型。如【例 6-1】中声明的 result 和 item 变量。

⑥.2　ADO.NET Entity Framework

通过使用 ADO.NET Entity Framework(EF)，可以把许多数据库对象(如表)转换成可以在代码中直接访问的.NET 对象，然后就可以在查询中或者直接在数据绑定中使用这些对象。EF 也允许执行相反的操作：首先设计一个对象模型，然后让 EF 创建必要的数据库结构。

使用 EF 十分简单，并且十分灵活。通过使用关系图设计器，可以将表等数据库对象拖放到实体模型中。放到关系图中的对象将成为可用的对象。例如，如果将 Student 表放到关系图中，那么就将得到一个强类型的 Student 类。可以使用 LINQ 查询或者其他方式创建这个类的实例。

当把多个相关的数据库表放到关系图中时，设计人员可以观察到表之间的关系，然后在对象模型中复制这些关系。例如，如果使用某些 LINQ to EF 查询在代码中创建了一个 Student 实例，那么就可以访问它的 Cno 属性，进而可以访问 Cname 等属性，代码如下：

```
Label1.Text = student.Cno.Cname;
```

类似的，也可以访问某个班级的所有学生集合 Students，以便将其绑定到数据绑定控件，代码如下：

```
Repeater1.DataSource = Class.Students;
```

现在还不需要深究这些语法，本章后面将详细介绍它们。下面通过一个具体的示例来介绍如何通过 EF 把数据模型映射到对象模型。

【例 6-3】创建 ADO.NET 实体数据模型，通过 LINQ 查询来访问底层表中的数据。

(1) 启动 VS 2012，新建空网站【例 6-3】。

(2) 打开【添加新项】对话框，然后选择【ADO.NET 实体数据模型】模板，默认名称为 Model.edmx，单击【添加】按钮将其添加到项目中。此时会弹出如图 6-4 所示的提示对话框，提示该类文件通常放在 App_Code 文件夹中，单击【是】按钮将其放在 App_Code 文件夹中。也可以直接在 App_Code 文件夹上右击鼠标进行添加。

(3) 系统将启动【实体数据模型向导】，向导的第一步是【选择模型内容】，如图 6-5 所示。选择【从数据库生成】选项，然后单击【下一步】按钮。

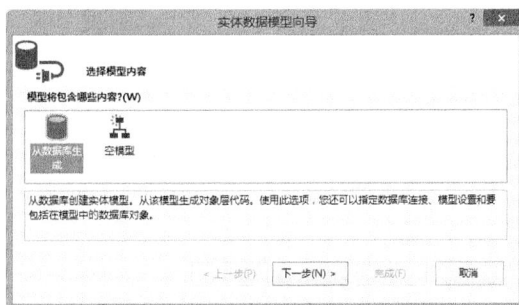

图 6-4　信息提示框　　　　　　　　　图 6-5　【选择模型内容】对话框

(4) 在【选择您的数据连接】对话框中，从下拉列表框中选择上一章中使用的 WeiBo 数据库连接，并选中【将 Web.Config 中的实体连接设置另存为】复选框，如图 6-6 所示。

(5) 单击【下一步】按钮，进入【选择您的数据库对象和设置】对话框，在该对话框中，选择表 W_USER 和 W_USER_FUN。该对话框下面有两个复选框：第一个表示在模型中自动将所有名称转换为单数或者复数形式；第二个是在模型中加入外键列。选中这两个复选框可以确保生成的对象模型中保留了表之间的关系，如图 6-7 所示。如果没有选中"确定所生成对象名称的单复数形式"复选框，则需要在生成模型以后手动进行修改。

图 6-6　【选择您的数据连接】对话框　　　　　图 6-7　【选择您的数据库对象和设置】对话框

(6) 单击【完成】按钮即可将模型添加到站点中。VS 将添加一个 Model.edmx 文件和 Model.designer.cs 后台代码文件，然后在主编辑器窗口中打开【实体设计器】。

(7) 添加名为 Default.aspx 的页面，并在页面中添加一个 DropDownList 控件和两个 GridView 控件，DropDownList 控件用于显示用户的登录名，两个 GridView 控件分别用来显示该用户收听的用户信息和及其听众信息。

(8) 设置 DropDownList 控件的 AutoPostBack 属性为 True。

(9) 在页面的 Load 事件处理程序中设置 DropDownList 控件的数据源为所有用户信息，添加如下代码：

```csharp
protected void Page_Load(object sender, EventArgs e)
{
    if (!Page.IsPostBack)
    {
        using (WeiBoEntities weiboEntity = new WeiBoEntities())
        {
            var allUser = from user in weiboEntity.W_USER
                          select user;
            DropDownList1.DataSource = allUser.ToList();
            DropDownList1.DataTextField = "userLogin";
            DropDownList1.DataValueField = "userId";
            DropDownList1.DataBind();
            DropDownList1_SelectedIndexChanged(sender,e);
        }
    }
}
```

(10) 添加 DropDownList 控件的 SelectedIndexChanged 事件处理程序，代码如下：

```csharp
protected void DropDownList1_SelectedIndexChanged(object sender, EventArgs e)
{
    int userId = Int32.Parse(DropDownList1.SelectedValue);
    using (WeiBoEntities weiboEntity = new WeiBoEntities())
    {
        var users = from user in weiboEntity.W_USER
                    where ( from userFun in weiboEntity.W_USER_FUN
                            where userFun.userId == userId
                            select userFun.userId).Contains(user.userId)
                    select user;
        GridView1.DataSource = users.ToList();//显示用户收听的人
        GridView1.DataBind();
        var userFuns = from user in weiboEntity.W_USER
```

```
                    where (from userFun in weiboEntity.W_USER_FUN
                          where userFun.funUserId == userId
                          select userFun.userId).Contains(user.userId)
                    select user;
            GridView2.DataSource = userFuns.ToList();//显示用户的听众
            GridView2.DataBind();
        }
    }
```

知识点

本例中用到的 Contains 是包含的意思，实现了 SQL 中 in 的功能，即从 weiboEntity.W_USER_FUN 中查询的结果集中是否包含要查询的用户 id。

(11) 编译并运行程序，在默认浏览器中加载 Default.aspx 页面，在下拉列表中选择某个用户，下方的 GridView 控件中将显示该用户收听的用户及其听众信息，如图 6-8 所示。

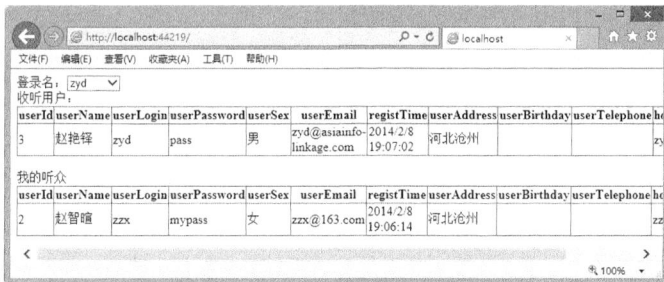

图 6-8　显示收听用户及听众信息

通过这个例子可以看出，EF 提供了一个对象关系设计器(可以通过 VS 访问)，允许基于数据库的表创建一个可通过代码访问的对象模型。只要将表拖至该设计器，VS 就会创建可用于访问数据库中底层数据的代码，而无需自己编写大量代码。

在生成模型后，对其执行 LINQ 查询，就可以从底层数据库中获取数据。using 中包装的代码用于创建在用完后必须释放(从内存中清除)的变量。由于 weiboEntity 保存了到 SQL Server 数据库的连接，因此将使用它的代码包装到 using 块中，这样对象会在块的末尾销毁。

6.3　LINQ 查询语法

前面的例子使用了简单的 LINQ 查询，实际上 LINQ 的查询能力远高于此。本节将重点介绍 LINQ 查询语法。需要注意的是：LINQ 语法并不是专门为 Entity Framework 设计的。下面介绍的大多数 LINQ 概念同样适用于其他 LINQ 实现，如 LINQ to Objects 和 LINQ to ADO.NET 等。

⑥.3.1　基本语法

LINQ 支持大量的查询操作符，可用于选择、排序或筛选从查询返回的数据的关键字。尽管本章所有示例是在 LINQ to EF 的背景下讨论的，但也可以将它们应用到其他 LINQ 实现中。接下来将通过示例介绍一些最为重要的标准查询操作符。每个示例都使用对象模型和【例 6-3】中创建的名为 weiBoEntity 的对象作为查询的数据源。

1. from

LINQ 查询表达式必须以 from 子句开头。尽管 from 子句不能算是标准查询操作符，因为它并不对数据进行操作而是指向数据，但它是 LINQ 查询中的一个重要元素，因为它定义了查询所执行的集合或数据源。

2. select

select 关键字用于从查询的源中检索对象。在这个示例中，可看到如何选择已有类型的一个对象。

```
var allUser = from c in weiboEntity.W_USER
                select c;
```

这一示例中的变量 c 指范围变量(range variable)，它只在当前查询中可用。通常在 from 子句中引入范围变量，然后在 where 和 select 子句再次使用它来筛选数据，表示要选择的数据。尽管对于它可采用任意的名称，但通常看到的都是单个字母的变量，如 c，或所查询集合的单数形式如 user。

3. where

和 SQL 中的 WHERE 子句一样，LINQ 中的 where 子句允许筛选查询返回的对象。下列的查询将返回指定姓名的用户：

```
var user= from u in weiboEntity.W_USER
            where u.userName == "赵智喧"
            select u;
```

4. orderby

使用 orderby 可以对结果集合中的项进行排序。orderby 后面可以通过逗号分隔来指定多个条件。紧跟着的是可选的用来指定排序顺序的 ascending(升序)和 descending(降序)关键字，默认排序方式为升序。例如，下列的查询将把结果按 userLogin 升序，按 userName 列降序排列：

```
var result= from u in weiboEntity.W_USER
            where u.userSex == "男"
            orderby u.userLogin ascending, u.userName descending
```

```
        select u;
```

5. Sum、Min、Max、Average 和 Count

这些聚集运算符允许在结果集中的对象上进行数学计算。Sum 是求和运算符；Min 是求最小值运算符；Max 是求最大值运算符；Average 是求平均值运算符；Count 是计数运算符。例如，要检索指定用户的听众数，可以执行如下查询：

```
var result = (from uf in weiboEntity.W_USER_FUN
              where uf.funUserId == userId
              select uf).Count();
```

6. Take、Skip、TakeWhile 和 SkipWhile

Take 和 Skip 允许在结果集中作子选择。这很适用于分页情况，其中只检索当前页面的记录。Take 从结果集中获取所请求数量的元素，然后忽略其余的；而 Skip 则相反，它跳过请求数量的元素，然后返回其余的。

在 EF 中，Take 和 Skip 操作符也被转换为 SQL 语句。这意味着分页是在数据库级发生的，而不是在 ASP.NET 页面中。这大大增强了查询的性能，特别是对于一些较大的结果集更是如此，因为不是所有的元素都必须从数据库转移到 ASP.NET 页面中。

知识点

要想使用 Skip，必须在跳过指定数量的记录之前，向查询中添加一个 orderby 子句来对结果进行排序。如果不显式地添加 orderby 子句，数据库就可能以无法预知的顺序返回结果。因此，在 LINQ 查询中添加 orderby 动作有助于从 Skip 方法获得一致的结果，因为在跳过和获取记录之前，会先对它们进行排序。

下面的例子显示了如何检索第二页的记录，假定页面大小为 10：

```
var result = (from u in weiboEntity.W_USER
              orderby u.userName descending
              select u).Skip(10).Take(10);
```

和 Count 一样，该查询也被括在一对括号中，然后调用 Skip 和 Take 来获取请求的记录。

TakeWhile 和 SkipWhile 查询操作符的工作方式类似，但允许在特定条件满足时获取或跳过一些记录。遗憾的是，在 EF 中无法使用它们，但是通常可以通过给查询添加一个简单的 Where 子句来解决这个问题。

7. Single 和 SingleOrDefault

Single 和 SingleOrDefault 操作符允许返回单个对象作为强类型化实例。如果已知查询只返回一条记录时将很有用，例如，通过 userLogin 查询用户信息，代码如下：

```
var result = (from uf in weiboEntity.W_USER
              where u.userLogin == "zyd"
              select u).Single();
```

如果请求的项未找到或是查询返回多个实例，Single 操作符就会引发异常。如果想让该方法返回 null(没找到)，或是返回相关数据类型的默认值(如 Integer 型的 0、Boolean 型的 False 等)，则使用 SingleOrDefault。

提示------------------------------
即使查询结果只有一条记录，如果未调用 Single，则仍会返回一个列表集合。通过使用 Single，可强制结果集为所查询类型的单个实例。

8. First、FirstOrDefault、Last 和 LastOrDefault

这些操作符允许返回特定对象序列对象中的第一个或最后一个元素。和 Single 方法一样，如果集合为空，First 和 Last 就会抛出异常，而 FirstOrDefault 和 LastOrDefault 则返回相关数据类型的默认值。

与 Single 不同的是，当查询返回多个项时，First、FirstOrDefault、Last 和 LastOrDefault 操作符并不抛出异常。

但是， EF 中并不支持 Last 和 LastOrDefault 查询。不过，通过使用 First 和降序排列可以实现与之相同的操作。

6.3.2 用匿名类型定型数据

到目前为止，在前面几节中看到的查询都返回的是全类型。即查询返回了一个 W_USER 实例的列表(例如 select 方法)或是一个数值(如 Count)。

不过，有时候并不需要这些对象的所有信息，或者想对某些信息进行映射或转换。例如在【例6-3】中，希望在 GridView 的标题列显示中文描述信息，这时可以通过匿名类型(anonymous type)来重新定义要显示的列。

匿名类型是一种不需要像使用其他类型(如类)时那样预先定义名称的类型。而是可以通过选择数据，然后让编译器推断其类型来进行构造。

创建匿名类型很简单，不需要使用像 select u 这样的语句选择实际的对象，而是使用 new 关键字，然后在一对花括号中定义要选择的属性。例如：

```
var user= from u in weiboEntity.W_USER
          where u.userLogin == "zyd"
          select new{u.userName,u.userAddress};
```

尽管这一类型是匿名的，不能通过名称直接访问，但编译器仍能推断其类型，对于在查询中选择的新属性提供了完全智能识别感知功能。

除了直接选择已有属性外，还可以创建属性值并提供不同的名称。例如，修改【例 6-3】中查询用户收听和听众信息的 LINQ 语句，创建一个新的匿名类型，重命名所有列，修改后的代码如下：

```
protected void DropDownList1_SelectedIndexChanged(object sender, EventArgs e)
{
    int userId = Int32.Parse(DropDownList1.SelectedValue);
    using (WeiBoEntities weiboEntity = new WeiBoEntities())
    {
        var users = from user in weiboEntity.W_USER
                    where ( from userFun in weiboEntity.W_USER_FUN
                            where userFun.userId == userId
                            select userFun.userId).Contains(user.userId)
                    select new
                    {
                        用户 ID = user.userId,
                        姓名 = user.userName,
                        登录名 = user.userLogin,
                        性别 = user.userSex,
                        生日 = user.userBirthday,
                        所在地 = user.userAddress,
                        Email = user.userEmail,
                        电话 = user.userTelephone,
                        个人简介 = user.userInfo
                    };
        GridView1.DataSource = users.ToList();//显示用户收听的人
        GridView1.DataBind();
        var userFuns = from user in weiboEntity.W_USER
                    where (from userFun in weiboEntity.W_USER_FUN
                        where userFun.funUserId == userId
                        select userFun.userId).Contains(user.userId)
                    select new
                    {
                        用户 ID = user.userId,
                        姓名 = user.userName,
                        登录名 = user.userLogin,
                        性别 = user.userSex,
                        生日 = user.userBirthday,
                        所在地 = user.userAddress,
```

```
                                    Email = user.userEmail,
                                    电话 = user.userTelephone,
                                    个人简介 = user.userInfo
                            };
            GridView2.DataSource = userFuns.ToList();//显示用户的听众
            GridView2.DataBind();
        }
    }
```

页面的运行效果如图 6-9 所示。

图 6-9　使用匿名类重命名列后的效果

6.4　使用数据控件和 LINQ

在前面的例子中，将 LINQ 查询的结果指派给控件的 DataSource 属性，然后调用 DataBind 方法即可显示在页面中。但是，这种方法只能显示数据，它不支持直接编辑、更新和删除数据。本节将介绍 EntityDataSource 控件和数据控件的绑定，使用这些控件可以很容易地实现编辑、更新和删除功能。

6.4.1　EntityDataSource 简介

EntityDataSource 和 SqlDataSource 及其他数据源控件类似。EntityDataSource 控件对于 EF 就像 SqlDataSource 控件之于基于 SQL 的数据源：它提供了一个声明性的方法来访问支持 LINQ 的数据源模型。和 SqlDataSource 控件一样，EntityDataSource 提供了对 CRUD 操作的轻松访问，另外使数据排序和筛选也变得非常简单。EntityDataSource 控件的主要属性如表 6-1 所示。

表 6-1　EntityDataSource 控件的主要属性

属　　性	描　　述
EnableDelete EnableInsert EnableUpdate	表明确定控件是否提供自动插入、更新和删除功能。如果启用，可以结合使用该控件和数据绑定控件(如 GridView 或 ListView)来支持数据管理。后面会介绍其应用

(续表)

属　　性	描　　述
ContextTypeName	控件将使用 ObjectContext 类的名称
EntitySetName	所使用的 EF 关系图中的表实体集名，如 W_USER
Select OrderBy Where	允许定义 EntityDataSource 控件对模型触发的查询。每个属性都映射到前面见到过的一个查询操作

⑥.4.2　使用 EntityDataSource

和数据绑定控件一起，EntityDataSource 通过 EF 提供了对底层 SQL Server 数据库的完全访问。下面的【例 6-4】将显示了如何在 ASPX 页面中使用该控件。

【例 6-4】使用 EntityDataSource 作为数据控件的数据源。

(1) 启动 VS 2012，新建空网站【例 6-4】。

(2) 按【例 6-3】介绍的方法添加【ADO.NET 实体数据模型】Model.edmx，在【选择数据库对象】一步中，选择 W_USER 表，由于后面配置 EntityDataSource 控件时需要配置 ObjectContext，所以需要设置实体数据模型的【代码生成策略】为"默认值"，如图 6-10 所示。

(3) 添加名为 Default.aspx 的页面，并在页面中添加一个 EntityDataSource 控件，在【EntityDataSource 任务】面板中单击【配置数据源】链接，开始配置数据源。

(4) 第一步是【配置 ObjectContext】，在此选择刚才创建的实体数据模型的命名连接 WeiBoEntities，如图 6-11 所示。

图 6-10　设置【代码生成策略】　　　图 6-11　【配置 ObjectContext】对话框

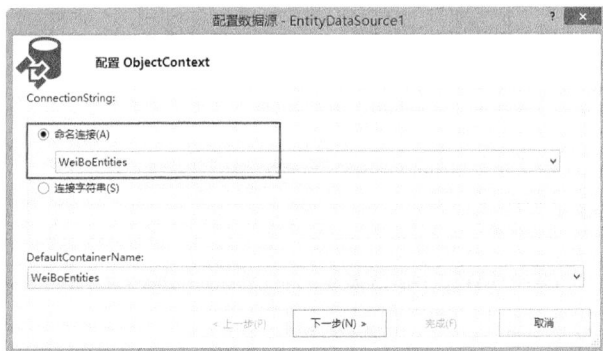

(5) 单击【下一步】按钮，在【配置数据选择】对话框中选择 W_USER 实体集，并选中下面的 3 个复选框，如图 6-12 所示。单击【完成】按钮，完成数据源的配置。

(6) 在 Default.aspx 页面中添加一个 DetailsView 控件。设置控件的数据源为前面创建的数据源 EntityDataSource1，并选中【DetailsView 任务】面板中的【启用分页】、【启用插入】、【启用编辑】和【启用删除】复选框，然后通过【编辑字段】选项，编辑各列的 HeaderText 属性为中文描述，并删除密码和头像字段。

(7) 无须编写任何代码，编译并运行程序，在浏览器中浏览 Default.aspx 页面，效果如图 6-13 所示。

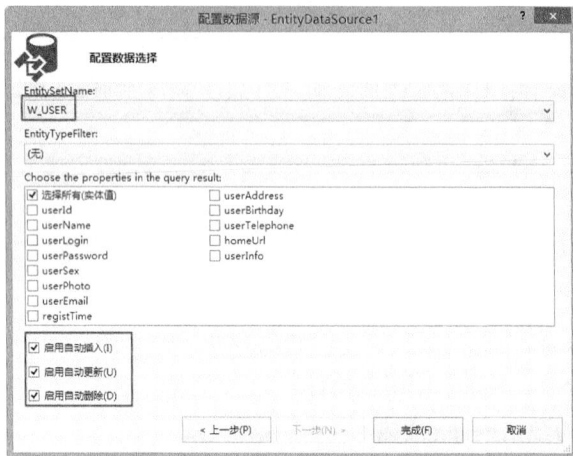

图 6-12　【配置数据选择】对话框　　　　图 6-13　页面效果

知识点

通过这个示例可以看出，创建和使用 EntityDataSource 数据源控件的方法和使用 SqlDataSource 控件类似。

6.5　上机练习

在【例 6-4】中，当插入新用户或者编辑某个用户信息时，对于"性别"列是要求用户输入文本，而对于该字段只有两个可选值："男"和"女"。显然，让用户直接输不是非常友好，而且容易出错，理想的情况是让用户进行选择。下面的上机练习将介绍如何实现这种功能。

要对数据控件的模版进行编辑，就不能使用 DetailsView 控件了，本节使用 ListView 控件来实现。VS 根据 EntityDataSource 中的信息生成 ListView 控件的默认模板只适合于最常见的几种情况。本章的上机练习就是通过自定义 ListView 控件的 InsertItemTemplate 和 EditItemTemplate，让用户选择"性别"。

(1) 启动 VS 2012，新建空网站【上机练习 6】。

(2) 按前面介绍的方法添加【ADO.NET 实体数据模型】Model.edmx，在【选择数据库对象】一步中，选择 W_USER 表。

(3) 添加名为 Default.aspx 的页面，页面中添加一个 ListView 控件，然后为其配置数据源，选择【<新建数据源>】选项，启动数据源配置向导。

(4) 在【选择数据源类型】对话框中选择 Entity 类型，选择实体集 W_USER，配置完数据源之后，系统将创建数据源 EntityDataSource1。

(5) 返回 Default.aspx 的设计视图，配置 ListView 控件，布局选择【网格】，样式选择【彩色型】，同时选中【启用编辑】、【启用插入】、【启用删除】和【启用分页】复选框，如图 6-14 所示。单击【确定】按钮关闭该对话框。

(6) 接下来就是配置 ListView 控件的模版，这些模版的配置必须在源视图中进行。在源视图中找到 ListView 控件，删除所有模版中绑定密码和头像字段的相应代码(这两列不做显示和编辑操作)，修改 LayoutTemplate 模板中的列标题为中文描述。

图 6-14　【配置 ListView】对话框

(7) 然后定位到 InsertItemTemplate 标记，为了让用户选择性别，需要用 RadioButtonList 控件取代原来的 TextBox 控件，修改后的代码如下：

```
<asp:RadioButtonList ID="RadioButtonList1" runat="server" RepeatDirection="Horizontal">
    <asp:ListItem Text="男" Selected="True" Value="男"></asp:ListItem>
    <asp:ListItem Text="女" Value="女"></asp:ListItem>
</asp:RadioButtonList>
```

(8) 在设计视图中选择 EntityDataSource1，打开其【属性】面板，切换到【事件】选项卡，双击 Inserting 事件，如图 6-15 所示。

(9) 在数据源控件的 Inserting 事件处理程序中，添加如下代码：

```
protected void EntityDataSource1_Inserting(object sender, EntityDataSourceChangingEventArgs e)
{
    WeiBoModel.W_USER user = (WeiBoModel.W_USER)e.Entity;
    RadioButtonList rdol = (RadioButtonList)ListView1.InsertItem.FindControl("RadioButtonList1");
    user.userSex = rdol.SelectedValue;
}
```

上述代码在用户按下【插入】按钮时触发，在这一事件处理程序中，通过 e.Entity 获取当前记录，另外添加了一些代码来"发现" InsertItem 模板中的 RadioButtonList 控件。

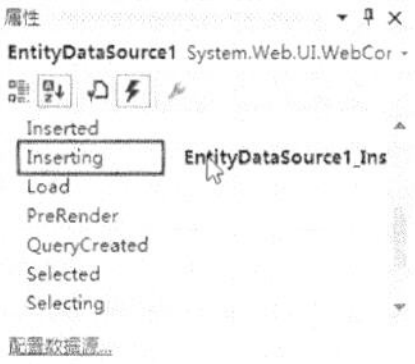

图 6-15　为数据源控件添加 Inserting 事件

知识点

因为可能会有名称相同的多个控件(例如 InsertItemTemplate 和 EditItemTemplate 中的控件名可以相同)，所以不能直接访问 RadioButtonList 控件，而是需要在 InsertItem 对象上使用 FindControl 来搜索该控件。

(10) 类似的，在 ListView 控件的 EditItemTemplate 模版中也修改"性别"字段为 RadioButtonList 控件，然后响应 EntityDataSource 控件的 Updating 事件，通过在 EditItem 对象上使用 FindControl 来搜索用户在编辑记录时选择的性别，代码如下：

```
protected void EntityDataSource1_Updating(object sender, EntityDataSourceChangingEventArgs e)
{
    WeiBoModel.W_USER user = (WeiBoModel.W_USER)e.Entity;
    RadioButtonList rdol = (RadioButtonList)ListView1.EditItem.FindControl("RadioButtonList1");
    user.userSex = rdol.SelectedValue;
}
```

(11) 编译并运行程序，在浏览器中打开 Default.aspx 页面，效果如图 6-16 所示。

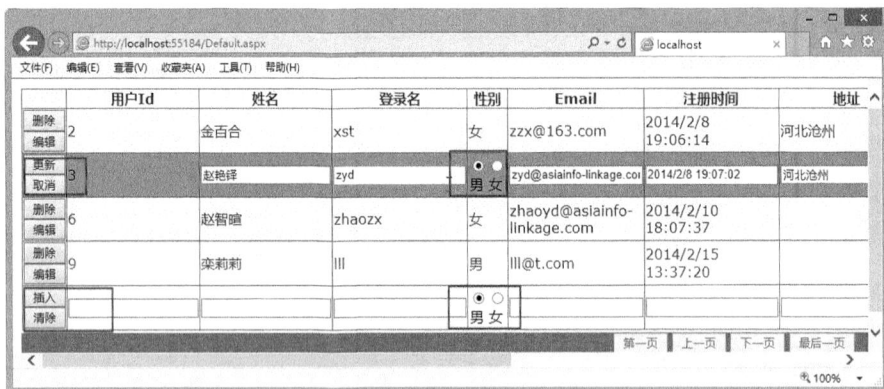

图 6-16　页面效果

6.6　习题

1. 要使用 LINQ，必须引入哪个命名空间？
2. 什么是匿名类，如何定义匿名类？
3. LINQ 查询表达式以什么开头？
4. Single 操作符有什么作用？
5. 如何添加 ADO.NET 实体数据模型。
6. EntityDataSource 数据源控件有什么用？
7. 在上机练习的基础上，继续编辑 EditItemTemplate 模板，将生日字段修改为使用日历控件进行选择。

第7章

ASP.NET AJAX

学习目标

Ajax 是一种广泛而且十分有趣的技术，可以给站点增加许多功能。ASP.NET AJAX 采用异步编程方式，与前面学习的同步编程模式有所不同，最大的特点是提供对客户端脚本的自动管理。利用 ASP.NET AJAX 服务器控件，可以实现局部页面更新的效果。本章首先介绍了 ASP.NET AJAX 的基本知识，然后详细讲解 ASP.NET AJAX 服务器控件的使用方法。通过本章的学习，读者可以掌握 ASP.NET AJAX 提供的各种服务器控件的使用用法。

本章重点

⊙ 了解 ASP.NET AJAX 的基本知识

⊙ 使用 UpdatePanel 控件

⊙ 使用 UpdateProgress 控件通知用户 Ajax 操作的进程

⊙ 使用 Timer 控件更新 UpdatePanel

7.1 Ajax 概述

本书前面已经介绍了浏览器如何与服务器进行交互。浏览器使用 GET 或 POST 方法来请求页面，服务器处理该页面，并回发生成的 HTML 代码。然后，浏览器解析该 HTML 代码并将页面呈现给用户，并有选择地下载任意的外部资源，如图像、脚本文件和 CSS 样式表。当用户之后与页面交互例如通过单击按钮来提交一个已填好信息的联系表单时，页面被回发给服务器，之后浏览器会再次加载整个页面。

尽管上述模型已经在 Web 页面中使用了很多年，但是它仍然存在一些缺陷。首先，因为整个页面是在回发后被加载的，因此发送到浏览器的 HTML 代码量要远大于浏览器所需要的；加载整个页面的第二个缺陷与浏览器显示页面的方式有关，由于整个页面被替换掉，因此浏览器会不得不关闭旧页面，再打开新页面，这样就会使页面"闪烁"，从而使其失去对用户的吸引力。Ajax 就是为了解决上述两个问题而产生的。

(7)1.1 Ajax 简介

Ajax(Asynchronous JavaScript and XML)技术是由 Jesse James Garrett 提出的，是综合异步通信、JavaScript 以及 XML 等多种网络技术新的编程方式。如果从用户看到的实际效果来看，也可以形象地称之为无页面刷新技术。

Ajax 技术的主要内容包括：基于 Web 标准 XHTML+CSS 的表示；使用 DOM(Document Object Model)进行动态显示及交互；使用 XML 和 XSLT 进行数据交换及相关操作；使用 XMLHttpRequest 进行异步数据检索；使用 JavaScript 将所有的东西绑定在一起等。

Ajax 技术的最大优点是能在不更新整个页面的前提下维护数据。这使得 Web 应用程序能够更为迅速地回应用户动作，并避免了在网络上发送那些没有改变过的信息。

要使用 Ajax 功能增强 Web 站点，可以选择不同的 Ajax 架构。其中许多架构都能提供一组功能和工具，包括用于在浏览器和服务器端激活 Ajax 的客户端 JavaScript 架构。

(7)1.2 ASP.NET AJAX

2005 年，Microsoft 公司在专业开发人员大会上宣布将在 ASP.NET 上实现 Ajax 功能(开发代号为 Atlas)，主要是为了充分利用客户端 JavaScript、DHTML 和 XMLHttpRequest 对象，目的是帮助开发人员创建更具交互性的支持 Ajax 的 Web 应用程序。直到 2007 年 1 月，Microsoft 公司才真正推出了具有 Ajax 风格的异步编程模型，这就是 ASP.NET AJAX 1.0。同时，为了与其他的 Ajax 技术区分，Microsoft 公司用大写的 AJAX，并在其前面加上 ASP.NET。

ASP.NET AJAX 1.0 是以可以在 ASP.NET 2.0 之上安装的单独一个下载的形式发布的。从.NET Framework 3.5 开始，所有这些都成为 ASP.NET 所固有的特性，这意味着在构建或部署应用时，不再需要下载和安装单独的 ASP.NET AJAX 安装文件。

在 ASP.NET 4.5 中，它被完全集成在.NET 4.5 Framework 和 VS 2012 中，并且与其他客户端架构(包括 jQuery)具有很好的互操作性。

通过 ASP.NET AJAX，开发人员可以实现如下功能：

- ◉ 创建无闪烁页面，它们允许刷新部分页面，而不需要全部重载，也不会影响页面的其他部分。
- ◉ 在这些页面刷新过程中给用户提供反馈。
- ◉ 更新部分页面，使用计时器按计划调用服务器端的代码。
- ◉ 访问服务器端 Web 服务和页面方法，使用它们返回的数据。
- ◉ 使用富客户端编程架构访问和修改页面中的元素，访问代码模型和典型系统。

ASP.NET AJAX 包括两个重要的部分：ASP.NET AJAX 服务器控件和客户端 ASP.NET

AJAX Library。

对于 Web 开发来说，ASP.NET AJAX 从基础框架实现，到客户端与服务器的通信，都发生了翻天覆地的变化。相对于 ASP.NET 来说，ASP.NET AJAX 是一种更为成熟的 Web 开发技术。下面将介绍 ASP.NET AJAX 主要控件 ScriptManager、UpdatePanel、UpdateProgress 和 Timer 的使用方法。

7.2　使用 AJAX 控件

ASP.NET AJAX 完全综合集成到了 ASP.NET 和 VS 中，这就意味着开发人员可以使用它了。此外，工具箱的【AJAX 扩展】类别包含了要在页面中使用的与 AJAX 相关的控件。VS 还对 ASP.NET AJAX 提供了大力支持，它为服务器端的控件和客户端的 JavaScript 代码提供了智能感知功能。

7.2.1　ScriptManager 控件

ScriptManager 控件是 ASP.NET AJAX 的核心，它提供了处理页面上的所有 ASP.NET AJAX 控件(UpdatePanel、UpdateProgress 等)的支持，若没有该控件，其他 ASP.NET AJAX 控件就无法工作，并且所有需要支持 ASP.NET AJAX 的 ASP.NET 页面上只能有一个 ScriptManager 控件。另外，ScriptManager 控件还可以生成相关的客户端代理脚本，以便能够在客户端脚本中访问 Web 服务。

1. ScriptManager 控件的属性和方法

ScriptManager 类有许多属性，其中大多数都用于高级场景。在很多情况下，不需要改变 ScriptManager 类的任何属性；而在有些情况下，需要改变或设置其某些属性。如表 7-1 所示列出了 ScriptManager 控件的一些常见属性。

表 7-1　ScriptManager 控件的重要属性

属　　性	描　　述
AllowCustomErrorsRedirect	该属性确定 Ajax 运行过程中出现的错误是否会导致加载自定义的错误页面。默认为 True；设置为 False 时，错误在浏览器中显示为 JavaScript 通知窗口，或者在禁止调试时对客户端隐藏。注意，如果没有配置任何自定义错误页面，错误就总是显示为 JavaScript 通知
AsyncPostBackErrorMessage	异步回传发生错误时的错误信息。如果没有使用自定义错误页面，这个属性允许自定义错误消息，当发生 Ajax 错误时，用户可以看到这条错误消息
AsyncPostBackTimeout	异步回传时超时限制，默认值为 90，单位为秒
EnablePageMethods	这个属性确定是否允许客户端代码调用页面内定义的方法。后面将讨论其工作原理
EnablePartialRendering	该属性确定 ScriptManager 是否支持使用 UpdatePanel 控件呈现部分页面。除非想阻止整个页面的部分更新，否则应该将它设置为 True

(续表)

属　性	描　　述
EnableCdn	若该属性设置为 True，ASP.NET 将会包含微软的 Content Delivery Network 站点上(而不是自己的服务器上)的客户端框架文件的链接。这样可以节省一些带宽，如果用户已经从使用这些文件的其他站点那里获取了这些文件的高速缓存副本，这样做还可能会提高页面首次加载时的速度
MicrosoftAjaxMode	该属性可用于确定是否包含 Microsoft AJAX 客户端库。该属性允许使用 ScriptManager 控件完成与服务器相关的任务(如注册客户端脚本)，而不需要在页面中嵌入客户端框架
ScriptMode	指定 ScriptManager 发送到客户端的脚本的模式，有 4 种模式：Auto、Inherit、Debug、Release，默认值为 Auto
ScriptPath	设置所有的脚本块的根目录，作为全局属性，包括自定义的脚本块或者引用第三方的脚本块。如果在 Scripts 中的<asp:ScriptReference />标签中设置了 Path 属性，它将覆盖该属性
Scripts	ScriptManager 控件的<Scripts>子元素允许添加客户端在运行时必须下载的其他 JavaScript 文件
CompositeScript	和<Scripts>元素一样，<CompositeScript>元素也允许添加其他 JavaScript 文件。但是，在<Composite-Script>元素下注册的文件都被合并为一个单独的、可下载的文件，从而可以减小网络开销并提高页面的性能
Services	<Services>元素允许定义客户端页面能够访问的 Web 服务
OnAsyncPostBackError	异步回传发生异常时的服务端处理函数，在这里可以捕获一场信息并作相应的处理
OnResolveScriptReference	指定 ResolveScriptReference 事件的服务器端处理函数，在该函数中可以修改某一条脚本的相关信息如路径、版本等

ScriptManager 控件是客户端页面和服务器之间的桥梁。它管理脚本资源(客户端使用的 JavaScript 文件)，负责部分页面的更新，处理与 Web 站点的交互，例如 Web 服务和 ASP.NET 应用程序服务(如成员、角色和配置文件)。

如果认为只在一小部分页面上需要 Ajax 性能，那么通常可以将 ScriptManager 控件直接放置到内容页中。也可以将 ScriptManager 控件放置在母版页中，这样它便在整个站点中都可用。

2. ScriptManager 控件的用法

要使用 ASP.NET AJAX 提供的功能，必须在网页中包含一个 ScriptManager 控件。添加 ScriptManager 控件后，将生成如下代码：

```
<asp:ScriptManager ID="ScriptManager1" runat="server">
</asp:ScriptManager>
```

在介绍完 UpdatePanel 控件后，将一起举例说明 ScriptManager 控件的用法。

7.2.2　UpdatePanel 控件

　　UpdatePanel 控件是 ASP.NET AJAX 中很重要的一个控件，它可以用来创建局部更新的 Web 应用程序。有了 UpdatePanel 控件，开发者不需要编写任何客户端脚本，只需在页面上添加 UpdatePanel 控件和 ScriptManager 控件就可以自动实现局部页面信息更新。

1. UpdatePanel 控件的工作原理

　　UpdatePanel 控件的工作过程如图 7-1 所示。

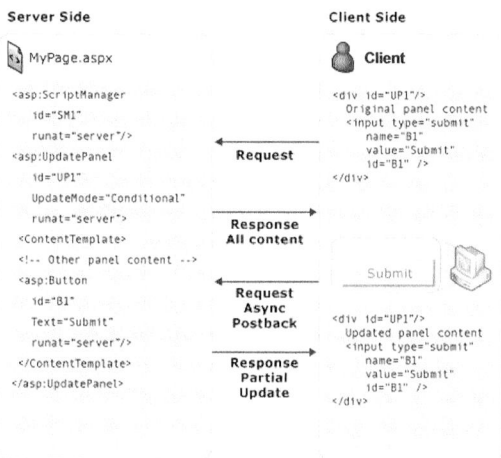

知识点

　　UpdatePanel 控件的工作依赖于 ScriptManager 控件和客户端 PageRequestManager 类。当 ScriptManager 允许页面局部更新时，它会以异步的方式回传给服务器，与传统的整页回传方式不同的是只有包含在 UpdatePanel 中的页面部分才会被更新，在从服务器返回 XHTML 之后，PageRequestManager 会通过操作 DOM 对象来替换需要更新的代码片段。

图 7-1　UpdatePanel 控件的工作原理

　　当客户端第一次向服务器发出请求时，服务器返回整个页面。除此之外，均通过异步回传方式对页面进行局部更新。

2. UpdatePanel 控件的属性

　　UpdatePanel 控件的常用属性如表 7-2 所示。

表 7-2　UpdatePanel 控件的重要属性

属　　性	描　　述
ChildrenAsTriggers	该属性确定位于 UpdatePanel 内的控件能否刷新 UpdatePanel。其默认值是 True，当该值设置为 False 时，必须将 UpdateMode 设置为 Conditional。注意，当设置为 False 时，UpdatePanel 内定义的控件仍然会引发到服务器的回发，只是不再自动更新面板
Triggers	Triggers 集合包含 PostBackTrigger 和 AsyncPostBackTrigger 元素。如果要实现完整的页面刷新，那么就可以用第一个；而如果要使用在面板之外定义的控件更新 UpdatePanel，则用第二个
RenderMode	该属性表示 UpdatePanel 最终呈现的 HTML 元素。Block(默认)表示<div>，Inline 表示<span>

(续表)

属　　性	描　　述
UpdateMode	该属性表示 UpdatePanel 的更新模式，有两个选项：Always 和 Conditional。Always 是不管有没有 Trigger，其他控件都将更新该 UpdatePanel，Conditional 表示只有当前 UpdatePanel 的 Trigger，或 ChildrenAsTriggers 属性为 true 时当前 UpdatePanel 中控件引发的异步回送或者整页回送，或是服务器端调用 Update()方法才会引发更新该 UpdatePanel
ContentTemplate	尽管在 UpdatePanel 的【属性】面板中不可见，但<ContentTemplate>是 UpdatePanel 的一个重要属性。它是一个容器，用于定义 UpdatePanel 的内容，可以将控件放置在该容器中作为 UpdatePanel 的子控件

3. 实现局部更新

在一个页面中，如果需要局部更新的内容较少，可以放置一个 UpdatePanel 控件，在该控件内实现局部更新的效果。下面通过具体的实例介绍在 UpdatePanel 中实现局部更新的方法。

【例 7-1】在 UpdatePanel 中实现局部更新。

(1) 启动 VS 2012，新建空网站【例 7-1】。

(2) 添加名为 Default.aspx 的页面，向页面中添加 ScriptManager 和 UpdatePanel 控件各一个。

(3) 在 UpdatePanel 内部添加一个 Label 控件和两个 Button 控件，同时在 UpdatePanel 外面也添加两个 Button 控件。

(4) 设置 4 个按钮的 Text 属性分别为 "UpdatePanel 内的完整页面刷新"、"异步刷新"、"UpdatePanel 外" 和 "UpdatePanel 外异步刷新"。

(5) 选中 UpdatePanel 控件，通过【属性】面板设置其 Triggers 属性，这是一个集合属性，单击属性右侧的按钮，打开【UpdatePanelTrigger 集合编辑器】对话框，单击【添加】按钮右侧的倒三角形，打开一个下拉菜单，如图 7-2 所示，可以添加两类元素：PostBackTrigger 和 AsyncPostBackTrigger。本例中设置 Button1 为 PostBackTrigger，Button4 为 AsyncPostBackTrigger。

> **提示**
> 如果在【属性】面板中找不到 Triggers 属性，可能是因为页面中没有添加 ScriptManager 控件。

(6) 切换到源视图，相应的代码如下：

```
<div>
    <asp:ScriptManager ID="ScriptManager1" runat="server">
    </asp:ScriptManager>
    <asp:UpdatePanel ID="UpdatePanel1" runat="server">
        <ContentTemplate>
            <asp:Label ID="Label1" runat="server" Text="获取当前时间"></asp:Label>
            <br />
```

```
        <asp:Button ID="Button1" runat="server" Text="UpdatePanel 内的完整页面刷新"
            onclick="Button1_Click" />
        <asp:Button ID="Button2" runat="server" Text="异步刷新" onclick="Button2_Click" />
    </ContentTemplate>
    <Triggers>
        <asp:PostBackTrigger ControlID="Button1" />
        <asp:AsyncPostBackTrigger ControlID="Button4"/>
    </Triggers>
</asp:UpdatePanel><br />
<asp:Button ID="Button3" runat="server" Text="UpdatePanel 外" onclick="Button3_Click" />
<asp:Button ID="Button4" runat="server" onclick="Button4_Click" Text="UpdatePanel 外异步刷新" />
</div>
```

图 7-2 【UpdatePanelTrigger 集合编辑器】对话框

(7) 分别为 4 个 Button 控件添加单击事件处理程序，代码如下：

```
protected void Button1_Click(object sender, EventArgs e)
{
    Label1.Text = "UpdatePanel 内整个页面刷新，当前时间：" + DateTime.Now.ToString();
}
protected void Button2_Click(object sender, EventArgs e)
{
    Label1.Text = "局部刷新无闪烁，当前时间：" + DateTime.Now.ToString();
}
protected void Button3_Click(object sender, EventArgs e)
{
    Label1.Text = "UpdatePanel 外整个页面刷新，当前时间：" + DateTime.Now.ToString();
}
protected void Button4_Click(object sender, EventArgs e)
{
    Label1.Text = "UpdatePanel 外异步刷新，当前时间：" + DateTime.Now.ToString();
}
```

（8）编译并运行程序，分别单击不同的按钮，观察有什么不同。如图 7-3 所示的是页面运行效果。

图 7-3　页面运行效果图

知识点

　　通过 Triggers 属性可以将 UpdatePanel 外的控件设置为异步刷新，所以在使用母版页的时候，通常可以在母版页中放置 ScriptManager 控件。在内容页使用 UpdatePanel，通过 Triggers 属性设置母版页中的控件实现局部更新。

可以看到，虽然单击每个按钮都实现了获取最新的时间，但页面刷新效果却不同。通常默认情况下，在 UpdatePanel 内部的服务器控件采用的是异步回传方式，实现 UpdatePanel 的局部更新，而在 UpdatePanel 外面的服务器控件采用的是同步回传方式，实现整个页面的刷新。而使用了 Triggers 属性后，虽然 Button1 按钮在 UpdatePanel 内部，但实现的是整个页面的更新，而在 UpdatePanel 外面的 Button4 按钮却实现了 UpdatePanel 局部更新。

4. 在同一页面上使用多个 UpdatePanel

使用 UpdatePanel 的时候并没有限制在一个页面中使用多少个 UpdatePanel，所以可以为不同的区域加上不同的 UpdatePanel。由于 UpdatePanel 默认的 UpdateMode 是 Always，如果页面上有一个局部更新被触发，则所有的 UpdatePanel 都将更新，要想只更新某个 UpdatePanel，只需把 UpdateMode 设置为 Conditional 即可。

下面的【例 7-2】就包括两个 UpdatePanel，其中一个用来输入数据，而另一个则用来显示数据，两个 UpdatePanel 的 UpdateMode 属性都设置为 Conditional。当单击【新增】按钮时，两个 UpdatePanel 都更新；单击【取消】按钮时，只有 UpdatePanel2 更新。

【例 7-2】在同一页面中使用多个 UpdatePanel。

（1）启动 VS 2012，新建空网站【例 7-2】。

（2）添加名为 Default.aspx 的页面，向页面中加一个 ScriptManager 和两个 UpdatePanel 控件。

（3）在 UpdatePanel1 中添加一个 ListBox 控件，在 UpdatePanel2 中添加一个 TextBox 控件和两个 Button 控件，单击【添加】按钮，将把 TextBox 控件的值添加项到 ListBox 中；单击【取消】按钮，将清空 TextBox 控件。

（4）设置两个 UpdatePanel 控件的 UpdateMode 属性为 Conditional。设置 UpdatePanel1 的 Triggers 属性为 Button1 异步刷新 AsyncPostBackTrigger。

（5）切换到源视图，修改相应的代码如下，即在每个 UpdatePanel 控件中分别添加代码显示当前时间：

```
<div>
    <asp:ScriptManager ID="ScriptManager1" runat="server">
    </asp:ScriptManager>
```

```
<asp:UpdatePanel ID="UpdatePanel1" runat="server" UpdateMode="Conditional">
    <ContentTemplate>
        <fieldset style="width:250px;">
        <legend >UpdatePanel1</legend>
        <asp:ListBox ID="ListBox1" runat="server" Width="108px"></asp:ListBox>
        <br />当前时间：<%=DateTime.Now %>
    </ContentTemplate>
    <Triggers>
        <asp:AsyncPostBackTrigger ControlID="Button1" />
    </Triggers>
</asp:UpdatePanel>
<asp:UpdatePanel ID="UpdatePanel2" runat="server">
    <ContentTemplate>
        <fieldset style="width:250px;">
        <legend >UpdatePanel2</legend>
        <asp:TextBox ID="TextBox1" runat="server"></asp:TextBox>
        <br />
        <asp:Button ID="Button1" runat="server" Text="新增" onclick="Button1_Click" />
        <asp:Button ID="Button2" runat="server" Text="取消" onclick="Button2_Click" />
        <br />当前时间：<%=DateTime.Now %>
    </ContentTemplate>
</asp:UpdatePanel>
</div>
```

(6) 为两个 Button 控件添加事件处理程序，代码如下：

```
protected void Button1_Click(object sender, EventArgs e)
{
    if (TextBox1.Text != "")
        ListBox1.Items.Add(TextBox1.Text);
}
protected void Button2_Click(object sender, EventArgs e)
{
    TextBox1.Text = "";
}
```

(7) 编译并运行程序，在浏览器中打开 Default.aspx 页面，在 UpdatePanel2 中的 TextBox 控件中输入一个值，单击【添加】按钮，可以看到，该值将添加到 UpdatePanel1 中的 ListBox 中。同时，对两个 UpdatePanel 中的时间进行了更新，如图 7-4 所示。

(8) 单击【取消】按钮，将只更新 UpdatePanel2 中的时间，如图 7-5 所示。

图 7-4　同时更新多个 UpdatePanel 控件　　　图 7-5　只更新指定的 UpdatePanel 控件

> **提示**
>
> 当发生 UpdatePanel 控件异步更新错误时，默认情况下会弹出一个错误对话框。如果设计者觉得不符合习惯，可以通过 ScriptManager 控件的 OnAsyncPostBackError 事件和 AsyncPostBackErrorMessage 属性捕捉和设置回传时的错误信息。

7.2.3　UpdateProgress 控件

虽然使用 UpdatePanel 和 ScriptManager 已经足以创建无闪烁页面，但 ASP.NET AJAX 提供了更多控件来增强用户在启用了 Ajax 的 Web 站点中的体验。改进用户体验的方法之一是使用 UpdateProgress 控件，另一种选择是使用 Timer 控件。本节就来介绍 UpdateProgress 控件。

UpdateProgress 控件一般与 UpdatePanel 控件结合使用，即在 UpdatePanel 异步更新过程中，显示提示信息。这些信息可以是一段文字、进度条或各种动画。当异步更新完成时，提示信息自动消失。

1. UpdateProgress 控件的属性

UpdateProgress 控件的常用属性如表 7-3 所示。

表 7-3　UpdateProgress 控件的常用属性

属　性	描　述
AssociateUpdatePanelID	设置哪个 UpdatePanel 控件产生的回送会显示 UpdateProgress 的内容，当关联的 UpdatePanel 控件忙于刷新时，就会显示在<ProgressTemplate>元素中定义的内容。通常要在模板中放入文本或动画图像(也接受其他标记)来让用户知道正在发生的事情
DisplayAfter	当引发回送后多少毫秒会显示 UpdateProgress 控件的内容，默认值是 500 毫秒
DynamicLayout	设置 UpdateProgress 控件的显示方式。如果为 true，当 UpdateProgress 控件不显示的时候不占用空间(默认)；为 false，当 UpdateProgress 控件不显示的时候仍然占用空间
ProgressTemplate	获取或设置定义 UpdateProgress 控件内存的模板

必须为 UpdateProgress 控件定义模板。否则，在 UpdateProgress 控件的 Init 事件发生期间会

触发异常。可通过将标记添加到 ProgressTemplate 元素，以声明的方式指定 ProgressTemplate 属性。如果要动态创建 UpdateProgress 控件，则应在页面的 PreRender 事件发生期间或发生之前进行创建。

知识点

如果没有设定 UpdateProgress 控件的 AssociateUpdatePanelID 属性，则任何一个异步更新都会使 UpdateProgress 控件显示出来。相反，如果将 UpdateProgress 控件的 AssociateUpdatePanelID 属性设置为某个 UpdatePanel 控件的 ID，那么，只有该 UpdatePanel 控件引发的异步更新才会使相关联的 UpdateProgress 控件显示出来。

2. 使用 UpdateProgress 控件

下面的【例 7-3】介绍了 UpdateProgress 控件的使用方法，当 UpdatePanel 控件异步更新时，显示 UpdateProgress 控件的提示内容。

【例 7-3】使用 UpdateProgress 控件给用户提供反馈信息。

(1) 启动 VS 2012，新建空网站【例 7-3】。

(2) 在【解决方案资源管理器】面板中，新建一个 images 文件夹，然后添加进度条动画文件 progress.gif 到该文件夹中。

(3) 添加名为 Default.aspx 的页面，在页面中添加一个 ScriptManager、一个 UpdatePanel 控件和一个 UpdateProgress 控件。

(4) 在 UpdatePanel 控件中添加一个 Label 控件和一个 Button 控件，设置 Button 控件的 Text 属性为 "提交"。

(5) 在 UpdateProgress 控件中添加文本 "正在刷新，请稍候…" 和一个 Image 控件，Image 控件的 ImageUrl 属性指向前面的进度条动画图片 progress.gif。

(6) 添加按钮控件的单击事件处理程序，代码如下：

```
protected void Button1_Click(object sender, EventArgs e)
{
    System.Threading.Thread.Sleep(5000);    //等待 5 秒
    Label1.Text = DateTime.Now.ToString();
}
```

(7) 编译并运行程序，运行效果如图 7-6 所示。

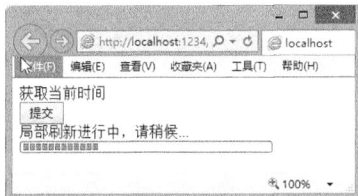

图 7-6　使用进度提示控件

本例中只有一个 UpdateProgress 控件，也可以在一个页面中使用多个 UpdateProgress 控件，通过设置 AssociateUpdatePanelID 属性来指定相关联的 UpdatePanel 控件。

> **提示**
>
> 虽然一个页面允许有多个 UpdateProgress 控件，但是在实际中，一般在一个页面中只放置一个 UpdateProgress 控件。

7.2.4 Timer 控件

Timer 控件是 ASP.NET AJAX 中又一个重要的服务器控件。通过它可以完成局部页面的定时更新，从而实现图片自动播放、超时自动退出等功能。

1. 属性和事件

Timer 控件的常用属性和事件如表 7-4 所示。

表 7-4 Timer 控件的常用属性和事件

属性和事件	描 述
Interval	该属性用于指定间隔时间，其设置值的单位是毫秒，默认值则是 60000 毫秒
Enabled	该属性用于表示是否允许 Tick 事件触发
Tick	该事件在 Interval 指定的间隔到期后触发

Timer 控件在 UpdatePanel 控件的内外部是有区别的。当 Timer 控件在 UpdatePanel 控件内部时，JavaScript 计时组件只有在一次回传完成后才会重新建立。也就是说直到网页回传完成之前，定时器间隔时间不会从头计算。例如，设置 Timer 控件的 Interval 属性值为 3000ms(3 秒)，但是回传操作本身却花了 2 秒才完成，则下一次的回传将发生在前一次回传被引发之后的 5 秒。而如果 Timer 控件位于 UpdatePanel 控件之外，则当定时器间隔到期以后，定时器间隔时间会立刻重新计算，下一次回传将发生在前一次回传被引发之后的 3 秒。

> **提示**
>
> 将 Timer 控件的 Interval 属性设置为较小的值会使得回送频率增加，也很容易使得 Web 服务器的流量大增，对整体资源耗用与效率都会造成不良的影响。因此尽量在确实需要的时候才使用 Timer 控件来定时更新页面上的内容。

2. 使用 Timer 控件定时更新 UpdatePanel

Timer 控件的用法非常简单。该控件按照指定的时间间隔激活 Tick 事件。在这个事件处理程序中，添加要刷新页面的代码即可。

【例 7-4】在 UpdatePanel 内部使用 Timer 控件。

(1) 启动 VS 2012，新建空网站【例 7-4】。

(2) 在【解决方案资源管理器】中，新建 images 文件夹，然后添加需要循环显示的图片文件 Hearts1.gif、Hearts2.gif、……、Hearts13.gif。

(3) 添加名为 Default.aspx 的页面，在页面中添加一个<h3>标题，输入文本"使用 Timer 控件循环显示红桃 1-K"。在<h3>标题的下面添加一个 ScriptManager 和一个 UpdatePanel 控件。

(4) 在 UpdatePanel 控件中添加一个 Label 控件、一个 Timer 控件和一个 Image 控件，设置 Timer 控件的 Interval 属性为 3000，设置 Image 控件的 ImageUrl 属性为 images 目录下的 Hearts1.gif。

(5) 添加页面的 Load 事件处理程序和 Timer 控件的 Tick 事件处理程序，代码如下：

```
protected void Page_Load(object sender, EventArgs e)
{
    if (Page.IsPostBack == false)
    {
        ViewState["number"] = 1;//设置网页上的变量
    }
}
protected void Timer1_Tick(object sender, EventArgs e)
{
    ViewState["number"] = (int)ViewState["number"] % 13 + 1;
    System.Threading.Thread.Sleep(2000);
    Label1.Text = DateTime.Now.ToString();
    Image1.ImageUrl = string.Format("~/images/Hearts{0}.gif", ViewState["number"]);
}
```

上述代码中使用到了前面学习过的视图状态来存放一个计数变量。

(6) 编译并运行程序，由于 Timer 控件在 UpdatePanel 控件内部，Interval 属性为 3 秒，程序内部等待 2 秒，所以看到的结果是每 5 秒自动刷新一次时间，同时显示下一张扑克牌，循环显示红桃 1-K，如图 7-7 所示。

图 7-7 使用 Timer 控件定时刷新页面

3. 更新多个 UpdatePanel

使用 Timer 控件定时更新多个 UpdatePanel 控件，可以是一个 Timer 控件，也可以使用多个

Timer 控件。

【例 7-5】使用两个 Timer 控件定时更新两个 UpdatePanel 控件，Timer 控件均被放在 UpdatePanel 控件的外面，并将 Timer 控件配置为 UpdatePanel 控件的触发器。

(1) 启动 VS 2012，新建空网站【例 7-5】。

(2) 添加名为 Default.aspx 的页面，在页面中添加一个 ScriptManager 控件和两个 UpdatePanel 控件，在两个 UpdatePanel 控件中各添加一个 Label 控件，用于显示当前时间。

(3) 在两个 UpdatePanel 控件之外，添加两个 Timer 控件，设置 Timer1 的 Interval 属性为 2000，即每隔 2 秒更新一次，设置 Timer2 的 Interval 属性为 3000，即每隔 3 秒更新一次。

(4) 选中 UpdatePanel1 控件，通过【属性】面板设置其 Triggers 属性，在打开的【UpdatePanelTrigger 集合编辑器】对话框中添加一个 AsyncPostBackTrigger，设置 ControlID 为 Timer1。

(5) 同样，设置 UpdatePanel2 的 AsyncPostBackTigger 为 Timer2。

(6) 此时源视图中生成的代码如下：

```
<div>
    <asp:ScriptManager ID="ScriptManager1" runat="server">
    </asp:ScriptManager>
    <asp:UpdatePanel ID="UpdatePanel1" runat="server">
        <ContentTemplate>
            <asp:Label ID="Label1" runat="server" Text="Label"></asp:Label>
        </ContentTemplate>
        <Triggers>
            <asp:AsyncPostBackTrigger ControlID="Timer1" />
        </Triggers>
    </asp:UpdatePanel>
    <asp:UpdatePanel ID="UpdatePanel2" runat="server">
        <ContentTemplate>
            <asp:Label ID="Label2" runat="server" Text="Label"></asp:Label>
        </ContentTemplate>
        <Triggers>
            <asp:AsyncPostBackTrigger ControlID="Timer2" />
        </Triggers>
    </asp:UpdatePanel>
    <asp:Timer ID="Timer1" runat="server" Interval="2000" ontick="Timer1_Tick">
    </asp:Timer>
    <asp:Timer ID="Timer2" runat="server" Interval="3000" ontick="Timer2_Tick">
    </asp:Timer>
</div>
```

(7) 添加 Timer 控件的 Tick 事件处理程序，代码如下：

```
protected void Timer1_Tick(object sender, EventArgs e)
{
    Label1.Text = "更新 UpdatePanel1 现在时间：　" + DateTime.Now.ToString();
}
protected void Timer2_Tick(object sender, EventArgs e)
{
    Label2.Text = "更新 UpdatePanel2 现在时间：　" + DateTime.Now.ToString();
}
```

(8) 编译并运行程序，可以看到，UpdatePanel1 控件每 3 秒更新一次，UpdatePanel2 控件每 2 秒更新一次，如图 7-8 所示。

图 7-8　更新两个 UpdatePanel 控件

⑦.2.5　ScriptManagerProxy 控件

ScriptManagerProxy 控件是内容页面与母版页中定义的 ScriptManager 控件之间的桥梁。在页面中，控件 ScriptManagerProxy 的外观和操作与标准控件 ScriptManager 很相似。但是，ScriptManagerProxy 控件实际上只是一个 proxy 类，该类可以将其所有的设置传递给母版页中真正的 ScriptManager 控件。

在本书第 9 章介绍 Web 服务的时候会用到该控件，此处不做过多介绍。

ASP.NET AJAX 包含的内容还有很多，在此无法一一介绍。ASP.NET AJAX 的服务器和客户机端部分可能是最大的、使用最多的功能，其他的功能也都是比较实用的，例如，ASP.NET AJAX 控件工具箱，它是一个非常好的扩展控件工具包，带有诸如日历扩展器和能自动完成的文本框这样的功能。包括 40 多个免费的扩展控件，而且一直都在增加，可以在网站 http://www.asp.net/ajax/AjaxControlToolkit/Samples 上查看和下载控件工具箱。

⑦.3　上机练习

本章的上机练习将深入了解进度条控件。UpdateProgress 控件还支持另一个技术细节：即支持取消命令按钮。当用户单击了【取消】按钮时，异步回调将立即被终止，该 UpdateProgress 控件将消失，页面恢复到原来的状态。

(1) 启动 VS 2012，新建网站【上机练习 7】。

(2) 新建 images 文件夹，然后添加进度条动画文件 progress.gif。

(3) 添加名为 Default.aspx 的页面，在页面中添加一个 ScriptManager、一个 UpdatePanel 控件和一个 UpdateProgress 控件。

(4) 在 UpdatePanel 控件中添加一个 Label 控件和一个 Button 控件，设置 Button 控件的 Text 属性为"提交"，Label 控件的 Text 属性为"获取当前时间"。

(5) 在 UpdateProgress 控件中添加一个 Image 控件，其 ImageUrl 属性指向前面的进度条动画图片 progress.gif，然后再添加一个 HTML 控件 Input(Button)，设置按钮的 Text 属性为"取消"。

(6) 切换到源视图，在上述所有控件的下面添加如下客户端 JavaScript 代码块：

```javascript
<script type="text/javascript">
    var prm = Sys.WebForms.PageRequestManager.getInstance();
    $addHandler($get('Button2'), 'click', AbortPostBack);
    prm.add_initializeRequest(InitializeRequest);
    function InitializeRequest(sender, args) {
        if(prm.get_isInAsyncPostBack())
            args.set_cancel(true);
    }
    function AbortPostBack() {
        if (prm.get_isInAsyncPostBack())
            prm.abortPostBack();
    }
</script>
```

上述代码将【取消】按钮的 Click 事件映射到客户端方法 AbortPostBack()，该方法用来取消当前的回发请求。

(7) 添加【提交】按钮控件的单击事件处理程序，代码如下：

```csharp
protected void Button1_Click(object sender, EventArgs e)
{
    System.Threading.Thread.Sleep(5000);    //等待 5 秒
    Label1.Text = DateTime.Now.ToString();
}
```

(8) 编译并运行程序，单击【提交】按钮，在回发过程中单击【取消】按钮，将取消回发，页面恢复到原来的状态，如图 7-9 所示。

图 7-9　取消异步回发

提示

　　请不要将客户端方法与服务器端的事件处理相混淆：客户端方法允许浏览器捕获相应的事件，并使用 JavaScript 代码进行处理。这一过程根本不涉及到服务器端。事实上，当用户取消一个操作时，服务器端仍然或继续处理该请求，只是浏览器此时已关闭连接并停止监听。

7.4　习题

　　1．ScriptManager 和 ScriptManagerProxy 控件有什么区别？何时要使用 ScriptManager，何时使用 ScriptManagerProxy？

　　2．UpdatePanel 控件有什么作用？如何让 UpdatePanel 控件外部的按钮进行异步刷新？

　　3．如何让用户知道部分页面更新正在进行？

　　4．UpdateProgress 控件的 AssociatedUpdatePanelID 属性有什么用？

　　5．上机操作：

　　(1) 新建一个网站，在 Default.aspx 页面中的左上角显示当前时间，要求采用局部刷新技术。

　　(2) 添加一个网页，实现相册功能，通过【上一个】和【下一个】按钮，局部刷新 Image 控件，显示不同的图片。

　　(3) 添加一个网页，实现局部刷新，要求刷新过程中给用户提供反馈。

　　(4) 在上面的进度条控件中，添加支持【取消】命令按钮的功能。

第8章

jQuery 入门

学习目标

　　jQuery 是继 Prototype 之后出现的又一个优秀的 JavaScript 框架。jQuery 能够改变开发人员编写 JavaScript 脚本的方式，降低学习和使用 Web 前端开发的复杂度，提高网页开发效率。无论是对于 JavaScript 初学者，还是对于 Web 开发资深专家，jQuery 都是必备的工具。本章主要介绍 jQuery 的基本语法和具体应用。通过本章的学习，读者应能掌握 jQuery 的基本语法，能够使用 jQuery 简化传统的 JavaScript 代码，为自己的开发带来便利。

本章重点

- ⦿ jQuery 简介
- ⦿ jQuery 选择器
- ⦿ jQuery 筛选器
- ⦿ 使用 jQuery 增强页面
- ⦿ 使用 jQuery 插件
- ⦿ jQuery 与 AJAX

8.1　什么是 jQuery

　　jQuery 最早由 John Resig 在 2006 年 1 月发布，现在已经成长为一个备受欢迎的客户端框架。Microsoft 也注意到了 jQuery 的强大功能，并决定在自己的产品中附送这个框架。最初，jQuery 随 Microsoft ASP.NET MVC 框架一起提供，现在 Visual Studio 2012 中也包含了这个框架。

8.1.1 jQuery 概述

jQuery 具有如下特点：

- 语法简练、语义易懂、学习快速、丰富文档。
- jQuery 是一个轻量级的脚本，其代码非常小巧，最新版的 jQuery 框架文件仅有 30KB 左右。
- jQuery 支持 CSS1~CSS3 定义的属性和选择器，以及基本的 xPath 技术。
- jQuery 是跨浏览器的，它支持几乎所有主流的浏览器，包括 IE 6.0+、FireFox 1.5+、Safari 2.0+和 Opera 9.0+等。
- 可以很容易地为 jQuery 扩展其他功能。
- 能将 JavaScript 脚本与 HTML 源代码完全分离，便于后期编辑和维护。
- 插件丰富，除了 jQuery 自身带有的一些特效外，可以通过插件实现更多功能，如表单验证、Tab 导航、拖放效果、表格排序、DataGrid、树形菜单、图像特效以及 Ajax 上传等。

jQuery 库的主要关注点一直是简化访问 Web 页面元素的方法、帮助处理客户端事件、提供视觉效果(如动画)支持，以及使得在应用程序中使用 AJAX 变得更加简单。2006 年 1 月，John Resig 公布了第一版 jQuery，然后在 2006 年 8 月正式发布了 jQuery 1.0。后来又陆续发布了许多版本，目前 jQuery 官方已经正式发布了 jQuery 2.0 版本，VS 2012 中使用的是 jQuery 1.7.1。

使用 ASP.NET Web 站点模板创建的新 Web 站点都包含一个 Scripts 文件夹，其中已经包含了必要的 jQuery 文件。如果基于 ASP.NET 空 Web 站点模板建立网站，也可以手动向 Web 站点添加 jQuery 文件。

因为 jQuery 库会增加网页的大小，所以应该明确决定是否在 Web 站点中包含它。可以从 jQuery 的官方网站 http://jquery.com 上下载 jQuery 的最新版本。该网站不但提供了可以下载的文件，还提供了文档、FAQ、教程和其他有助于更好地利用 jQuery 的信息。

8.1.2 在 Web 站点中引入 jQuery

要在 Web 站点中包含 jQuery，有以下几种选项可供选择：

- 只在需要 jQuery 的网页或者用户控件中添加对 jQuery 库的引用。这种方式可以减小页面大小。当用户浏览没有使用 jQuery 的页面时，就不需要下载 jQuery 库文件。而当下载了库文件之后，浏览器就会缓存库文件的一个副本，从而使得在以后访问页面时，不需要再次下载这些文件。
- 在 Web 站点的母版页中添加对 jQuery 库的引用，从而使所有页面都可以使用 jQuery 库。这种方式十分方便，因为所有基于该母版页创建的页面都会自动获得对 jQuery 的访问权。但是，这会对 Web 站点第一个页面的性能造成冲击，因为需要从服务器上下载库文件。

因为 jQuery 库由一个使用 JavaScript 代码编写的文件组成，所以可以使用标准的<script>语

法在页面、用户控件或母版页中嵌入对 jQuery 库的引用,例如:

```
<script src=" jquery-1.7.1.min.js" type="text/javascript"></script>
```

必须使用一个独立的</script>结束标记。因为如果使用自结束标记,一些浏览器将无法正常运行代码。

也可以将引用嵌入到 ScriptManager 控件中。ScriptManager 控件有一个<Scripts>子元素,可以用来注册将会添加到浏览器的最后一个页面的 JavaScript 文件。在 ScriptManager 中注册 JavaScript 文件的最简形式如下:

```
<asp:ScriptManager ID="ScriptManager1" runat="server">
  <Scripts>
    <asp:ScriptReference Path="~/Scripts/jquery-1.7.1.min.js" />
  </Scripts>
</asp:ScriptManager>
```

另外一种方法是使用 Microsoft 的内容传送网络(Content Delivery Network,CDN)或 Google Code 引用 jQuery 库的在线版本。

使用外部库的在线版本的优势在于可以提升服务器的性能并降低带宽,因为站点的访问者很可能已经在访问另外一个站点的时候下载了共享脚本。

⑧ 1.3 第一个 jQuery 页面

为了更好地了解 jQuery,下面先来看一个简单的例子。在本例中,将在当前页面添加 jQuery 库,通过单击按钮来改变表单的背景色。

【例 8-1】使用 jQuery 示例。

(1) 启动 VS 2012,新建空网站【例 8-1】。

(2) 由于创建的是空网站,所以需要手动添加 jQuery 库。首先在站点的根文件夹中添加一个新的 Scripts 文件夹。

(3) 接下来将 jQuery 库文件添加到 Scripts 目录中。有如下 3 种方法得到 jQuery 库文件:

- ⊙ 从 jQuery 网站下载最新的 jQuery 库文件。
- ⊙ 从本书附带的代码文件夹中找到本章创建的网站,从 Scripts 目录中复制 jQuery 库文件到自己的机器中。
- ⊙ 从 VS 2012 的安装目录中找到 ProjectTemplates 子目录,这是创建工程时使用的模板目录,依次打开子文件夹 Web/CSharp/2052/WebApplication20/Scripts,该目录下的文件就是 jQuery 库文件。

通过 VWD 模板创建的网站,Scripts 目录中通常有 3 个.js 扩展名的 JavaScript 文件。其中,jquery-1.7.1.js 是完整的 jQuery1.7 库文件,jquery-1.7.1.min.js 是该库文件的简化版本,而 jquery-1.7.1.intellisense.js 是"智能感知"文件。

(4) 通过【添加新项】对话框添加一个名为 Default.aspx 的页面。切换到页面的源视图，在 <head> 标记中添加如下代码即可引入 jQuery 库：

```
<script src="Scripts/jquery-1.7.1.min.js" type="text/javascript"></script>
```

(5) 在 <div> 标记中添加如下 HTML 代码：

```
<p>对方并非你的玩具，不是你喜欢时就拿来玩，不喜欢就扔到角落去</p>
    <br /> <input id="name" type="text" />
    <input id="Button1" type="button" value="提交" />
```

(6) 在上述代码的下面添加如下 jQuery 代码，输入代码时，【智能感知】会自动出现，如图 8-1 所示。

```
<script type="text/javascript">
    $(document).ready(function () {
        $('#form1').css({ 'width': '130px','height':'200','background-color':'#660099' })
        $('#Button1').click(function () {
            $('#form1').css('background-color', '#009933')
                    .animate({ width: '200px', height: '140px' })
            alert("欢迎你 "+$('#name').val());
        });
        $("p").hover(
            function () {
                $(this).css("color", "red");
            },
            function () {
                $(this).css("color", "yellow");
            }
        );
    });
</script>
```

💡 **提示**

与其他许多编程语言一样，JavaScript(以及 jQuery)对缺少引号、大括号和小括号十分敏感，所以一定要完全按照上面的代码进行输入。

(7) 编译并运行程序，在默认浏览器中打开 Default.aspx 页面，如图 8-2 所示，表单背景色为绿色，而且仅为一长条。

图 8-1 智能感知功能

图 8-2 页面运行效果

(8) 在文本框中输入姓名，单击【提交】按钮，将弹出对话框，同时页面的背景色和大小发生了改变，如图 8-3 所示。

(9) 当鼠标光标滑过文字上方时，可以看到文字颜色变为红色，当鼠标光标离开后，文字又变为黄色，如图 8-4 所示。

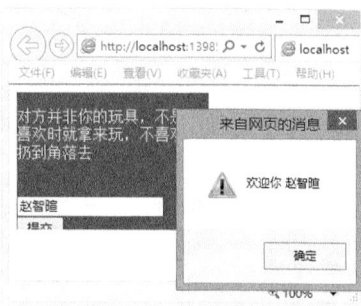

图 8-3 单击【提交】按钮

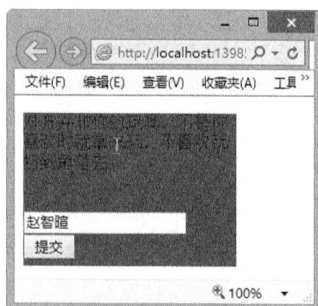

图 8-4 鼠标滑过文字时的效果

上述代码中，添加了一个标准的<script>块，其中可以包含 JavaScript。在这个块中，添加了一些在浏览器加载页面完成后触发的 jQuery 代码。页面就绪后，起始大括号({)和结束大括号(})之间的代码将会执行，下面是"文档就绪函数"的示例：

```
<script type="text/javascript">
    $(document).ready(function() {
        // Remainder of the code skipped
    });
</script>
```

在本例只需了解 jQuery 的实际应用即可，接下来将详细介绍 jQuery 的语法。

8.2 jQuery 语法

要想理解和使用 jQuery，需要掌握一些基础知识。本节将介绍 jQuery 的核心功能，包括前面看到的$函数，以及$函数的 ready 方法。接下来介绍 jQuery 的选择器和筛选器，这样就可以通过自己指定的条件在页面中查找元素。当获得一个指向页面中一个或多个元素的引用后，就可以对它们应用多种方法，如前面提到的 css 方法。

8.2.1 ready 函数

大部分 jQuery 代码都是在浏览器完成页面加载后执行。等到页面完成 DOM 加载后再执行代码十分重要。DOM(Document Object Model，文档对象模型)是 Web 页面的一种分层表示，包含所有 HTML 元素、脚本文件、CSS、图像等的一个树形结构。如果借助编程修改 DOM(例如，使用 jQuery 代码)，那么这种修改将在浏览器中显示的页面上反映出来。如果过早执行 jQuery 代码(例如，在页面的最顶端)，那么 DOM 可能还没有加载完成脚本中引用的全部元素时就产生了错误。幸运的是，可以使用 jQuery 中的 ready 函数，将代码的执行推迟到 DOM 就绪。

ready 函数的声明格式如下：

```
$(document).ready(function() {
    // DOM 就绪后执行此处的代码
});
```

当页面准备就绪，可以执行 DOM 操作时，添加到起始和结束大括号之间的全部代码都将执行。jQuery 也提供了 ready 函数的一个快捷方式，下面的代码段与前面的效果相同：

```
$(function() {
    // DOM 就绪后执行此处的代码
});
```

8.2.2 基本选择器

在 jQuery 中，可以使用美元符号($)作为在页面中查找元素的快捷方式，找到并返回的元素称为匹配集。$方法的基本语法如下：

```
$('选择器')
```

在引号(可以使用单引号或者双引号，只要在两端使用相同的类型即可)之间可输入一个或多个选择器，接下来介绍这方面的内容。

通过 jQuery 选择器可以找到页面的文档对象模型中的一个或多个元素，以便向它们应用各种类型的 jQuery 方法。jQuery 的设计者并没有开发出一种新技术来查找页面元素，而是使用与 CSS 选择器完全相同的选择器。

1. 通用选择器

和对应的 CSS 选择器一样，通用选择器使用通配符(*)匹配页面中的全部元素；$方法返回 0 个或多个元素，然后可以使用多种 jQuery 方法操作返回的这些元素。例如，要将页面中每个元素的字体系列设置为 Arial，可以使用下面的代码：

```
$('*').css('font-family', 'Arial');
```

2. ID 选择器

和对应的 CSS 选择器一样，这个选择器通过 id 来查找和获取元素。例如，要为名为 tabel1 的表格设置 CSS 类，可以使用如下代码：

```
$('#table1').addClass('myClass');
```

当这行代码使用 addClass 方法设置 CSS 类时，将会遵循标准的 CSS 规则，即需要通过外部 CSS 文件或者嵌入式样式表定义 myClass 类。

jQuery 的$('#table1')和 ASP.NET AJAX 的$get('table1')都会获得对 id 为 table1 的一个元素的引用。那么应该选择哪一个方法呢？一般来说，当对结果应用任意 jQuery 方法(例如 css 方法)时，都应该使用 jQuery 的$方法。而在操作单个元素并且想要修改该元素的某个标准属性时，则可以使用$get 代替。在这种情况下，也可以使用 jQuery 的$，但是因为所有的 jQuery 选择器都返回一个对象集合，所以需要通过索引方式，使用[0]或 get(0)得到第一个元素。下面的 3 个示例具有相同的功能，它们都将 Button1 的 Value 值设置为"提交"：

```
$get('Button1').value = '提交';
$('#Button1')[0].value = '提交';
$('#Button1').get(0).value = '提交';
```

3. 元素选择器

元素选择器获得与特定的标记名相匹配的 0 个或多个元素的引用。例如，【例 8-1】中为<p>元素添加 hover 事件处理程序,再如，下面的代码将页面中的所有二级标题的文本颜色设置为红色：

```
$('h2').css('color', 'red');
```

4. 类选择器

类选择器获得与特定的类名相匹配的 0 个或多个元素的引用。例如，如果有下面的 HTML 代码段：

```
<h1 class="Highlight">在爱情中，谁都以为自己会是例外</h1>
<h2>我们一直认为</h2>
<p class="Highlight">思念的人</p>
<p>流过的泪</p>
```

上述 4 个元素中有两个元素都使用了名为 Highlight 的 CSS 类。下面的 jQuery 代码将把第一个标题和第一个段落的背景色修改为红色，而保持其他元素不变：

```
$('.Highlight').css('background-color', 'red');
```

5. 分组和合并选择器

和 CSS 一样，可以分组和合并选择器。下面的分组选择器将修改页面中所有 h1 和 h2 元素

的文本颜色为橙色:

```
$('h1, h2').css('color', 'orange');
```

通过使用合并选择器, 可以找出被其他一些元素包含着的特定元素。例如, 下面的 jQuery 只修改 MainContent 元素中包含的二级标题, 而其他的保持不变:

```
$('#MainContent h2').css('color', 'red');
```

6. 层级选择

jQuery 支持 4 类层级选择器, 分别如下:

(1) ancestor descendant: 在指定祖先元素下匹配所有的后代元素, 与 CSS 中的包含选择器对应。

(2) parent > child: 在给定的父元素下匹配所有的子元素, 与 CSS 中的子选择器对应。

(3) prev + next: 匹配所有紧接在 prev 元素后的 next 元素, 与 CSS 中的相邻选择器对应。

(4) prev ~ siblings: 匹配 prev 元素之后的所有 siblings 元素。

假设有下面的代码:

```
<form>
    <label>Name:</label>
    <input name="name" />
    <fieldset>
        <label>Newsletter:</label>
        <input name="newsletter" />
    </fieldset>
</form>
<input name="none" />
```

使用层级选择器的 jQuery 代码如下:

```
$("form input")    //返回结果: <input name="name" />, <input name="newsletter" />
$("form > input")  //返回结果: <input name="name" />
$("label + input") //返回结果: <input name="name" />, <input name="newsletter" />
$("form ~ input")  //返回结果: <input name="none" />
```

7. 使用选择器

为了理解 jQuery 选择器以及可以对匹配集应用的效果, 下面举例说明如何使用选择器, 以及如何对匹配集应用动画。

【例 8-2】使用 jQuery 选择器。

(1) 启动 VS 2012, 新建空网站【例 8-2】。

(2) 新建 Scripts 文件夹, 并导入 jQuery 所需的库: jquery-1.7.1.intellisense.js 和 jquery-1.7.1.min.js。

(3) 添加名为 Default.aspx 的页面, 在页面的源视图中找到<head>标记, 添加如下代码以引入 jQuery 库:

```
<script src="Scripts/jquery-1.7.1.min.js" type="text/javascript"></script>
```

(4) 在<form>标记中添加如下代码:

```
<form id="form1" runat="server">
<h1>H1 基本选择器，单击看看有什么惊喜</h1>
<div>
<p>段落 1 忘记是一种精神代谢</p>
<div id="slide">演示 slideUp 和 slideDown 效果
<p>段落 2 无论去哪儿，记得带上自己的阳光</p></div>
<h2 class="SampleClass">类选择器,5 秒渐渐隐藏</h2>
<script type="text/javascript">
    $(function () {
        $('*').css('color', 'Green');
        $('#slide').css('border-bottom', '2px solid black');
        $('h1').bind('click', function () { alert('Hello 有些事，问的太清楚就无趣了') });
        $('.SampleClass').hide(5000);
        $('#slide,p').css('color', 'red');
        $('#slide p').slideUp('slow').slideDown('slow');
    });
    </script>
</div>
</form>
```

上述 jQuery 代码部分，首先设置所有文本的颜色为绿色，设置 slide 层的下方有一个额外的边框，接着为<h1>元素绑定一个 click 函数，当单击该元素时，将弹出一个对话框，然后通过类选择器设置<h2>元素的隐藏效果，随后又通过分组选择器将 slide 和 p 的文本颜色设置为红色，最后设置 slide 中的 p 为淡入淡出动画效果。

(5) 编译并运行程序，在浏览器中打开 Default.aspx 页面，效果如图 8-5 所示，单击<h1>元素，将弹出一个对话框，如图 8-6 所示。

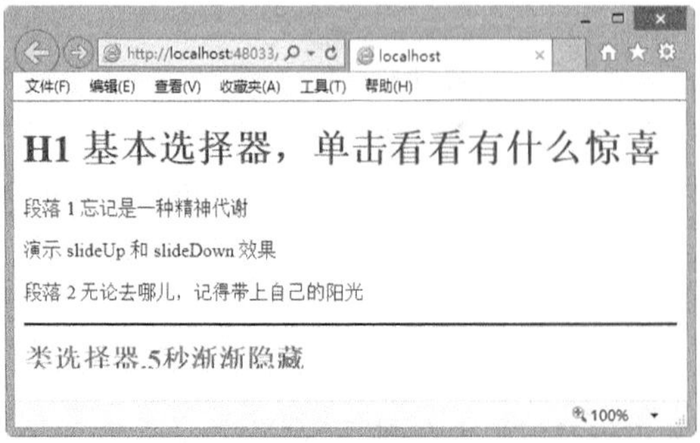

图 8-5　页面效果

图 8-6　单击<h1>元素后弹出的对话框

> **提示**
>
> 　　添加大量动画会使页面看上去很丰富，但是一般不推荐将动画功能添加到页面中，但是，本例用动画作为演示效果却很好，因为可以从中看到 jQuery 的一些强大功能。

　　在本章后面的部分中，将会介绍 jQuery 提供的更多样式和动画方法。现在只需要理解选择器语法，能够在页面中引用元素即可。

8.2.3　筛选器

　　在 jQuery 中，可以使用筛选器进一步过滤选择器得到的结果集，从而可以找到特定的元素，如第一个元素、最后一个元素、所有奇数行元素、所有偶数行元素、所有的标题或者特定位置的项。

1. 基本筛选器

　　如表 8-1 所示列出了 jQuery 的基本筛选器。

表 8-1　基本筛选器

筛 选 器	用 途
:first :last	用于选择匹配集中的第一个和最后一个项。下面的示例将表的第一行和最后一行的背景色设置为红色： $('#TableId tr:first').css('background-color', 'red'); $('#TableId tr:last').css('background-color', 'red'); 首先使用#TableId 找到表，然后使用 tr 找到表的全部行，最后使用:first 和:last 筛选器找到第一行和最后一行
:odd :even	用于选择匹配集中的奇数行或者偶数行。下面的示例将表的奇数行的背景色修改为红色。因为计数是从 0 开始的，所以实际上将会看到第二行和第四行的背景色发生了改变(因为它们的索引分别为 1 和 3) $('#TableId tr:odd').css('background-color', 'red');

:eq(index)
:lt(index)
:gt(index)
	按照索引匹配元素。:eq(equals)根据索引返回一个元素，而:lt(less than)和:gt(greater than)则分别返回小于或者大于给定索引的项。示例如下：
	$('#TableId tr:eq(0)').css('color', 'green');//修改第一行的颜色
	$('#TableId tr:gt(2)').css('color', 'green');//修改大于第二行的文本颜色
	$('#TableId tr:lt(2)').css('color', 'green');//修改行号小于 2 的行的文本颜色

:header	找到页面中的全部标题(从 h1 到 h6)。示例如下： $(':header').css('color', 'green');

　　要了解更多的基本筛选器，可以阅读 jQuery 文档，网址为 http://api.jquery.com/category/ selectors/。

2. 高级筛选器

除了刚才看到的基本筛选器以外，jQuery 还支持其他筛选器，它们可以用来根据项包含的文本、是否可见、以及它们包含的任意属性获取项。另外，还有一些筛选器可以获得表单元素(例如按钮、复选框、单选按钮等)，以及大量可以用来选择子元素、父元素、兄弟元素和后代元素的选择器。如表 8-2 所示列出了最常用的高级筛选器。

表 8-2　高级筛选器

筛 选 器	用　　　途
:contains(text)	通过包含的文本匹配元素。示例如下： $('td:contains("Row 3")').css('color', 'green'); 如果省略 td，那么整个表都会变成绿色。这是因为表本身也会被匹配(它的一个子表包含文本 Row 3)，所以颜色将应用到整个表上，从而使得每个单元格的文本变为绿色
:has(element)	匹配至少包含一个给出元素的元素。示例如下： $(':header:has("span")').css('color', 'green');//将包含 span 的标题元素颜色修改为绿色
[attribute]	基于给定属性匹配元素。示例如下： $('[type]').css('color', 'green'); 需要在文本框中输入一些文本来查看绿色的字体
[attribute=value]	基于一个属性和该属性的值匹配元素。示例如下： $('[type=text]').css('color', 'green');
:input :text :password :radio :checkbox :submit :image :reset :button :hidden :file	这些选择器可以用来匹配特定的客户端 HTML 表单元素。例如，可以使用分组选择器把查找按钮和文本框的代码段重写如下： $(':button, :text').css('color', 'green'); 可以使用这些筛选器来实现一些特殊的效果。例如，要想编写一些功能来选中一个表单中的所有复选框，可以使用下面的代码： $(':checkbox').attr('checked', true); 要想取消全部复选框，可以传递 false 作为 attr 方法的第二个参数

下面举例说明筛选器的用法。借助于这个页面，可以试验本章中的许多示例，读者可自行练习。虽然这些功能很强大，但是如果不能操作它们的结果，那么它们也就没有什么实际价值。下一节将讨论如何修改匹配集中的项的外观和行为。

【例 8-3】使用 jQuery 筛选器。

(1) 启动 VS 2012，新建空网站【例 8-3】。

(2) 新建 Scripts 文件夹，并导入 jQuery 所需的库：jquery-1.7.1.intellisense.js 和 jquery-1.7.1.min.js。

(3) 添加名为 Default.aspx 的页面，在页面的源视图中找到<head>标记，添加如下代码以引

入 jQuery 库:

```
<script src="Scripts/jquery-1.7.1.min.js" type="text/javascript"></script>
```

(4) 在<form>标记中添加如下代码:

```
<div>
<h1 title="First Header">一级标题无 span</h1>
<table id="Table1">
    <tr><td>姓名</td><td>性别</td><td>电话</td></tr>
    <tr><td>赵艳铎</td><td>男</td><td>01082166054</td></tr>
    <tr><td>赵智暄</td><td>女</td><td>03173208842</td></tr>
    <tr><td>小石头</td><td>男</td><td>13831705800</td></tr>
    <tr><td>金百合</td><td>女</td><td>03172059033</td></tr>
</table>
<h2>二级标题  <span style="font-style: italic; font-weight: bold;">含 span,下边框带破折号</span></h2>
<input id="Button1" type="button" value="button" />
<input id="Text1" type="text" />
<br />
<input id="Checkbox1" type="checkbox" />唱歌
<input id="Checkbox2" type="checkbox" />旅游
<input id="Checkbox3" type="checkbox" />微博控
<input id="Checkbox4" type="checkbox" />理财
<input id="Button2" type="button" value="全部选中" />
<input id="Button3" type="button" value="全部取消选中" />
</div>
```

(5) 添加文档就绪函数，代码如下:

```
<script type="text/javascript">
    $(function () {
        $('#Table1').attr('border', '1');
        $('#Table1').attr('cellpadding', '2');
        $('#Table1').attr('cellspacing', '2');
        $('#Table1 tr:first').css('background-color', 'red');
        $('#Table1 tr:odd').css('background-color', 'green');
        var tab2 = $("<table id='tab2'></table>");
        tab2.append($('#Table1 tr:first').clone()).append($('tr:contains("男")').clone());
        tab2.insertAfter($('#Table1'));
        $(':button, :text').css('color', '#ee0066');
        $(':header').css('color', '#800080');
        $(':header:has("span")').css('border-bottom-style', 'dashed');
        $('#Button2').click(function () {
```

```
                $(':checkbox').attr('checked', true);
        });
        $('#Button3').click(function () {
                $(':checkbox').attr('checked', false);
        });
    });
</script>
```

上述 jQuery 代码部分，首先设置 Table1 表格的边框，然后设置表格第一行的背景色为红色，偶数行的背景色为绿色；接着，创建了表格 tab2，tab2 中的内容包括表格 Table1 的标题行和所有性别为"男"的行；最后设置了按钮和文本的颜色、标题的颜色以及含有<span>元素的标题的样式。两个按钮的单击事件分别是选中和取消选中所有复选框。

提示 ---

本例中用到的 append 和 insertAfter 方法将在 8.2.7 节详细介绍，这里只需了解即可。

(6) 编译并运行程序，在浏览器中打开 Default.aspx 页面，如图 8-7 所示。单击【全部选中】按钮，可以看到复选框全部被选中，如图 8-8 所示。单击【全部取消选中】按钮将取消所有复选框的选中状态。

图 8-7　使用筛选器页面效果

图 8-8　全部选中复选框效果

(8).2.4　对匹配集中的项应用 CSS

有了匹配集之后，就需要对它执行一些操作，前面的实例中已经多次使用到了 css 方法，本节将介绍如何对匹配集中的项应用 CSS 类或者样式。

jQuery 以几种不同的方式支持 CSS。首先，可以使用 css 方法来检索特定的 CSS 值(如某个项的颜色)，以及设置一组元素的一个或多个 CSS 属性。其次，使用 addClass、removeClass、toggleClass 和 hasClass 等方法可以修改或检查对元素应用的 CSS 类。再次，还有以下几种方法可以用来修改元素的尺寸和位置。

⊙　css(name,value)

这个方法用来设置某个匹配元素上的特定的 CSS 属性。name 参数是引用一个 CSS 属性的名称(如 border、color 等)，value 定义了要应用的样式。下面的示例就是修改 h1 元素的背景色：

```
$('h1').css('background-color', 'green');
```

⊙　css(name)

这个方法基于传递给它的属性检索特定的 CSS 值。下面的示例将弹出对话框，内容是二级标题的 span 元素的 font-style 属性值：

```
alert($('h2 span').css('font-style'));
```

可以在 jQuery 脚本中使用这个值，例如，可以用来在斜体和普通字体之间切换 font-style，或者将多个元素设置为相同的类型。

⊙　css(properties)

这是一个功能强大的方法，它可以用来同时设置匹配元素的多个属性。下面的示例将表中所有单元格的颜色修改为红色，内边距设为 10px，字体修改为 Verdana。

```
$('#TableId td').css({'color' : 'red', 'font-family' : 'Verdana',    'padding' : '10px'});
```

> **提示**
>
> 注意每个属性和属性值之间由冒号(:)分隔，而每个属性/属性值对之间由逗号分隔。完整的属性集包含在一对花括号({})之间。

⊙　addClass、removeClass 和 toggleClass

addClass 和 removeClass 方法分别用来在元素中添加和删除类。和普通的 CSS 一样，使用这些方法，比使用 css(properties)方法进行内联 CSS 赋值更好。这样就更容易在一个集中的位置定义 CSS 类，从而使得它们更易于维护和重用。下面的代码将为 h2 元素添加新的 CSS 类：

```
$('h2').addClass('myClass');
```

如果希望再次删除类，则可以调用 removeClass 方法，代码如下：

```
$('h2').removeClass('myClass');
```

如果类还不存在，则 toggleClass 方法将分配一个类，否则将删除类。

这 3 个方法都允许传递多个类，各个类之间用空格分隔。

8.2.5　添加事件处理

事件是许多编程语言中常用的一种技术。在前面的章节中已经介绍了.NET 事件的应用，

JavaScript 和 DOM 也不例外，它们在许多地方都提供了事件。例如，许多 HTML 元素(如使用 input type="button"定义的按钮)都有一个 Click 事件，在单击的时候触发。同样，它们还有 onmouseover 和 onmouseout 事件，当鼠标光标滑过或者离开它们的时候触发。

可以在标记中直接定义事件，也可以将事件处理程序定义为一个函数，例如，下面的两种形式都是合法的：

```
<input type="button" onclick="alert('Hello');" value="提交" />
<input type="button" onclick="SayHello();" value="提交" />
```

1. 绑定事件

在学习 AJAX 的时候，曾介绍 ASP.NET AJAX 框架的 addHandler 方法，可以在一个独立的代码块中建立处理程序。jQuery 则更进一步，不仅仅允许将事件挂钩到单个元素上，还允许将事件挂钩到整个匹配集上。这种功能极为强大，因为只用几行代码，就可以将处理程序绑定到大量的元素上。例如，为了使表格的外观美观一些，可以设置当鼠标光标移动到某行时，该行就改变颜色。如果不使用 jQuery，则需要对表的每一行都编写 onmouseover 和 onmouseout 事件。而使用 jQuery，则只需使用如下几行代码：

```
$(function(){
    $('#TableId tr')
        .bind('mouseover', function() { $(this).css('background-color', 'yellow') });
});
```

这些代码将找出#TableId 元素中的全部表行，然后动态分配一个函数，当鼠标悬停在每一行上时，将会调用该函数。要将 onmouseout 绑定到一个新函数，只需对 bind 的第一次调用返回的值再次调用 bind 方法即可。jQuery 方法的优点在于，除了应用某些设计或行为，它们会再次返回匹配集，这样就可以对相同的匹配集调用其他方法。这个概念称为链接(chaining)，在这种概念中，使用一个方法的结果作为另外一个方法的输入，从而产生一个效果链。

```
$('#TableId tr')
    .bind('mouseover', function() { $(this).css('background-color', 'yellow') })
    .bind('mouseout', function() { $(this).css('background-color', '') });
```

> **提示**
>
> 上述代码中结束行的分号移动到了最后一行。这样，第二个 bind 方法就绑定到了前一次对 bind 方法的调用上。

上述代码完成三项工作：首先，使用$('#TableId tr')找出表中的全部行。它在返回的匹配集中调用 bind 方法，以便动态挂钩一些行为，当鼠标光标移动到某一行上时，就会触发这些行为。然后，对第一次调用 bind 方法返回的匹配集再次调用 bind 方法，以便当鼠标光标从该行移走的时候重设背景色。代码中将颜色设置为一个空字符串(' ')，以便删除 CSS 背景属性，这样就可以看到原来的背景。

在这个示例中，还有一个重点地方需要注意，即设置背景色的方式：

```
$(this).css('background-color', 'yellow')
```

其中，this 关键字指的是应用该项的元素：在本例中就是表行。使用$(this)将得到 jQuery 匹配集(包含单个元素)，可以对其应用常规的 jQuery 方法，如 css 方法，也可以不是以 jQuery 而是对 this 元素执行标准的 JavaScript 方法。例如：

```
this.style.backgroundColor = 'yellow'
```

知识点

在 JavaScript 中，短划线(-)不是一个有效的标识符，所以在 JavaScript 中，所有的短划线都将从属性名中删除。而且，原来紧跟在短划线后面的字母将变为大写方式。所以，CSS 中的 background-color 在 JavaScript 中就变成了 backgroundColor，font-family 就变成了 fontFamily，等等。

绑定事件之后，也可以使用 unbind([type],[fn])方法删除事件绑定，其中第一个参数表示要删除绑定的事件名，第二个参数表示删除的附带参数。例如，下面示例将把刚注册的鼠标光标移走事件删除掉：

```
$('#TableId tr').unbind('mouseout');
```

另外，bind()方法有一个特例就是 one()方法，它能够匹配元素绑定一个仅能够执行一次的事件处理函数。在每个对象上，这个事件处理函数只会被执行一次。其他规则与 bind()函数相同。这个事件处理函数会接收到一个事件对象，可以通过它来阻止(浏览器)默认的行为。例如：

```
$("p").one("click", function(){
    alert( $(this).text() );
});
```

2. 触发事件

trigger 表示开关的意思，jQuery 定义 trigger()方法用来触发默认事件或自定义事件。例如，在下面的示例中自定义了一个事件 myFunc，把该事件绑定到 div 元素上，然后定义事件处理函数，弹出提示对话框，显示 div 元素包含的文本信息。代码如下：

```
$("div").bind("myFunc", function () {
    alert($(this).text());
});
```

这个自定义事件是无法自动执行的，也不会响应鼠标或键盘行为。但是可以为它定义一个trigger()方法，代码如下：

```
$("div").trigger("myFunc");
```

将上述 trigger()方法放在 ready 函数中，当页面加载时就会自动执行该自定义事件函数。也可以把这个自定义事件放在另一个事件函数中，这样，只有触发其他事件时，才会响应该自定义事件，并执行自定义事件处理函数。代码如下：

```
$("div").bind("me", function () {
    alert($(this).text());
});
$("div").bind("mouseover",function(){
    $("div").trigger("me");
});
```

上面脚本将在鼠标光标移过时，自动触发自定义的事件处理函数。

对于默认事件，如果使用 trigger()方法触发该事件处理函数，同时默认事件自身也可以自动触发事件。例如，在下面这个示例中，当鼠标光标移到 p 元素上时，将触发绑定的事件 click，而当单击 div 元素时，也能够触发该事件绑定的处理函数。

```
<p>做人的遗传比生理的遗传更可怕</p>
<div>没经历过不能体会其中的伤心与无奈</div>
<script language="javascript" type="text/javascript">
$("div").bind("click", function () {
    alert($(this).text());
});
$("p").bind("mouseover",function(){
    $("div").trigger("click");
});
</script>
```

知识点

如果希望仅触发指定事件类型上所有绑定的处理函数，但不执行默认事件，则可以使用 triggerHandler(type,[data])方法。该方法与 trigger()用法相同，但不会触发默认事件。

3. 交互事件

为了简化用户交互操作，jQuery 自定义了两个事件：hover(over,out)和 toggle(fn,fn)。

hover()能够模仿悬停事件，即鼠标光标移到特定对象上以及移出该对象的方法。它定义当鼠标光标移到匹配的元素上时，会触发第一个函数。当鼠标光标移出该元素时，会触发第二个函数。例如，下面的示例定义当鼠标光标移过段落文本时会设置字体为红色，而移开时又恢复默认颜色：

```
<p>感情有时就像是一条被时间拉扯的皮筋</p>
```

```
<script language="javascript" type="text/javascript">
    $("p").hover(
        function () {
            $(this).css("color", "red");
        },
        function () {
            $(this).css("color", "transparent");
        }
    );
</script>
```

toggle(fn,fn)能够模仿鼠标单击事件，它表示每次单击时切换要调用的函数。如果单击了一个匹配的元素，则触发指定的第一个函数，当再次单击同一元素时，则触发指定的第二个函数，随后的每次单击都重复对这两个函数的轮番调用。例如，在上面示例中，将 hover()方法替换为 toggle()方法，这样当单击段落文本时，会自动在默认色和红色之间进行切换。

> **知识点**
>
> 对于 toggle 方法可以使用 unbind("click")调用进行删除。

⑧2.6　访问 jQuery 对象

通过选择器或筛选器得到的 jQuery 对象是一个集合，要访问该集合，除了使用索引值以外，还可以使用 jQuery 定义的几个方法和属性。另外，jQuery 还优化并扩展了很多筛选函数，这些函数作为 jQuery 对象的方法直接使用，这样就能够在选择器的基础上更加精确地控制对象。

1. each 方法

each 方法迭代(或循环遍历)一个集合。当需要对匹配集中的项应用某种行为，但是无法使用一个 jQuery 函数完成设置时，就可以使用 each 方法，把希望对每一项执行的函数作为参数传递给 each。例如，下面的 each 示例通过循环遍历匹配集中的每一项，然后调用 alert，将每个单元格的内容显示出来。

```
$('#TableId td').each(function() {
    alert(this.innerHTML);
});
```

2. size()和 length

size()方法能够返回 jQuery 对象中元素的个数，而 length 属性与 size()方法功能相同。例如，下面的代码使用 size()方法和 length 属性返回值都为 2：

```
<span>文本块 1</span>
<span>文本块 2</span>
<script language="javascript" type="text/javascript">
    alert($("span").size()); //返回值为 2
    alert($("span").length); //返回值为 2
</script>
```

3. get 方法

get()方法能够把 jQuery 对象转换为 DOM 中的元素集合。例如，在下面示例中，使用$()函数获取所有 span 元素，然后用 get()方法把该 jQuery 对象转换为 DOM 集合，再调用 JavaScript 数组方法 reverse()把数组元素的位置颠倒过来。最后为数组中第一个元素设置字体为红色，最终效果是文本"文本块 2"显示为红色。

```
<span>文本块 1</span><span>文本块 2</span>
<script language="javascript" type="text/javascript">
var spans = $("span").get().reverse(); //把当前 jQuery 对象转换为 DOM 对象并颠倒它们的位置
spans[0].style.color = "red"; //把当前 jQuery 对象设置为红色
</script>
```

也可以使用 get(index)方法获取指定索引值的元素对象。

4. index 方法

Index 方法用于获取 jQuery 对象中指定元素的索引值，如果找到了匹配的元素，从 0 开始返回；如果没有找到匹配的元素，则返回 - 1。

如果不给 index()方法传递参数，那么返回值就是这个 jQuery 对象集合中第一个元素相对于其同辈元素的位置；如果参数是一组 DOM 元素或者 jQuery 对象，那么返回值就是传递的元素相对于原先集合的位置；如果参数是一个选择器，那么返回值就是原先元素相对于选择器匹配元素中的位置。

例如，在下面这个示例中，所有的调用都返回 1：

```
<ul>
  <li id="foo">foo</li>
  <li id="bar">bar</li>
  <li id="baz">baz</li>
</ul>
<script language="javascript" type="text/javascript">
$('li').index(document.getElementById('bar'));   //1，返回这个对象在原先集合中的索引位置
$('li').index($('#bar'));   //1，传递一个 jQuery 对象
$('li').index($('li:gt(0)'));   //1，传递一组 jQuery 对象，返回这个对象中第一个元素在原先集合中的索引位置
$('#bar').index('li');   //1，传递一个选择器，返回#bar 在所有 li 中的做引位置
```

```
$('#bar').index();   //1，不传递参数，返回这个元素在同辈中的索引位置。
</script>
```

5. 筛选函数

jQuery 定义了很多能够从选取对象中过滤部分元素的方法，这些方法是对选择器功能的补充。如表 8-3 所示列出了一些常用的筛选函数。

表 8-3 常用筛选函数

筛 选 函 数	说　明
eq(index)	获取指定索引值位置上的元素，索引值从 0 开始
hasClass(class)	检查当前元素是否含有某个特定的类，如果有，则返回 true
filter(expr)	筛选与指定表达式匹配的元素集合。该方法用于缩小匹配范围，用逗号分隔多个表达式
filter(fn)	筛选出与指定函数返回值匹配的元素集合
is(expr)	用一个表达式来检查当前选择的元素集合，如果其中至少有一个元素符合给定的表达式就返回 true
map(callback)	将一组元素转换成其他数组(不论是否是元素数组)
not(expr)	删除与指定表达式匹配的元素
slice(start,[end])	选取一个匹配的子集，与原来的 slice 方法类似
add(expr)	把与表达式匹配的元素添加到 jQuery 对象中。这个函数可以用于连接分别与两个表达式匹配的元素结果集
children([expr])	取得一个包含匹配的元素集合中每一个元素的所有子元素的元素集合
contents()	查找匹配元素内部所有的子节点(包括文本节点)。如果元素是 iframe，则查找文档内容
find(expr)	搜索所有与指定表达式匹配的元素。这个函数是找出正在处理的元素的后代元素
next([expr])	取得一个包含匹配的元素集合中每一个元素紧邻的后面同辈元素的元素集合
nextAll([expr])	查找当前元素之后的所有元素
parent([expr])	取得一个包含着所有匹配元素的唯一父元素的元素集合
parents([expr])	取得一个包含着所有匹配元素的祖先元素的元素集合(不包含根元素)
prev([expr])	取得一个包含匹配的元素集合中每一个元素紧邻的前一个同辈元素的元素集合
prevAll([expr])	查找当前元素之前所有的同辈元素，可以用表达式过滤
siblings([expr])	取得一个包含匹配的元素集合中每一个元素的所有唯一同辈元素的元素集合。可以用可选的表达式进行筛选
andSelf()	加入先前所选的当前元素中，对于筛选或查找后的元素，要加入先前所选元素时将会很有用
end()	回到最近的一个"破坏性"操作之前，即将匹配的元素列表变为前一次的状态

例如，有如下 HTML 代码：

```
<p><span>早知道伤心总是难免的</span>，我是赵智暄</p>
```

那么，$("p").find("span")的结果为：早知道伤心总是难免的。

⑧ 2.7 文档处理

可以使用 DOM 为元素节点增加子元素或文本节点，但是 DOM 提供的方法比较烦琐，需要先选中对象，再定义子节点，最后才能够使用 appendChild()方法实现插入子元素或文本。jQuery 提供的文档处理方法要比 DOM 简单得多，且功能更为强大和灵活。

1. 插入内容

jQuery 把插入分为内部插入和外部插入两种操作。

所谓内部插入，就是把内容直接插入到指定的元素内部。内部插入主要包含以下 6 种方式。

- ⊙ append(content)：append()方法与 DOM 的 appendChild()方法功能类似，都是在元素内部增加子元素或文本。

- ⊙ prepend(content)：prepend()方法与 append()方法作用相同，都是把指定内容插入到 jQuery 对象元素中，但是 prepend()方法能够把插入的内容放置在最前面，而不是放置在最末尾。

- ⊙ appendTo(content)：把所有匹配的元素追加到另一个指定的元素或元素集合中。可以将其理解为 append()方法的反操作，使用这个方法是颠倒了常规的$(A).append(B)的操作，即不是把 B 追加到 A 中，而是把 A 追加到 B 中。

- ⊙ prependTo(content)：与 appendTo 方法对应，该方法能够把所有匹配的元素前置到另一个指定的元素或元素集合中。

- ⊙ append(function(index, html))：向每个匹配的元素内部追加内容。这个操作与对指定的元素执行 appendChild 方法，将它们添加到文档中的情况类似。function 函数必须返回一个 HTML 字符串，用于追加到每一个匹配元素的里边。

- ⊙ prepend(function(index, html))：与 append(function(index, html))对应，向每个匹配的元素内部最前面追加内容。

例如，有如下 HTML 代码：

```
<div></div>
<p>其实你不懂我的心</p>
<p>没有未完成的故事，只有未死的心</p>
<b class="foo">我不难过</b>
<b class="foo">等待</b>
```

那么，如下 jQuery 代码：

```
$("p").append("<b>赵智暄</b>");
```

结果为：

```
<div></div>
<p>其实你不懂我的心<b>赵智暄</b></p>
<p>没有未完成的故事，只有未死的心<b>赵智暄</b></p>
<b class="foo">我不难过</b>
<b class="foo">等待</b>
```

所谓外部插入，就是把内容插入到指定 jQuery 对象相邻元素内。与内部插入操作基本类似，外部插入也包含 6 个方法。

- after(content)：在每个匹配的元素之后插入内容。
- before(content)：在每个匹配的元素之前插入内容。
- insertAfter(content)：把所有匹配的元素插入到另一个指定的元素或元素集合的后面。
- insertBefore(content)：把所有匹配的元素插入到另一个指定的元素或元素集合的前面。
- after(function)：在每个匹配的元素之后插入内容。函数必须返回一个 HTML 字符串。
- before(function)：在每个匹配的元素之前插入内容。函数必须返回一个 HTML 字符串。

例如，有如下<div>元素和<p>元素：

```
<p>我想</p><div id="box">你一定不知道</div>
```

可以使用如下任意一条 jQuery 代码颠倒两个元素——<div>和<p>元素，的排列顺序：

```
$("div").after($("p"));
$("p").before($("#box")[0]);
$("p").insertAfter($("div"));
$("div").insertBefore($("p"));
```

上述 4 种方法可以实现相同的功能，但是它们的作用点却各有侧重。

知识点

appendTo、prependTo、insertBefore、insertAfter 和 replaceAll 这个几个方法的返回值是所有被追加的内容，而不仅仅是先前所选中的元素。所以，要选择先前选中的元素，需要使用 end()方法。

2. 嵌套结构

嵌套与插入操作有几分相似，虽然它们都可以实现相同的操作目标，但是两者在概念上还是存在一些区别。嵌套重在结构的构建，而插入则侧重内容的显示。jQuery 定义了 9 个嵌套结构的方法和 1 个取消嵌套的方法。

- wrap(html)：把所有匹配的元素分别用指定结构化标签包裹起来。这种包装对于在文档中插入额外的结构化标记最有用，而且它不会破坏原始文档的语义品质。
- wrap(element)：把所有匹配的元素分别用指定元素包裹起来。
- wrap(function)：把所有匹配的元素用其他元素的结构化标记包装起来。Function 是生成包裹结构的一个函数。
- wrapAll(html)：把所有匹配的元素用一个结构化标签包裹起来。

- wrapAll(element)：把所有匹配的元素用一个元素包裹起来。
- wrapInner(html)：把每一个匹配的元素的子内容(包括文本节点)使用一个 HTML 结构包裹起来。
- wrapInner(element)：把每一个匹配的元素的子内容(包括文本节点)使用元素包裹起来。
- wrapInner(function)：将每一个匹配的元素的子内容(包括文本节点)用 DOM 元素包裹起来，Function 是生成包裹结构的一个函数。
- unwrap()：这个方法将移出元素的父元素。这能快速取消 wrap()方法的效果。匹配的元素以及他们的同辈元素会在 DOM 结构上替换他们的父元素。

例如，对于如下 3 个超链接文本：

```
<a href="~/Index.aspx">首页</a><a href="~/Info.aspx">概述</a><a href="~/About.aspx">关于</a>
```

如果希望为每个超链接包裹一个<div>标签，则可以使用如下 jQuery 代码：

```
$("a").wrap("<div></div>");
```

则最终显示效果的代码结构如下：

```
<div><a href="~/Index.aspx">首页</a></div>
<div><a href="~/Info.aspx">概述</a></div>
<div><a href="~/About.aspx">关于</a></div>
```

如果已有如下包裹代码：

```
<div>
    <p>说过的话</p>
    <p>做过的事</p>
    <p>走过的路</p>
</div>
```

要移除<div>元素，则可以使用如下 jQuery 代码：

```
$("p").unwrap();
```

所得结果如下：

```
    <p>说过的话</p>
    <p>做过的事</p>
    <p>走过的路</p>
```

3. 替换结构

jQuery 提供了 replaceWith(content)和 replaceAll(selector)方法来实现 HTML 结构替换。replaceWith()能够将所有匹配的元素替换成指定的 HTML 或 DOM 元素。例如，对于下面 3

个 span 元素，使用 replaceWith()把匹配的所有 span 元素及其包含的文本都替换为"<div>歌曲</div>"。

```
<span>天堂</span><span>爱情买卖</span><span>传奇</span>
<script language="javascript" type="text/javascript">
    $("span").replaceWith("<div>歌曲</div>");
</script>
```

最后，所得到的效果如下：

```
<div>歌曲</div><div>歌曲</div><div>歌曲</div>
```

replaceAll(selector)方法与 replaceWith(content)方法操作正好相反。例如，要实现上面的替换效果，用 replaceAll 方法就要这样写：

```
$("<div>歌曲</div>").replaceAll("span");
```

4. 删除结构

删除结构有 3 种方法：empty()、remove([expr])和 detach([expr])。

(1) empty()

使用 empty()可以删除匹配元素包含的所有子节点。例如，下面示例将删除 div 元素内所有子节点和文本，返回"<div></div><div></div>"两个空标签：

```
<div>赵智暄</div>
<div><p>开心每一天</p></div>
<script language="javascript" type="text/javascript">
    $("div").empty();
</script>
```

(2) remove ([expr])

使用 remove([expr])方法可以删除匹配的元素，或者符合表达式的匹配元素。例如，在下面示例中将删除 div 元素及其包含的子节点，最后返回的是"<p>原来失去比拥有更踏实</p>"。

```
<div>当看破一切的时候</div>
<div><p>才知道</p></div>
<p>原来失去比拥有更踏实</p>
<script language="javascript" type="text/javascript">
    $("div").remove();
</script>
```

(3) detach ([expr])

使用 detach ([expr])方法可以从 DOM 中删除所有匹配的元素。这个方法不会把匹配的元素从 jQuery 对象中删除，因而可以在将来再使用这些匹配的元素。与 remove()不同的是，所有绑定的事件、附加的数据等都会保留下来。例如，在下面示例中将删除具有 hello 类的<p>元素，最后返回的是"昆明湖畔的 <p>小石头吗?</p>"。

```
<p class="hello">还记得</p> 昆明湖畔的 <p>小石头吗?</p>
<script language="javascript" type="text/javascript">
    $("p").detach(".hello");
</script>
```

5. 复制结构

结构复制主要使用 clone()和 clone(true)方法。clone()表示克隆匹配的 DOM 元素并选中克隆的元素。例如，在下面示例中，先使用 clone()方法克隆 div 元素，然后再把它插入到 p 元素内：

```
<div >每一种爱情都是有周期的</div>
<p>谎言</p>
<script language="javascript" type="text/javascript">
    $("div").clone().appendTo("p");
</script>
```

最后插入结果为：

```
<div 每一种爱情都是有周期的</div>
<p>谎言<div>每一种爱情都是有周期的</div></p>
```

clone(true)方法不仅能够克隆元素，而且还可以克隆元素所定义的事件。例如，在上面示例中如果为 div 元素定义一个 onclick 属性事件，则使用 clone(true)方法将会在克隆元素中也包含属性事件。

```
<div onclick="alert('Hello 葛冰')"> 每一种爱情都是有周期的</div>
<p>谎言</p>
<script language="javascript" type="text/javascript">
    $("div").clone(true).appendTo("p");
</script>
```

克隆的结果为：

```
<div onclick="alert('Hello 葛冰')"> 每一种爱情都是有周期的</div>
<p>谎言<div onclick="alert('Hello 葛冰')"> 每一种爱情都是有周期的</div></p>
```

8.2.8 使用 jQuery 的效果

在【例 8-2】中用了 slideUp 和 slideDown 来逐渐隐藏和显示元素，但是这只是 jQuery 提供的诸多效果和动画方法中的两种方法。本节将介绍其他一项常用的方法，如表 8-4 所示。

表 8-4 常用的动画效果方法

方 法	用 途
show() hide()	通过递减 height、width 和 opacity(使它们变为透明)隐藏或者显示匹配元素。两种方法都允许定义固定的速度(慢、中、快)或者一个定义动画持续时间(单位为毫秒)的数字。示例如下: $('h1').hide(1000); $('h1').show(1000);
toggle()	toggle 方法在内部使用 show 和 hide 来改变匹配元素的显示方式。即可见元素将被隐藏,不可见元素将会显示。示例: $('h1').toggle(2000);
slideDown() slideUp(() slideToggle()	类似于 hide 和 show,这些方法隐藏或显示匹配元素。但是,这是通过将元素的 height 从当前尺寸调整为 0,或者从 0 调整为初始尺寸来实现的。slideToggle 方法会展开隐藏的元素,卷起可见的元素,从而可以使用一个动作重复地显示和隐藏元素
fadeIn() fadeOut() fadeTo()	这些方法通过修改匹配元素的不透明度显示或隐藏它们。fadeOut 将不透明度设置为 0,使元素完全透明,然后将 CSS display 属性设置为 none,从而完全隐藏元素。fadeTo 允许指定一个不透明度(0 到 1 之间的一个数字),以便决定元素的透明程度。全部 3 个方法都允许定义一个固定速度(慢、中、快),或者一个定义了动画持续时间(单位为毫秒)的数字。示例如下: $('h1').fadeOut(1000); $('h1').fadeIn(1000); $('h1').fadeTo(1000, 0.5);

animate()	在内部,animate 用于许多动画方法,例如 show 和 hide。但是,也可以在外部使用它,从而可以更灵活地以动画方式显示匹配元素。例如下面这个示例:
	$('h1').animate({
	        opacity: 0.4,
	        marginLeft: '50px',
	        fontSize: '50px'
	    }, 1500);
	这段代码接受一个 h1 元素,将其字体大小设置为 50 像素,将其不透明度设置为 0.4 以使元素半透明,并将其左页边距设置为 50 像素,从而在 1.5 秒的时间内平滑地进行动画显示。animate 方法的第一个参数是一个对象,它保存一个或者多个想要动画显示的属性,每个属性之间以逗号分隔

stop()	停止所有在指定元素上正在运行的动画,如果队列中有等待执行的动画(并且第一个参数不是 true),则将被马上执行
delay()	设置一个延时来推迟执行队列中之后的项目,用于将队列中的函数延时执行。该方法既可以推迟动画队列的执行,也可以用于自定义队列。例如下面的代码将在.slideUp()和.fadeIn()之间延时 1 秒: $('h1').slideUp(1000).delay(1000).fadeIn(1000);

下面来看一个 jQuery 实现的动画效果。

【例 8-4】使用 jQuery 的效果动态显示图片。

(1) 启动 VS 2012，新建空网站【例 8-4】。

(2) 新建 Scripts 文件夹，并导入 jQuery 所需的库：jquery-1.7.1.intellisense.js 和 jquery-1.7.1.min.js。

(3) 添加名为 Default.aspx 的页面，并在<head>标记中添加代码引入 jQuery 库。

(4) 新建一个文件夹 images，并在其中添加 5 个图片文件 image1.jpg~image5.jpg。

(5) 在<form>标记中添加如下代码：

```
<div id="photoShow">
    <div class="photo">
        <img src="images/image1.jpg" />
        <span>露天电影</span>
    </div>
    <div class="photo">
        <img src="images/image2.jpg" />
        <span>嫣然一笑</span>
    </div>
    <div class="photo">
        <img src="images/image3.jpg" />
        <span>公交车旁</span>
    </div>
    <div class="photo">
        <img src="images/image4.jpg" />
        <span>一个人发呆</span>
    </div>
    <div class="photo">
        <img src="images/image5.jpg" />
        <span>还想骗我</span>
    </div>
</div>
```

(6) 上述代码用到了一些 CSS 样式，所以需要添加这些样式的定义，本例直接在 Default.aspx 中定义内嵌式样式，首先在<head>标记中添加如下代码：

```
<style type="text/css">
    #photoShow{
        border: solid 1px #C5E88E;
        overflow: hidden; /*图片超出 DIV 的部分不显示*/
        width: 490px;
        height: 289px;
        background: #C5E88E;
        position: absolute;
    }
```

```
    .photo{
        position: absolute;
        top: 0px;
        width: 400px;
        height: 289px;
    }
    .photo img{
        width: 400px;
        height: 289px;
    }
    .photo span{
        padding: 5px 0px 0px 5px;
        width: 400px;
        height: 30px;
        position: absolute;
        left: 0px;
        bottom: -32px; /*介绍内容开始的时候不显示*/
        background: black;
        color: #FFFFFF;
    }
</style>
```

(7) 添加"文档就绪函数"，代码如下：

```
<script type="text/javascript">
    $(document).ready(function () {
        var imgDivs = $("#photoShow>div");
        var imgNums = imgDivs.length; //图片数量
        var divWidth = parseInt($("#photoShow").css("width")); //显示宽度
        var imgWidth = parseInt($(".photo>img").css("width")); //图片宽度
        var minWidth = (divWidth - imgWidth) / (imgNums - 1); //显示其中一张图片时其他图片的宽度
        var spanHeight = parseInt($("#photoShow>.photo:first>span").css("height")); //图片介绍信息的高度
        imgDivs.each(function (i) {
            $(imgDivs[i]).css({ "z-index": i, "left": i * (divWidth / imgNums) });
            $(imgDivs[i]).hover(function () {
                $(this).find("span").stop().animate({ bottom: 0 }, "slow");
                imgDivs.each(function (j) {
                    if (j <= i) {
                        $(imgDivs[j]).stop().animate({ left: j * minWidth }, "slow");
                    } else {
                        $(imgDivs[j]).stop().animate({ left: (j - 1) * minWidth + imgWidth }, "slow");
```

```
                    }
                });
            }, function () {
                imgDivs.each(function (k) {
                    $(this).find("span").stop().animate({ bottom: -spanHeight }, "slow");
                    $(imgDivs[k]).stop().animate({ left: k * (divWidth / imgNums) }, "slow");
                });
            });
        });
    });
</script>
```

在上述代码中，首先定义了一些变量，然后使用 each()函数在每一个匹配的元素进行事件处理。通过 hover() 函数来处理鼠标的 hover 事件。在这里所有的动画效果都是通过 animate()函数修改 CSS 来控制元素的显示位置来实现的。调用 animate()函数前调用 stop()函数是用来停止当前元素的所有执行中的事件。

(8) 编译并运行程序，在浏览器中打开 Default.aspx 页面，初始效果如图 8-9 所示。当鼠标光标进入图片区域后将以大图显示当前所在的图片，其他图片将缩小，如图 8-10 所示。

图 8-9 平均显示所有图片　　　　图 8-10 鼠标光标进入图片区域动态显示

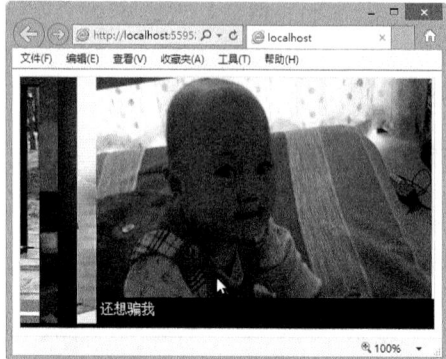

虽然一些代码看上去十分复杂，但是使用 jQuery 实现一些特殊效果仍然相对简单。

⑧.3 jQuery 扩展应用

相信通过前面的学习，读者已经看到了 jQuery 的强大和优势，但是 jQuery 的功能远不止这些。jQuery 提供了一个灵活的插件体系结构，使得插件开发者编写的功能可以很容易地通过包含一个或多个 JavaScript 文件以及调用一个或者多个方法进行重用。jQuery 社区积极地开发出了数百种实用的插件，用户可以毫不费力地把这些插件添加到页面中。

目前jQuery插件非常流行，以至于jQuery站点专门用了一部分空间来提供插件：http://plugins.jquery.com/。除了 jQuery.com 上的插件存储库以外，Internet 上还有其他许多插件。

通常，使用 jQuery 插件的步骤如下：

(1) 在 Internet 上找到并下载要使用的插件。

(2) 在项目中包含插件，即将下载的.js 文件添加到 Scripts 文件夹中。

(3) 在页面中添加对插件文件的引用。如果需要大量使用该插件，则把它添加到母版页中。

(4) 通过编写代码使用插件。具体的代码取决于使用的插件。一般可以在线找到插件的示例或 readme 文件。

8.3.1　使用 jQuery 插件

从 jQuery 网站或 Internet 网站下载的插件通常都有示例程序，使用这些插件都十分简单，开发人员不必关心它的工作原理，只需参照示例使用插件、执行代码即可实现相应的效果。

下面将介绍具有可编辑功能的下拉列表控件的 jQuery 插件的使用，可以在 http://plugins.jquery.com/editableSelect 上找到该插件。

【例 8-5】具有可编辑功能的下拉列表控件的 jQuery 插件。

(1) 启动 VS 2012，新建空网站【例 8-5】。

(2) 新建 Scripts 文件夹，导入 jQuery 所需的库：jquery-1.7.1.intellisense.js 和 jquery-1.7.1.min.js。

(3) 将下载的 jQuery 插件解压，将得到的 jquery.editable.select.min.js 文件添加到项目的 Scripts 文件夹中。

(4) 添加名为 Default.aspx 的页面，在页面的<head>标记中添加如下代码引入 jQuery 库：

```
<script src="Scripts/jquery-1.7.1.min.js" type="text/javascript"></script>
<script src="Scripts/jquery.editable.select.min.js" type="text/javascript"></script>
```

(5) 本例提供表格给用户输入姓名和民族信息，在<form>标记中添加如下代码：

```
<div>
    <h3>使用可编辑的下拉列表输入民族信息</h3>
    <table class="auto-style1">
        <tr>
            <td>姓名：</td>
            <td><input type="text" id="uName" /></td>
        </tr>
        <tr>
            <td>民族：</td>
            <td><select id="Nation">
                <option>汉族</option>
                <option>回族</option>
                <option>满族</option>
                <option>壮族</option>
```

```
                    <option>蒙古族</option>
                    <option>藏族</option>
                </select></td>
        </tr>
        <tr>
            <td></td>
            <td><input type="button" id="OK" value="提交"/></td>
        </tr>
    </table>
</div>
```

(6) 接下来就是在文档就绪函数中调用插件的主方法，设置下拉列表控件为可编辑状态。代码如下：

```
<script type="text/javascript">
    $(function () {
        var selectNation = $("#Nation").editableSelect();
        selectNation.addOption("维吾尔族");
        $("#OK").click(function () {
            var msg = "姓名：  " + $("#uName").val();
            msg += "\n 民族：  " + $("#Nation").val();
            alert(msg);
        });
    });
</script>
```

上述代码首先调用插件的 editableSelect 方法使得下拉列表控件可编辑，然后使用 addOption 方法为控件添加了一个选项"维吾尔族"。

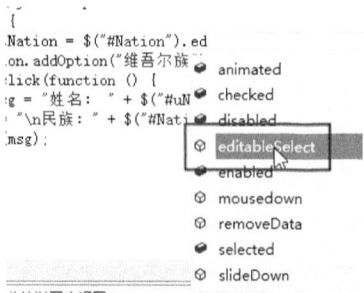

提示

输入代码时，【智能感知】下拉列表中会出现相应的方法，如图 8-11 所示。

图 8-11　代码的智能提示

(7) 编译并运行程序，运行效果如图 8-12 所示。输入姓名，然后可以从下拉列表中选择民族，如果下拉列表中不存在，也可以直接编辑输入新的民族，单击【提交】按钮，将弹出信息提示框，如图 8-13 所示。

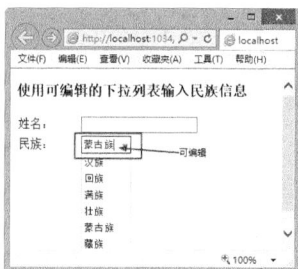

图 8-12　控件运行效果　　　　　　　图 8-13　输入姓名和民族

⑧.3.2　编写 jQuery 插件

本节将通过一个简单的例子来介绍如何编写 jQuery 插件,要编写的这个 jQuery 插件很简单,实现的功能是:给指定表格加上鼠标光标所在行高亮显示。

【例 8-6】编写一个给指定表格加上鼠标光标所在行高亮显示的 jQuery 插件,并提供测试页面。

(1) 启动 VS 2012,新建空网站【例 8-6】。

(2) 新建 Scripts 文件夹,导入 jQuery 所需的库: jquery-1.7.1.intellisense.js 和 jquery-1.7.1.min.js。

(3) 在 Scripts 文件夹中通过【添加新项】命令添加一个 JScript 文件 jQuery.tabHighLight.js。

(4) 在新建的文件中添加如下代码:

```
(function ($) {
    $.fn.lightRow = function (row_color) {
        var default_color = "#669900";    //默认颜色
        row_color = (row_color === undefined) ? default_color : row_color;
        $(this).find("tr").each(function () {
            $(this).mouseover(function () {
                $(this).attr("old_color", $(this).css("background-color"));    //创建属性保存旧颜色
                $(this).css("background-color", row_color);    //使用新颜色
            }).mouseout(function () {
                $(this).css("background-color", $(this).attr("old_color"));    //恢复旧颜色
                $(this).removeAttr("old_color");    //删除保存旧颜色的属性
            });
        });
        return $(this);    //保持操作链
    }
})(jQuery);
```

上述代码的核心部分是鼠标的进入和移出事件,头部定义了方法的调用方式(方法名是 lightRow,并且可以有一个可选参数指定颜色),尾部返回原调用对象,并在末尾用(jQuery)标识这是一个 jQuery 插件。

(5) 添加名为 Default.aspx 的页面，在页面中添加一个表格，代码如下：

```
<h3>高亮表格当前行 插件示例</h3>
<table id="table1">
    <tr>
        <td>姓名</td><td>性别</td><td>电话</td>
    </tr>
    <tr>
        <td>赵艳铎</td><td>男</td><td>15910806516</td>
    </tr>
    <tr>
        <td>赵智暄</td><td>女</td><td>3208842</td>
    </tr>
    <tr>
        <td>小石头</td><td>男</td><td>01082166054</td>
    </tr>
    <tr>
        <td>葛冰</td><td>女</td><td>13831705800</td>
    </tr>
</table>
```

(6) 在<head>标记中添加如下代码引入 jQuery 库和所添加的插件库：

```
<script src="Scripts/jquery-1.7.1.min.js" type="text/javascript"></script>
<script src="Scripts/jQuery.tabHighLight.js" type="text/javascript"></script>
```

(7) 接下来就是在文档就绪函数中调用插件的方法，代码如下：

```
<script type="text/javascript">
    $(function () {
        $('#table1').attr({border: '1', cellpadding: '2',cellspacing: '2'});
        $('#table1').lightRow('yellow');
    });
</script>
```

(8) 编译并运行程序，鼠标光标滑过表格时，当前行将高亮显示，如图 8-14 所示。

知识点

在输入 $('#table1').后弹出的智能提示列表中，将出现刚才在插件中定义的 lightRow 方法。

图 8-14 测试所编写的 jQuery 插件

8.3.3　jQuery 对 Ajax 的支持

本节将介绍 jQuery 对 Ajax 的支持，jQuery 封装了 XMLHttpRequest 组件并初始化，还封装了 Ajax 请求中的各种基本操作，并把这些操作定义为简单的方法。另外，它把 Ajax 请求中各种状态封装为事件，这样只要调用对应的事件就可以快速执行绑定的回调函数。

1. Ajax 请求

jQuery 封装了多种方法实现与远程进行通信，主要有以下 3 个：

- ⊙ load(url,[data],[callback])：load()方法能够载入远程 HTML 文件代码并插入到匹配元素中。默认使用 GET 方式，传递附加参数时自动转换为 POST 方式。

- ⊙ jQuery.get(url,[data],[callback])：jQuery.get()方法能够通过远程 HTTP GET 方式请求载入信息。该方法包含 3 个参数，参数含义与 load()方法相同。

- ⊙ jQuery.post(url,[data],[callback])：jQuery.post()与 jQuery.get()的操作方法相同，所不同点是它们传递参数的方式不同。jQuery.post()是以 POST 方式来传递参数，所传递的信息可以不受限制，且可以传递二进制信息。

【例 8-7】Ajax 请求示例。

(1) 启动 VS 2012，新建空网站【例 8-7】。

(2) 新建一个 HTML 文件 test.html，并在页面的<body>元素中添加如下代码：

```
<body>
    <h2>这是通过 load 方法加载的信息</h2>
    <p>哭是内心悲伤的一种释放</p><p>大部分的痛苦，都是不肯离场的结果</p>
</body>
```

(3) 添加名为 Default.aspx 的页面，在页面的<head>标记中添加代码以引入 jQuery 库。

(4) 切换到 Default.aspx 的源视图，为<form>标记中的<div>指定一个 id，这里将使用 load 方法加载 test.html 中的内容，显示在该<div>中。代码如下：

```
<div id="myDiv">    </div>
<script type="text/javascript">
    $('#myDiv').load("test.html");
</script>
```

> 📝 **提示**
>
> load()方法能够从 text.html 文档中提取 body 元素包含的代码，并把这些代码插入匹配的元素中。在使用 load()方法时，所有页面的字符编码应该设置为 utf8，否则 jQuery 在加载文档时会显示乱码。另外，匹配的元素应该只有一个，否则系统会出现异常。

(5) 为了演示其他 AJAX 方法，在页面中继续添加其他元素。在<div>标记的下面添加两个 Input(text)控件和两个 Input(button)控件。代码如下：

```
姓名：<input id="Text1" type="text" /><br />
职业：<input id="Text2" type="text" /><br />
<input id="Button1" type="button" value="Ajax Get" />
<input id="Button2" type="button" value="Ajax Post" />
```

(6) 添加两个 Web 窗体，名称分别为 get.aspx 和 post.aspx。

(7) 在<script>元素中为两个按钮绑定事件处理程序，添加如下 jQuery 代码：

```
$('#Button1').bind('click', function () {
    $.get("get.aspx", { user: $('#Text1')[0].value, job: $('#Text2')[0].value },
        function (msg) {
            alert(msg);
        }
    );
});
$('#Button2').bind('click', function () {
    $.post("post.aspx", { user: $('#Text1')[0].value, job: $('#Text2')[0].value },
        function (msg) {
            alert(msg);
        }
    );
});
```

上面两个按钮分别调用 get 和 post 方法发送请求，并向服务器传递参数，服务器响应之后会把返回值存储在回调函数参数中，弹出消息提示框，两个按钮提交请求的方式虽然不同，但实现的功能是相同的。

(8) 在 get.aspx 页面中，删除 Page 指令之外的其他代码，在该页面中使用 Request 对象的 QueryString 来获取请求中的变量值，代码如下：

```
<%
    string str="通过 GET 方式请求\n 姓名：  "+ Request.QueryString["user"]+ "\n 职业" +
Request.QueryString["job"] ;
    Response.AddHeader("ContentType", "text/html;charset=utf8");
    Response.Write(str);
%>
```

(9) 在 post.aspx 页面中，也删除 Page 指令之外的代码，在该页面中使用 Request 对象的 Form 集合来获取请求中的变量值，代码如下：

```
<%
```

```
string str= "通过 POST 方式请求\n 姓名：  "+Request.Form["user"]+ "\n 职业" + Request.Form["job"] ;
Response.AddHeader("ContentType", "text/html;charset=utf8");
Response.Write(str);
%>
```

(10) 编译并运行程序，在浏览器中打开 Default.aspx 页面，如图 8-15 所示，在文本框中输入姓名和城市后，单击下面的 AJAX 按钮，将弹出提示对话框，如图 8-16 所示。

图 8-15　页面运行效果　　　　图 8-16　AJAX 调用结果显示

2. jQuery.ajax()方法

jQuery.ajax(options)方法与前面几个方法功能相同，都是向服务器端发送请求，并传递参数，最后调用回调函数获取响应信息。

jQuery.ajax()方法的参数是一个对象包含的参数名/值对组合，其中主要参数名如表 8-5 所示。

表 8-5　jQuery.ajax()方法的主要参数说明

参　数　名	说　　明
async	逻辑值，默认为 true，即请求为异步请求。如果需要发送同步请求，可将其设置为 false。同步请求将锁住浏览器，用户的其他操作必须等待请求完成才可以执行
beforeSend	发送请求前可修改 XMLHttpRequest 对象的函数
cache	是否从浏览器缓存中加载请求信息，默认为 false
complete	请求完成后回调函数，不管请求是成功还是失败均调用
contentType	发送信息到服务器时内容编码类型，默认为适合大多数应用场合
data	发送到服务器的数据将自动转换为请求字符串格式。GET 请求中将附加在 URL 后。如果 processData 选项禁止此自动转换，必须为名/值对格式。如果为数组，jQuery 将自动为不同值对应同一个名称，如：{foo:["bar1","bar2"]}转换为'&foo=bar1&foo=bar2'
dataType	预期服务器返回的数据类型，取值包括 xml、html、script、json 和 jsonp
error	请求失败时调用函数
global	是否触发全局 Ajax 事件，默认为 true
ifModified	是否仅在服务器数据改变时获取新数据，默认为 false
processData	发送的数据是否可以被转换为对象，默认为 true
success	请求成功后回调函数，参数为服务器返回数据
timeout	设置请求超时时间(毫秒)

参　数　名	说　　明
type	发送请求的方式，默认为 GET，取值包含 POST、GET、PUT 和 DELETE
url	发送请求的地址

【例 8-7】中的两个按钮的绑定事件也可以使用如下 jQuery.ajax()请求实现：

```
$('#Button1').bind('click', function () {
    var str = "user=" + $('#Text1')[0].value + "&job=" + $('#Text2')[0].value;
    $.ajax({ url: "get.aspx",
        type: "GET",
        data: str,
        success: function (msg) {
            alert(msg);
        }
    });
});
$('#Button2').bind('click', function () {
    var str = "user=" + $('#Text1')[0].value + "&job=" + $('#Text2')[0].value;
    $.ajax({ url: "post.aspx",
        type: "POST",
        data: str,
        success: function (msg) {
            alert(msg);
        }
    });
});
```

读者可自行上机试验，检查结果是否正确。

⑧.4　上机练习

本章的上机练习将利用 jQuery 的筛选函数和事件处理功能实现图片画廊，当用户移动鼠标光标到缩略图上时，该图会自动被放大显示在上方的图片框内。

(1) 启动 VS 2012，新建空网站【上机练习 8】。

(2) 在网站根目录添加 images 文件夹，并在该文件夹中添加 5 张图片 image1.jpg~image5.jpg，这 5 张图片就是要用来显示的。

(3) 通过【添加新项】对话框新建样式表 StyleSheet.css，并添加如下样式定义：

```
body
{ /* 居中显示 */
```

```
    text-align: center;
}
#box
{ /* 盒子样式 */
    width: 500px; /* 固定宽度 */
    margin: 12px auto; /* 居中显示 */
}
#largeImg
{/* 大图画框样式 */
    border: solid 1px #FFFF00; /* 定义边框 */
    width: 380px; /* 定义大图画框的宽度 */
    height: 240px; /* 固定高度 */
    padding: 2px; /* 定义补白，增加一点内边距 */
}
.thumbs img
{ /* 缩微图样式 */
    border: solid 1px #C0C0C0; /* 边框样式 */
    width: 50px; /* 宽度 */
    height: 50px; /* 高度 */
    padding: 4px; /* 增加补白 */
}
p
{ /* 段落样式 */
    padding: 0; /* 清除段落补白 */
    margin: 6px; /* 清除段落边界 */
}
```

(4) 添加名为 Default.aspx 的页面，在页面的<head>标记中添加代码引入 jQuery 库和 CSS 样式文件：

```
<link href="StyleSheet.css" rel="stylesheet" type="text/css" />
<script src="Scripts/jquery-1.7.1.min.js" type="text/javascript"></script>
```

(5) 在<form>标记中添加代码，图片画廊的结构包含在一个 id 为 box 的 div 内，通过两个 p 元素分别来组织大图画框和缩略图列表框。代码如下：

```
<div id="box">
    <h1>图片画廊</h1>
    <p><img id="largeImg" src="images/image1.jpg" title="浪漫小屋"alt="图片无法显示" /></p>
    <p class="thumbs">
    <a href="images/image1.jpg" title="浪漫小屋 "><img src="images/image1.jpg" /></a>
    <a href="images/image2.jpg" title="嫣然一笑"><img src="images/image2.jpg" /></a>
```

```
<a href="images/image3.jpg" title="公交车旁"><img src="images/image3.jpg" /></a>
<a href="images/image4.jpg" title="露天电影"><img src="images/image4.jpg" /></a>
<a href="images/image5.jpg" title="我在这里"><img src="images/image5.jpg" /></a>
</p>
</div>
```

(6) 添加 ready 函数定义，其中定义了两个函数：第一个函数定义当鼠标光标移过缩略图时，将获取缩略图的地址和提示属性信息，并保存在变量中。然后把这些信息赋值给大图图片框内包含的 id 为 largeImg 的<img>元素，同时设置缩略图的边框颜色，以设计动态效果；第二个函数定义在鼠标光标移开缩微图时，恢复缩略图的边框颜色。

```
<script type="text/javascript">
$(function(){// 页面初始化激活函数
    $(".thumbs a").mouseover(function(){ // 鼠标经过缩略图时的处理函数
        var path = $(this).attr("href"); //获取缩略图的地址信息
        var title = $(this).attr("title"); //获取缩略图的提示信息
        $(this).children().css("border-color","#FF9900");   //设置缩略图内超链接样式
        //把缩略图的地址和提示信息赋予给大图
        $("#largeImg").attr({ src:path,title:title});
    });
    $(".thumbs a").mouseout(function(){ // 鼠标移开缩略图时的处理函数
        $(this).children().css("border-color", "#C0C0C0"); // 恢复缩略图的默认边框颜色
    });
});
</script>
```

(7) 编译并运行程序，在浏览器中打开 Gallery.aspx，如图 8-17 所示，滑动鼠标光标到不同的缩略图，大图将显示不同的图片，如图 8-18 所示。

图 8-17　图片画廊初始页面效果　　　图 8-18　滑动鼠标光标显示不同的缩略图

8.5　习题

1. 在 jQuery 中，使用什么作为在页面中查找元素的快捷方式？

2. 所有的 jQuery 选择器都返回什么？

3. jQuery 的层级选择器有哪些？分别有什么功能？

4. bind()和 one()方法有什么不同之处？

5. size()和 length()有何异同点？

6. slideUp 和 slideDown 有什么区别？两种方法都接受什么主要参数？

7. 有如下\<div\>元素和\<p\>元素：

> \<p\>卑微的爱\</p\>\<div id="box"\>不如高傲地离开\</div\>

如何使用 jQuery 代码颠倒两个元素的排列顺序。

8. jQuery.get()方法与 jQuery.post()方法有何区别？

9. 在使用 load()方法时，所有页面的字符编码应该设置为什么方式？

10. 上机练习，使用 jQuery 实现如下效果：

◉　动态调整区域大小，效果如图 8-19 所示，当用户单击【开始动画】链接时将自动调整区域的大小。

图 8-19　自动调整大小动画效果

◉　下载 jQuery 插件，根据示例文件，自己编写测试页面，使用插件效果。

第9章

Web 服务

学习目标

Web 服务奠定了下一代 Web 应用程序的基础，它使得 Internet 成为一个可以无限扩展、拥有无限潜力的分布式计算平台。任何设备可以随时随地访问 Internet 上的 Web 服务。Web 服务具有基于组件的开发和 Web 开发两者的优点。本章介绍 ASP.NET Web 服务体系，使用 VWD 创建和调用 Web 服务的机制，以及如何在 Ajax 站点中使用 Web 服务和 Web 方法。

本章重点

- ⊙ Web 服务的工作原理
- ⊙ 创建 Web 服务
- ⊙ 调用 Web 服务
- ⊙ 支持 Ajax 的 Web 服务
- ⊙ 在 Ajax 站点中调用页面的方法

9.1 Web 服务概述

无论客户应用程序是 Windows 应用程序，还是 ASP.NET Web 应用程序，无论客户程序是运行在 Windows、Pocket Windows，还是其他操作系统上，它们都可以通过 Internet 使用 Web 服务进行通信。Web 服务是服务器端的程序，用来监听来自客户应用程序的消息，并返回特定的信息。这些信息可能来自 Web 服务本身，也可能是同一个域中的其他组件，或其他 Web 服务。

9.1.1 什么是 Web 服务

简单地讲，Web 服务是一个基于因特网的可通过 Web 远程调用的应用程序模块(API)。例如，若网站想提供天气预报服务，并不用自己实现天气预报功能，只需调用其他公司提供的免费或付费 Web 服务即可。

- ⦿ 服务就是一个软件，它与客户端应用程序没有很紧密的耦合或关联。服务是可以被动态地发现及组合成其他软件的软件实体的。
- ⦿ Web 服务是一种基于 XML、JSON、SOAP、HTTP、UDDI、WSDL 等一系列标准实现的分布式计算技术和软件组件。
- ⦿ Web 服务提供了一个松耦合和跨平台的分布式计算环境，它是与操作系统无关、程序设计语言无关、机器类型无关、运行环境无关的平台，实现网络上应用的共享，并可用于复杂的系统集成。

微软为 Web 服务下的定义是通过标准的 Web 协议可编程访问的 Web 组件。每个 Web 服务的实现是完全独立的。Web 服务具有基于组件的开发和 Web 开发两者的优点，是 Microsoft 的.NET 程序设计模式的核心。

国际标准化组织 W3C 为 Web 服务下的定义是一个通过 URL 识别的软件应用程序，其界面及绑定能用 XML 文档来定义、描述和发现，使用基于 Internet 协议上的消息传递方式与其他应用程序进行直接交互。

1. Web 服务的影响

(1) Web 服务支持在 Web 站点上放置可编程的元素，用户可以抓取已有的元素，构成自己的新服务。

(2) 能进行基于 Web 的分布式计算和处理，能很好地兼容现有的 Web 技术。

(3) Web 服务使得 Internet 成为一个可以无限扩展、拥有无限潜力的分布式计算平台。

(4) 任何设备可以随时随地访问 Internet 上的 Web 服务。

(5) 软件模块充分复用、计算机资源充分共享、信息无缝共享和交流。

(6) 利用 Web 服务，公司和个人将能够迅速且廉价地向整个国际互联网提供其服务，进而建立全球范围的联系，在广泛的范围内寻找可能的合作伙伴。

2. Web 服务的主要特征

(1) 互操作性：一个 Web 服务可与其他 Web 服务交互，协同工作；可以使用任何语言开发 Web 服务或使用他人提供的 Web 服务；开发环境可以异构。

(2) 普遍性：Web 服务使用 HTTP 和 XML 进行通信，支持这些技术的设备都可以拥有和访问 Web 服务。

(3) 松散耦合：Web 服务的实现对使用者透明，当服务的实现发生变动时不影响用户使用。

(4) 高度可集成能力：Web 服务和采用了简单的、易理解的标准 Web 协议作为组件界面描述和协同描述规范，屏蔽了平台的异构性，CORBA、DCOM、EJB 等都可通过它进行互操作。

9.1.2　ASP.NET Web 服务体系

.NET 平台和 ASP.NET 在创建和使用 Web 服务方面提供了广泛的支持。这些技术赋予用户一个优秀的、简单易用的平台，从而可以快速有效地创建和使用 Web 服务。如图 9-1 所示就是 ASP.NET Web 服务的体系结构。

ASP.NET Web 服务体系包括客户端应用程序、ASP.NET Web 服务程序以及一些文件，例如：代码文件、.asmx 文件和编译后的.dll 文件。还包括一台 Web 服务器来存载 Web 服务程序和客户端。如果需要，还可以有一台数据库服务器来存取 Web 服务中的数据。

XML 或 JSON 是数据的格式，SOAP 是调用 Web 服务的协议，WSDL 是描述 Web 服务的格式，而 UDDI 是 Web 服务发布、查找和利用的组合。

⦿ SOAP(Simple Object Access Protocol)：SOAP 是一套用于 Web 服务端和客户端通信的标准消息控制协议，要调用 Web 服务上的一个方法，该调用必须转换为 SOAP 消息，因为它是在 WSDL 文档中定义的。如图 9-2 所示的是 SOAP 消息的一部分。SOAP 封装 (envelop)把所有的 SOAP 消息封装在一个块中。SOAP 封装本身由两部分组成：SOAP 标题和 SOAP 体。标题是可选的，它定义了客户机和服务器应如何处理 SOAP 体。SOAP 体是必须有的，它包括发送的数据，通常 SOAP 体中的信息是要调用的方法和序列化的参数值。SOAP 服务器在 SOAP 消息的消息体中返回值。

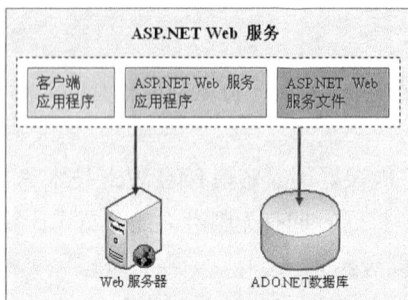

图 9-1　ASP.NET Web 服务体系结构

图 9-2　SOAP 消息

⦿ WSDL(Web Services Description Language)：WSDL 是 Web 服务描述语言。可以认为 WSDL 文件是一个 XML 文档，用于说明一组 SOAP 消息以及如何交换这些消息。换句话说，WSDL 对于 SOAP 的作用就像 IDL 对于 CORBA 或 COM 的作用。通常 WSDL 文档由软件生成和使用。

⦿ UDDI(Universal Description Discovery and Integration)：UDDI 是 Web 服务的黄页。与传统黄页一样，用户可以搜索提供所需服务的公司，阅读以了解所提供的服务，然后与某人联系以获得更多信息。当然，用户也可以提供 Web 服务而不在 UDDI 中注册，就像在地下室开展业务一样，依靠的是口头吆喝；但是如果希望拓展市场，则需要 UDDI，以便能被客户发现。

⑨1.3　支持 Ajax 的 Web 服务

ASP.NET AJAX 提供了完整的架构，以从客户端 JavaScript 调用 ASP.NET Web 服务。设计

者可以轻松地用 Ajax 把服务器端的数据和功能集成到用户响应的 Web 页面中，而所需要做的就是仅仅用[ScriptService]属性来标识 Web 服务。ASP.NET AJAX 框架会为 Web 服务自动生成 JavaScript 代理，然后通过使用代理来调用 Web 方法。

JSON(JavaScript Object Notation)是一种轻量级的数据交换格式，易于阅读和编写，易于机器解析和生成。JSON 采用完全独立于语言的文本格式，使用类似于 C 语言簇的习惯。这些特性使 JSON 成为理想的数据交换语言。

JSON 建构于以下两种结构：

(1) "名称/值"对的集合。在不同的语言中，可理解为对象(object)、记录(record)、结构(struct)、字典(dictionary)、哈希表(hash table)、有键列表(keyed list)或者关联数组(associative array)。

(2) 值的有序列表。在大部分语言中，它可理解为数组(array)。

这些都是常见的数据结构。事实上大部分现代计算机语言都以某种形式支持它们。这使得一种数据格式在同样基于这些结构的编程语言之间交换成为可能。

JSON 以一种特定的字符串形式来表示 JavaScript 对象。如果将具有这样一种形式的字符串赋给任意一个 JavaScript 变量，那么该变量会变成一个对象引用，而这个对象就是字符串所构建出来的。

例如，假设需要创建一个 User 对象，并具有用户 ID、用户名、用户 Email 这 3 个属性，可以使用以下 JSON 代码形式来表示 User 对象：

```
{"UserID":110, "Name":"赵智暄", "Email":"zzx@gmail.com"};
```

如果把这一字符串赋予一个 JavaScript 变量，那么就可以直接使用对象的任一属性了。完整代码如下：

```
<script>var User = {"UserID":110, "Name":"赵智暄", "Email":":zzx@gmail.com"};
alert(User.Name); </script>
```

借助 ASP.NET AJAX，微软选择 JSON 在服务器和 Ajax 客户端实现数据交换，从而创建支持 Ajax 的 Web 服务。在客户端和服务器端都实现了数据的串行化器和并行化器以使数据按 JSON 的格式交换。网页中的客户端脚本与服务器通过 Web 服务通信层进行通信来访问 Web 服务，该通信层使用 Ajax 技术进行 Web 服务调用，数据在客户端与服务器之间通常采用 JSON 格式进行异步交换。

⑨.2　创建和调用 Web 服务

在.NET Framework 中，可以很容易创建和使用 Web 服务。与 Web 服务相关的命名空间有以下 3 个。

- ⊙ System.Web.Services：该命名空间中的类用于创建 Web 服务。
- ⊙ System.Web.Services.Description：使用该命名空间可以通过 WSDL 描述 Web 服务。
- ⊙ System.Web.Services.Protocols：使用该命名空间可以创建 SOAP 请求和响应。

⑨2.1 WebService 类

要创建 Web 服务，可以从 System.Web.Services.WebService 中派生 Web 服务类。WebService 类提供了对 ASP.NET Application 和 Session 对象的访问。WebService 类的常用属性如表 9-1 所示。

表 9-1　WebService 类的常用属性

属　　性	说　　明
Application	为当前请求返回一个 HttpApplicationState 对象
Context	返回一个封装 HTTP 特定信息的 HttpContext 对象，可以从中读取 HTTP 标题信息
Server	返回一个 HttpServerUtility 对象，这个类有一些方法，可以进行 URL 编码和解码
Session	返回一个 HttpSessionState 对象，以存储客户端的一些状态
User	返回一个实现 IPrincipal 接口的用户对象。使用这个接口可以得到用户名和身份验证类型
SoapVersion	返回 Web 服务使用的 SOAP 版本。SOAP 版本封装在 SoapProtocolVersion 枚举中

1. WebService 属性

与普通的类继承不同的是，WebService 的子类需要用 WebService 属性来标记，该属性用于向 XML Web 服务添加附加信息，如描述其功能的字符串。这是一个 WebServiceAttribute 类的对象，共有 3 个可选属性，如表 9-2 所示。

表 9-2　WebServiceAttribute 类的属性

属　　性	说　　明
Description	服务的描述信息，可用于 WSDL 文档
Name	获取或设置 Web 服务名称
Namespace	获取或设置 Web 服务的 XML 命名空间。其默认值为 http://tempuri.org，用于测试，但在开发这个服务前，应修改该命名空间

2. WebServiceBinding 属性

WebServiceBinding 属性用于把 Web 服务标记为可交互操作的一致性级别，这是一个 WebServiceBindingAttribute 类的对象，其常用属性如表 9-3 所示。

表 9-3　WebServiceBindingAttribute 类的属性

属　　性	说　　明
ConformanceClaims	Web 服务的一致性级别可设置为 WsiClaims 枚举的一个值。WsiClaims 有两个值：Web 服务遵循 Basic Profile 1.0 时，其值为 BP10；没有定义任何一致性级别时，其值为 None
EmitConformanceClaims	EmitConformanceClaims 是一个布尔属性，定义了用 ConformanceClaims 属性指定的一致性级别是否应传送给生成的 WSDL 文档
Name	使用 Name 属性可以定义绑定的名称。该名称默认与 Web 服务相同，但要加上 Soap 字符串

(续表)

属　性	说　明
Location	Location 属性定义了绑定消息的位置，例如 http://www.mya.com/Webservice.asmx?wsdl
Namespace	Namespace 属性定义了绑定的 XML 命名空间

3. WebMethod 属性

Web 服务中可以使用的所有方法都必须用 WebMethod 属性来标记。当然，也可以有其他没有用 WebMethod 标记的方法，但这些方法只能在 WebMethod 中调用，而不能在客户机上调用。使用属性类 WebMethodAttribute，就可以在远程客户机上调用方法，并可以定义是否缓存响应，缓存时间有多长，会话状态是否与指定的参数一起存储等。WebMethodAttribute 类的属性如表 9-4 所示。

表 9-4　WebMethodAttribute 类的属性

属　性	说　明
BufferResponse	获取或设置响应是否应缓存的标志。默认值为 true。使用缓存的响应，仅可以将已完成的软件包传递给客户机
CacheDuration	使用这个属性可以设置结果应缓存的时间长短。如果在这个属性设置的时间段中第二次发出了相同的请求，就返回缓存的值。默认值为 0，这表示结果不缓存
Description	该描述用于给预期的用户生成服务帮助页面
EnableSession	布尔值，表示会话状态是否有效。默认值是 false，因此 WebService 类的 Session 属性不能用于存储会话状态
MessageName	默认状态下，把消息名设置为方法名
TransactionOption	这个属性表示方法的事务处理支持。默认值是 Disabled

4. ScriptService 属性

System.Web.Script.Services.ScriptService 属性用于使用 ASP.NET AJAX 从脚本中调用 Web 服务。ScriptService 属性的主要参数如表 9-5 所示。

表 9-5　ScriptService 属性的主要参数

属　性	说　明
ResponseFormat	指定是否将响应序列化为 JSON 或者 XML。默认为 JSON，但是，当方法的返回值是 XmlDocument 时，XML 格式会比较方便
UseHttpGet	表明是否可以使用 HTTP GET 调用 Web 服务方法。由于安全性原因，此项的默认设置为 false
XmlSerializeString	表明包括字符串在内的所有返回类型是否都序列化为 XML，默认为 false，当响应格式设置为 JSON 时，将忽略该属性的值

⑨.2.2　创建 Web 服务

使用 VS 创建 Web 服务与其他所有文档类型一样，可以使用【添加新项】对话框来添加 Web

服务。添加 Web 服务后，就可以编写自己的服务程序，并在 Web 浏览器中使用 ASP.NET 运行库创建的标准测试页面测试它。当 Web 服务正确运行时，就可以调用该服务。

下面创建一个简单的 Web 服务，该 Web 服务提供了两个方法调用：HelloWord 和 AuthCode。其中 HelloWorld 是默认的，AuthCode 用于返回一个验证码图片的二进制数据。

【例 9-1】创建 Web 服务，返回指定字符的验证码图片。

(1) 启动 VS 2012，新建空网站【例 9-1】。

(2) 打开【添加新项】命令，选择【Web 服务】模板，即可添加 Web 访问，默认的文件名为 WebService.asmx。

(3) 此时在网站的 App_Code 文件夹下会自动生成一个名为 WebService.cs 的文件，同时在网站目录中会生成 WebService.asmx 文件，如图 9-3 所示。

(4) 自动生成的 WebService.cs 文件的代码如下：

```csharp
using System;
using System.Collections.Generic;
using System.Linq;
using System.Web;
using System.Web.Services;
/// <summary>
///WebService 的摘要说明
/// </summary>
[WebService(Namespace = "http://tempuri.org/")]
[WebServiceBinding(ConformsTo = WsiProfiles.BasicProfile1_1)]
//若要允许使用 ASP.NET AJAX 从脚本中调用此 Web 服务，请取消对下行的注释。
// [System.Web.Script.Services.ScriptService]
public class WebService : System.Web.Services.WebService {
    public WebService () {
        //如果使用设计的组件，请取消注释以下行
        //InitializeComponent();
    }
    [WebMethod]
    public string HelloWorld() {
        return "Hello World";
    }
}
```

从这段代码中可以找到前面介绍的 4 个属性：WebService、WebServiceBinding、ScriptService 和 WebMethod。其中，该 Web 服务提供了一个 HelloWorld 方法，调用该方法将返回字符串"Hello Word"。

(5) 无需添加和修改任何代码，即可启用和测试 Web 服务"HelloWorld"。编译并启动应用程序，在浏览器中打开 WebService.asmx 文件，显示服务支持的操作，如图 9-4 所示。

图 9-3　生成的 Web 服务相关的文件

图 9-4　Web 服务的测试页面

(6) 单击【HelloWorld】链接将调用该方法，如图 9-5 所示。

(7) 因为该方法不需要任何参数，所以直接单击【调用】按钮即可返回调用结果，结果包含在一个 XML 文件中，如图 9-8 所示。

(8) 返回 WebService.cs 文件，添加绘制验证码的 Web 方法，由于涉及绘图功能，所以在要文件头部引入所需的命名空间，代码如下：

```
using System.Drawing;
using System.IO;
using System.Drawing.Imaging;
using System.Drawing.Drawing2D;
```

图 9-5　调用 Web 服务

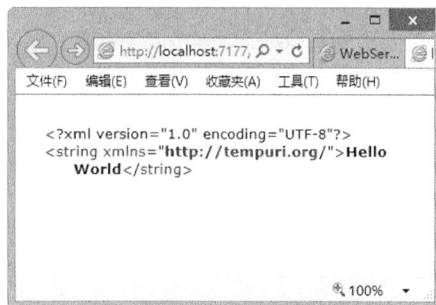

图 9-6　调用 Web 方法返回结果

(9) Web 方法的定义如下，该方法包括 2 个参数，一个是验证码字符串的长度，一个是验证码字符串：

```
[WebMethod]
public byte[] AuthCode(int length,string checkCode)
{
    int bmpHeight = 25, bmpWidth = length * 25 + 30;
    Bitmap bmp = new Bitmap(bmpWidth, bmpHeight);
    int red, blue, green;
```

```
Random rd = new Random(DateTime.Now.GetHashCode());
red = rd.Next(255) % 128 + 128;
blue = rd.Next(255) % 128 + 128;
green = rd.Next(255) % 128 + 128;
Graphics g = Graphics.FromImage(bmp);
Brush brush = new SolidBrush(Color.AliceBlue);
g.FillRectangle(brush,0,0,bmpWidth,bmpHeight);
//画图片的前景噪音点
for (int i = 0; i < 30; i++)
{
    int x = rd.Next(bmpWidth);
    int y = rd.Next(bmpHeight);
    bmp.SetPixel(x, y, Color.FromArgb(rd.Next()));
}
//画图片的边框线
g.DrawRectangle(new Pen(Color.Silver), 0, 0, bmpWidth - 1, bmpHeight - 1);
//画图片的背景噪音线
for (int i = 0; i < 25; i++)
{
    int x1 = rd.Next(bmpWidth);
    int x2 = rd.Next(bmpWidth);
    int y1 = rd.Next(bmpHeight);
    int y2 = rd.Next(bmpHeight);
    g.DrawLine(new Pen(Color.FromArgb(rd.Next())), x1, y1, x2, y2);
}
Rectangle rect = new Rectangle(0, 0, bmpWidth, bmpHeight);
LinearGradientBrush lgb = new LinearGradientBrush(rect, Color.BlueViolet, Color.DarkRed, 1.2f, true);
for (int i = 0; i < length; i++)
{//逐个字符绘制
    Font font = new Font("Courier New", 14+rd.Next()%4, (FontStyle.Bold | FontStyle.Italic));
    g.DrawString(checkCode.Substring(i, 1), font, lgb, 2 + i * 25, 2+rd.Next(2));
}
MemoryStream stream = new MemoryStream();
bmp.Save(stream,ImageFormat.Gif);
bmp.Dispose();
g.Dispose();
byte[] ret = stream.ToArray();//输出字节流
stream.Close();
return ret;
}
```

> **知识点**
>
> [WebMethod]属性指定该方法可以被远程调用。

(10) 此时已经完成 Web 服务的创建，可以像刚才那样测试该方法，此时还看不到验证码图片，得到的将是通过 BASE64 编码的一个字符串。下一节将介绍如何调用 Web 服务。

9.2.3　调用 Web 服务

Web 服务的最终目的是提供一种服务接口，由其他程序调用。本节就详细介绍如何调用 Web 服务，包括调用 Web 服务的机制以及如何调用 Web 服务。

1. 调用 Web 服务的机制

调用 Web 服务的第一步就是找到一个满足需要的 Web 服务。然后就可以得到这个 Web 服务的描述信息、分组的分类信息和绑定信息。再根据描述信息，调用相应的方法。

调用 Web 服务的业务流程如图 9-7 所示。

图 9-7　调用 Web 服务的业务流程

> **知识点**
>
> 服务的描述信息以 Web Services Description Language (WSDL)格式显示。WSDL 文档描述了 Web 服务支持什么方法，如何调用这些方法，给服务传送的参数类型，以及调用方法返回的参数类型。在 .asmx 文件的最后加上字符串"wsdl"，就会返回一个 WSDL 文档。WSDL 文档是用 WebMethod 属性动态生成的。

2. 调用 Web 服务

【例 9-2】调用 Web 服务，实现验证码功能。

(1) 启动 VS 2012，打开网站【例 9-1】。

(2) 在【解决方案资源管理器】面板中，右击【例 9-1】解决方案，从弹出的快捷菜单中选择【添加服务引用】命令，打开【添加服务引用】对话框，单击【发现】按钮即可搜索到上例中创建的 Web 服务，并显示当前可用的操作，如图 9-8 所示。

(3) 默认的命名空间为 ServiceReference1，稍候编写代码时会用到这个命名空间，单击【确定】按钮将添加 Web 服务引用，网站目录会自动添加 App_WebReferences 的文件夹，其中包括一个 ServiceReference1(与前面的命名空间名相同)文件夹，里面有 4 个文件，如图 9-9 所示。

图 9-8 【添加服务引用】对话框

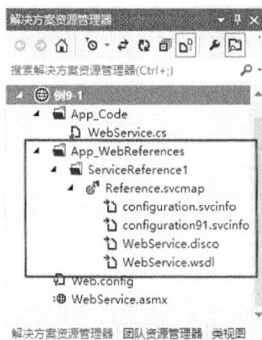

图 9-9 生成的引用文件

(4) 由于 Web 方法 AuthCode 返回的是一个字节数组，为了能将这个字节数组表示的图片显示在 Image 控件中，需要添加一个 Web 页面，该页面名为 AuthCode.aspx。

(5) 在 AuthCode.aspx 的 Load 事件中调用 Web 服务获取验证码图片并通过 Response 对象输出，输出的 ContentType 为 "image/gif"，代码如下：

```
protected void Page_Load(object sender, EventArgs e)
{
    ServiceReference1.WebServiceSoapClient c = new ServiceReference1.WebServiceSoapClient();
    string code = genCode();
    byte[] data = c.AuthCode(code.Length, code);
    Response.ContentType = "image/gif";
    Response.OutputStream.Write(data, 0, data.Length);
}
```

(6) 上述代码中调用了 genCode 来产生验证码字符串，该方法的定义如下：

```
public string genCode()
{
    char[] ops = { '加', '减', '乘', '除', '+', '—', '×', '÷' };
    int number1, number2, opNum, result = 0;
    string checkCode = String.Empty;
    Random rd = new Random(DateTime.Now.Millisecond);
    number1 = rd.Next(10);//产生第一个数字
    number2 = rd.Next(10);//产生第二个数字
    opNum = rd.Next(8);//产生操作符对应的数字
    switch (opNum%4)//ops 数组中是两组加减乘除
    {
        case 0:
            checkCode = number1.ToString() + ops[opNum] + number2 + "=?";
```

```
        result = number1 + number2;
        break;
    case 1:
        checkCode = (number2+10).ToString() + ops[opNum] + "?=" + number1;
        result = number2+10 - number1;
        break;
    case 2:
        checkCode = number1.ToString() + ops[opNum] + number2 + "=?";
        result = number1 * number2;
        break;
    case 3://除法操作中不能出现 0
        number1 = (number1 > 0)?number1:number1 + 1;
        number2 = (number2 > 0) ? number2 : number2 + 1;
        result = number1 * number2;
        checkCode = result.ToString() + ops[opNum] + "?=" + number2;
        result = number1;
        break;
    default:
        break;
    }
    Session["result"] = result;
    return checkCode;
}
```

在 genCode 方法最后将生成的验证码算式的正确答案保存到 Session 变量中。等用户输入验证码提交后，将从 Session 变量中获得该信息，验证用户的输入是否正确。

(7) 添加名为 Default.aspx 的页面，在该页面的<from>标记中添加如下代码：

```
<form id="form1" runat="server">
<div>
    验证码： <asp:TextBox ID="TextBox1" runat="server"></asp:TextBox>
    <asp:Image ID="Image1" runat="server" ImageUrl="~/AuthCode.aspx" />
    <asp:HyperLink ID="HLink1" runat="server" NavigateUrl="~/Default.aspx">换一个</asp:HyperLink>
</div>
<asp:Button ID="Button1" runat="server" onclick="Button1_Click" Text="提交" />
</form>
```

上述代码中 Image 控件的 ImageUrl 属性指定为 AuthCode.aspx 文件，HyperLink 控件用于刷新页面以便重新获取新的验证码图片。

(8) 在 Button 控件的单击事件处理程序中添加如下代码：

```
protected void Button1_Click(object sender, EventArgs e)
{
    if (Session["AuthCode"].ToString() == TextBox1.Text.Trim().ToUpper())
        Response.Write("<script>alert('验证码输入正确！');</script>");
    else
        Response.Write("<script>alert('验证码输入有误！');</script>");
}
```

(9) 至此，完成所有代码的编写，编译并运行程序，在浏览器中打开 Default.aspx 页面，如图 9-10 所示。

(10) 输入图片中的算式的计算结果，单击【提交】按钮，弹出验证成功对话框，如图 9-11 所示。如果看不清验证码图片，则可以单击【换一个】超链接重新获取验证码，如图输入的验证码有误，也将弹出相应的错误提示对话框。

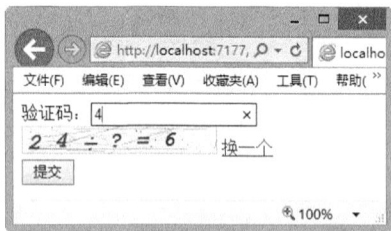

图 9-10 调用 Web 服务显示验证码图片　　图 9-11 验证成功对话框

⑨.2.4 创建支持 Ajax 的 Web 服务

典型的 Ajax 体系结构相当容易理解。其工作原理如图 9-12 所示，其中有一个由应用程序特定服务组成的后端，通常只可调用 Ajax 脚本的外层，其下方是业务逻辑所在和发挥作用的系统中间层。本节将介绍如何创建支持 Ajax 的 Web 服务。

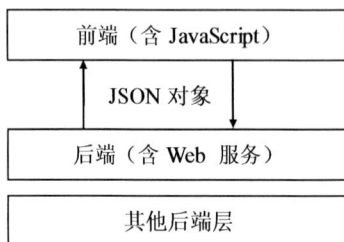

图 9-12 典型的 AJAX 体系结构

📖 **知识点**

在 Ajax 中，服务表示驻留在应用程序域并向客户端脚本代码公开功能的一段代码。

最适合 Ajax 应用程序的服务主要涉及向 Web 客户端公开数据和资源。它可以通过 HTTP 获得，并要求客户端使用 URL(也可以是 HTTP 头)访问数据和命令操作。

1. 创建支持 Ajax 的 Web 服务

前面已经介绍过只需将[System.Web.Script.Services.ScriptService]前面的注释符号删除，即可将整个服务提供为客户端脚本服务。

【例 9-3】创建支持 Ajax 的 Web 服务，添加 Web 方法，根据用户登录名从 WeiBo 数据库中查询相应的用户信息。

(1) 启动 VS 2012，新建网站【例 9-3】。

(2) 通过【添加新项】对话框添加名为 WebService.asmx 的 Web 服务。

(3) 打开 WebService.cs 文件，删除[System.Web.Script.Services.ScriptService]属性前面的注释。

(4) 由于要访问数据库，所以需要添加对相应的命名空间的引用，代码如下：

```
using System.Data.SqlClient;
using System.Data.Sql;
```

(5) 为了方便返回用户信息，定义一个结构体 User，代码如下：

```
public struct User
{
    public string userName;
    public string userLogin;
    public string userSex;
    public string userEmail;
    public string userAddress;
    public string userTelephone;
    public string userInfo;
}
```

(6) 添加 Web 方法，通过连接数据库查询指定学生的信息，知识点都是以前学过的，此处不做详述，代码如下：

```
[WebMethod]
public User GetUserByLogin(string userLogin)
{
    User user = new User();
    string str =WebConfigurationManager.ConnectionStrings["WeiBoConnectionString"].ConnectionString;
    SqlConnection con = new SqlConnection(str);
    con.Open();
    SqlCommand cmd = new SqlCommand("select userName,userSex,userEmail,userAddress," +
```

```
                "userTelephone,userInfo from W_USER where userLogin = @userLogin", con);
    cmd.Parameters.AddWithValue("@@userLogin", userLogin);
    SqlDataReader reader = cmd.ExecuteReader();
    if (reader.Read())//获取查询结果
    {
        user.userName = reader.GetString(0);
        user.userSex = reader.GetString(1);
        user.userEmail = reader.GetString(2);
        user.userAddress = reader.GetString(3);
        user.userTelephone = reader.GetString(4);
        user.userInfo = reader.GetString(5);
        user.userLogin = userLogin;
    }
    else
        user.userLogin = "no"+userLogin;//表示查询的登录名不存在
    cmd = null;
    con.Close();
    con = null;
    return user;
}
```

(7) 至此已完成 Web 服务的创建，可以在浏览器中加载并测试该服务。

2. 在 Ajax 站点中使用 Web 服务

在第 7 章介绍过，ScriptManager 控件几乎是所有与 Ajax 相关的操作中必不可少的。在 Ajax 站点中使用 Web 服务，也要用到这个控件，需要告知 ScriptManager 要给客户端脚本提供 Web 服务。可通过以下两种方法来实现：

⦿ 在母版页中的 ScriptManager 中。
⦿ 在使用 Web 服务的内容页中使用 ScriptManagerProxy 控件。

要在全部或大多数页面中使用 Web 服务，最好是在母版页的 ScriptManager 中声明 Web 服务。给 ScriptManager 控件提供一个<Services>元素，该元素再包含指向公共服务的一个或多个 ServiceReference 元素。

知识点

通过在母版页中引用 Web 服务，使它对于基于这个母版页的所有页面都可用。这也意味着每个页面都要下载运行这个服务所需的 JavaScript 文件。如果页面根本没有使用 Web 服务，也会浪费带宽和资源。因此，对于只在一些页面上使用的服务，最好引用页面本身的服务。

如果使用的母版页有 ScriptManager 控件，那么在内容页中就要使用 ScriptManagerProxy 控件。本例中就介绍如何在内容页中使用 ScriptManagerProxy 控件来注册 Web 服务。

【例 9-4】在 Ajax 站点中调用 Web 服务。

(1) 启动 VS 2012，打开网站【例 9-3】。

(2) 添加一个母版页 MasterPage.master，并在母版页中添加 ScriptManager 控件。

> **提示**
>
> ScriptManager 控件要添加在 ContentPlaceHolder 控件的外部。

(3) 基于母版页 MasterPage.master 添加名为 Default.aspx 的页面。

(4) 在 Default.aspx 页面的 Content PlaceHolder1 中添加一个 ScriptManager Proxy 控件，在【属性】面板中设置控件的 Services 属性，这是一个集合属性，单击属性右侧的省略号将打开【ServiceReference 集合编辑器】对话框。单击【添加】按钮，添加一个成员，设置 Path 值为【例 9-3】中创建的 Web 服务，如图 9-13 所示。

图 9-13 【ServiceReference 集合编辑器】对话框

切换到源视图，生成的代码如下：

```
<asp:ScriptManagerProxy ID="ScriptManagerProxy1" runat="server">
    <Services>
        <asp:ServiceReference Path="~/WebService.asmx" />
    </Services>
</asp:ScriptManagerProxy>
```

(5) 在<ScriptManagerProxy>的结束标记下方，添加一个 Input (Text)和一个 Input (Button)，再输入相应的文本提示信息，然后添加一个<div>标记，用于显示返回信息。代码如下：

```
按登录名查询用户信息： <input id="Text1" type="text" />
<input id="Button1" type="button" value="查询" />
<div id="user"></div>
```

(6) 在上述代码的下面添加客户端 JavaScript 代码块如下：

```
<script type="text/javascript">
        function GetWebMethod() {
            WebService.GetUserByLogin($get('Text1').value, onSuccCallback, onFailCallback);
        }
        function onSuccCallback(result) {
```

```
                    var info;
                    info = "姓名：" + result.userName;
                    info += "<br>登录名：" + result.userLogin;
                    info += "<br>性别：" + result.userSex;
                    info += "<br>Email：" + result.userEmail;
                    info += "<br>地址：" + result.userAddress;
                    info += "<br>电话：" + result.userTelephone;
                    info += "<br>个人介绍：" + result.userInfo;
                    if (result.userLogin != $get('Text1').value)
                        info = "查询的登录名不存在"
                    $get('user').innerHTML = info;
                }
            function onFailCallback(error) {
                alert(error.toString);
            }
            $addHandler($get('Button1'), 'click', GetWebMethod);
    </script>
```

(7) 编译并运行程序，输入一个登录名，然后单击【查询】按钮，如图 9-14 所示。

图 9-14　页面运行效果

⑨.3　上机练习

本章的上机练习将演示如何在 Ajax 站点中调用页面方法。

页面方法和 Web 服务有一些共同之处。两者都可以使用很少的代码在客户端调用。可以向它们发送数据，并接收回发的数据。另外，当调用它们时，可以定义成功和失败回调方法。两者所不同的是，页面方法直接在现有的 ASPX 页面内定义，而不是在单独的 ASMX 服务文件中定义。而且，只能从页面运行的脚本中调用页面方法。

要启用页面方法，需要将 ScriptManager 控件的 EnablePageMethods 属性设置为 True。

> **知识点**
>
> ScriptManagerProxy 控件没有 EnablePageMethods 属性，因此如果是母版页中定义 ScriptManager 控件，内容页中添加 ScriptManagerProxy 控件的情况，需要在母版页的 ScriptManager 控件上进行设置。

(1) 启动 VS 2012，新建网站【上机练习 9】。

(2) 本例不创建母版页，直接在页面中添加 ScriptManager 控件。添加名为 Default.aspx 的页面，在页面中添加一个 ScriptManager 控件，设置控件的 EnablePageMethods 属性为 True。

(3) 打开页面的后台代码文件 Default.aspx.cs，首先使用 using 语句引入 System.Web.Services 命名空间，接着添加如下的页面方法定义：

```
[WebMethod]
public static string HelloWorld(string yourName)
{
    return string.Format("欢迎使用页面方法 \nHello {0}", yourName);
}
```

> **提示**
>
> 页面方法必须加上 [System.Web.Services.WebMethod]属性，且方法必须声明为静态方法(static)。

(4) 切换到 Default.aspx 页面的源视图，在</ScriptManager>标记下面添加一个 Input(text)和一个 Input (Button)控件，将按钮的 value 属性设置为"提交"。相应的代码如下：

```
<input id="Text1" type="text" />
<input id="Button1" type="button" value="提交" />
```

(5) 接下来，添加如下代码：

```
<script type="text/javascript">
    $addHandler($get('Button1'), 'click', HelloPageMethod);
    function HelloPageMethod(){
        var name = $get('Text1').value;
        PageMethods.HelloWorld(name, HelloCallback);
    }
    function HelloCallback(result) {
        alert(result);
    }
</script>
```

(6) 编译并运行程序，输入一个用户名，单击【提交】按钮，将调用页面方法并返回欢迎信息，如图 9-15 所示。

图 9-15　调用页面方法运行效果

⑨.4　习题

1. 简述调用 Web 服务的机制和工作原理。

2. 如何创建支持 Ajax 的 Web 服务？

3. 调用天气预报 Web 服务获取国内大城市的天气信息。

4. 创建一个支持 Ajax 的 Web 服务。

5. 页面方法和 Web 服务有和异同点。

6. 登录登录 http://www.webxml.com.cn/zh_cn/support.aspx，选择自己喜欢的 Web 服务，并进行编程练习。

第 10 章

项目与实践

学习目标

微博，即微型博客，是随着 Web 2.0 而兴起的一类开放的互联网社交服务，它允许用户以简短的文字随时随地发布自己的状态，每条信息的长度在 140 字以内，支持图片、音频、视频等多媒体信息的发布，每个用户既是微内容的创造者也是微内容的传播者和分享者。本章将综合运用前面所学内容，创建一个简单的微博平台，支持用户发表微博，评论或转播微博，以及用户之间的收听等功能。通过本章的学习，读者应能够掌握一个独立的 Web 站点从设计到实现的开发流程和基本方法，同时复习前面所学内容。

本章重点

- ◉ 进一步熟悉 ASP.NET 编程技术
- ◉ 使用 ASP.NET 内置对象
- ◉ 掌握网站制作的基本流程
- ◉ 业务逻辑与前台界面的分离
- ◉ 综合运用前面章节所学知识

⑩.1 系统设计

一个完整的软件系统开发过程分为软件定义阶段、软件开发阶段和软件运行维护阶段。

- ◉ 软件定义阶段主要决定将要开发软件的功能和特性。它又可以细分为问题的定义、可行性研究、需求分析 3 个阶段。
- ◉ 软件开发阶段又可细分为总体设计、详细设计、编码和测试 4 个阶段。
- ◉ 软件运行维护阶段的主要任务是通过各种必要的维护活动使系统持久地满足用户的需求。

这里要开发的是一个简易微博系统，将重点介绍需求分析、总体设计以及编码实现。

⑩1.1　需求分析

微博是一个基于用户关系的信息分享、传播以及获取平台。对于注册了本系统的用户，可以发表、转发或评论消息(由于篇幅所限，本系统只支持文本消息)，也可以修改个人信息，关注其他用户，从而可以及时看到关注者的最新动态。对于自己发表的消息，也可以进行删除操作。系统的用例分析如图 10-1 所示。

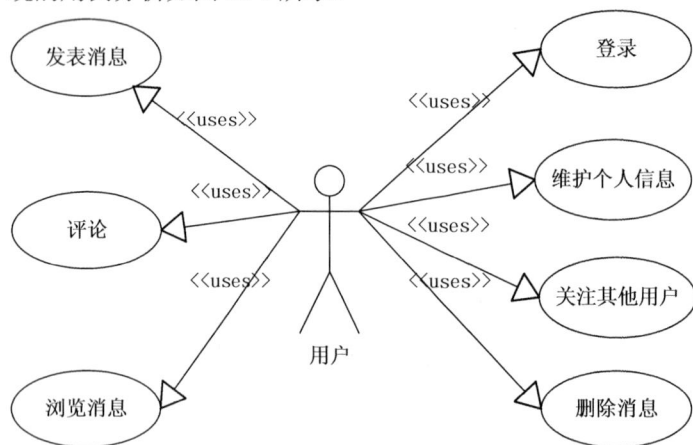

> **提示**
>
> 在微博中发布的消息只是简单的只言片语，反映自己的心情即可，不需要长篇大论。

图 10-1　微博系统用例分析

⑩1.2　数据库设计

本系统涉及的数据实体有用户、消息、评论。另外，还有一个用户与用户之间的关系。系统的 E-R 图(图中省略了实体和联系的属性)，如图 10-2 所示。

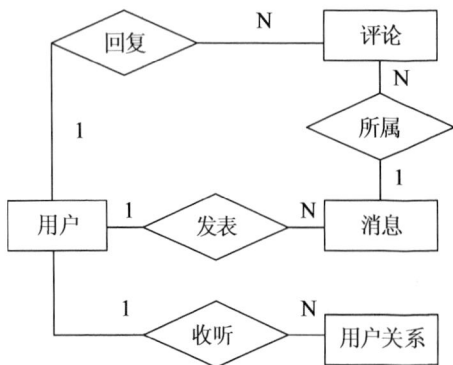

> **提示**
>
> 相应的数据库设计在本书第 5 章已经介绍，请参考本书 5.1.2 节。

图 10-2　微博系统数据库 E-R 图

10.2 程序设计

本节将详细介绍微博系统的程序设计与实现,包括数据操作类的创建与实现,实体类的创建,以及各 Web 窗体的设计与实现。

启动 VS 2012,新建空网站 MyWeiBo。

10.2.1 数据库访问类

因为几乎所有页面都涉及数据库访问,所以这里把访问数据库的操作抽象为一个独立的公共类文件 DB.cs,并把数据库连接字符串存放到 Web.config 配置文件中。

在 Web.config 配置文件中设置数据库连接信息,添加语句如下:

```
<connectionStrings>
    <add name="WeiBoConnectionString" connectionString="Data Source=,;Initial Catalog=WeiBo;
        Integrated Security=True" providerName="System.Data.SqlClient" />
</connectionStrings>
```

在【解决方案资源管理器】窗口中,为项目添加 ASP.NET 文件夹 App_Code,在 App_Code 目录添加一个 C#类文件 DB.cs,在该类中,添加对数据库的操作,代码如下:

```csharp
using System.Data;
using System.Data.SqlClient;
using System.Collections;
using System.Web.Configuration;
public class DB
{
    private SqlConnection con = null;
    private string strConn;
    private SqlTransaction tran;
    public DB()
    {
        strConn = WebConfigurationManager.ConnectionStrings["WeiBoConnectionString"].ToString();
    }
    //打开数据库连接
    public void open()
    {
        if (con == null)
            con = new SqlConnection(strConn);
        if (con.State.Equals(ConnectionState.Closed))
            con.Open();
```

```
        }
        //关闭数据库
        public void close()
        {
            if (con == null)
                return;
            if (con.State.Equals(ConnectionState.Open))
            {
                con.Close();
                con.Dispose();
                con = null;
            }
            else
            {
                con.Dispose();
                con = null;
            }
        }
        //执行 SQL 语句，如果 bTran=true，则不关闭连接，事务处理使用
        public int ExecuteSQLNonQuery(string sql, List<SqlParameter> sqlParams, bool bTran = false)
        {
            int ret = 0;
            try
            {
                this.open();//打开连接
                SqlCommand cmd = new SqlCommand(sql, con);
                if(sqlParams!=null)
                    foreach (SqlParameter p in sqlParams)
                        cmd.Parameters.Add(p);
                if (bTran)
                    cmd.Transaction = tran;
                ret = cmd.ExecuteNonQuery();
            }
            catch (Exception e)
            {
                throw e;
            }
            finally
            {
                if (!bTran)
```

```
                close();
        }
        return ret;
}
//执行 SQL 语句，返回查询的表
public DataTable GetDataTable(string sqlStr)
{
        DataTable dt;
        try
        {
                open();
                SqlDataAdapter sda = new SqlDataAdapter(sqlStr, con);
                DataSet ds = new DataSet();
                sda.Fill(ds);
                dt = ds.Tables[0];
        }
        catch (Exception ex)
        {
                dt = null;
        }
        finally
        {
                close();
        }
        return dt;
}
//执行 SQL 语句，返回 DataRow
public DataRow GetDataRow(string sqlStr)
{
        DataRow dr;
        try
        {//调用该类的 GetDataTable 方法
                dr = GetDataTable(sqlStr).Rows[0];
        }
        catch
        {
                dr = null;
        }
        finally
        {
```

```
            close();
        }
        return dr;
    }
    public void BeginTrans()
    {
        tran = con.BeginTransaction();
    }
    public void Commit()
    {
        tran.Commit();
    }
    public void Rollback()
    {
        tran.Rollback();
    }
}
```

该类中定义了以下方法成员：构造函数 DB()、打开数据库连接的方法 open()、关闭连接的方法 close()、执行非查询 SQL 语句的方法 ExecuteSQLNonQuery(string sql, List<SqlParameter> sqlParams, bool bTran = false)、获取 DataTable 对象的查询方法 GetDataTable(string sqlStr)、获取 DataRow 的查询方法 GetDataRow(string sqlStr) 以及事务处理相关的几个方法。

⑩.2.2　数据实体类

在微博系统中的操作可分为两类：一类是针对用户的，一类是针对消息的。所以把用户和消息分别封装为不同的实体类，然后在类中实现相应的操作。

1. 用户实体类 Wuser.cs

在 App_Code 目录中添加新的类文件 Wuser.cs。在该类中添加操作 W_USER 表所需的成员变量。通常类成员变量定义为私有的，然后定义相应的属性来访问这些私有变量，本书为了使程序简化，直接将成员定义为自动属性。相应的代码如下：

```
public int userId { get; set; }
public string userName { get; set; }
public string userLogin { get; set; }
public string userPassword { get; set; }
public string userSex { get; set; }
public byte[] userPhoto { get; set; }
public string userEmail { get; set; }
```

```
public DateTime registTime { get; set; }
public string userAddress { get; set; }
public DateTime userBirthday { get; set; }
public string userTelephone { get; set; }
public string homeUrl { get; set; }
public string userInfo { get; set; }
public string errorMsg { get; set; }     //用于存放错误消息
```

知识点

除了对于 Z_USER 表字段的自动属性之外，上述代码还定义了一个 errorMsg 属性，该属性的作用是，当对用户的操作失败或出现异常时，反馈错误信息给调用者。

接下来添加一个构造函数，根据指定的用户 id 初始化用户信息，代码如下：

```
public Wuser(int uId)//构造函数
    {
        string sqlStr = "SELECT * FROM W_USER WHERE userId=" + uId.ToString();
        DB db = new DB();
        DataRow dr = db.GetDataRow(sqlStr);
        if (dr == null)
        {
            errorMsg = "指定的用户 id 不存在";
            userId = -1;
        }
        else
        {
            Init(dr);
        }
    }
    private void Init(DataRow dr)//初始化
    {
        userId = Int32.Parse(dr["userId"].ToString());
        userName = dr["userName"].ToString();
        userLogin = dr["userLogin"].ToString();
        userPassword = dr["userPassword"].ToString();
        userSex = dr["userSex"].ToString();
        if (dr.IsNull("userPhoto"))
            userPhoto = null;
        else
```

```
            userPhoto = (byte[])dr["userPhoto"];
        if (dr.IsNull("userEmail"))
            userEmail = null;
        else
            userEmail = dr["userEmail"].ToString();
    registTime = (DateTime)dr["registTime"];
    if (dr.IsNull("userAddress"))
        userAddress = null;
    else
        userAddress = dr["userAddress"].ToString();
    if (dr.IsNull("userBirthday"))
        ;
    else
        userBirthday = (DateTime)dr["userBirthday"];
    if (dr.IsNull("userTelephone"))
        userTelephone = null;
    else
        userTelephone = dr["userTelephone"].ToString();
    homeUrl = dr["homeUrl"].ToString();
    if (dr.IsNull("userInfo"))
        userInfo = null;
    else
        userInfo = dr["userInfo"].ToString();
}
```

与用户相关的操作主要有如下 6 个：

- ◉ 注册新用户，包括注册前检查用户名和个人微博地址是否可用；
- ◉ 用户登录系统，登录成功后获取用户收听的用户数、用户的听众数、用户发表的消息数等信息；
- ◉ 个人信息维护；
- ◉ 发表新消息；
- ◉ 收听和取消收听其他用户，包括检查是否已经收听某用户；
- ◉ 查找用户。

相应方法的实现如下：

```
public bool login(string uLogin, string uPassword)//登录
{
    string sqlStr = "SELECT * FROM W_USER WHERE userLogin='" + uLogin + "'";
    DB db = new DB();
    DataRow dr = db.GetDataRow(sqlStr);
```

```csharp
        if (dr == null)
        {
            errorMsg = "登录名不存在";
            return false;
        }
        SHA1CryptoServiceProvider sha1csp = new SHA1CryptoServiceProvider();
        byte[] src = System.Text.Encoding.UTF8.GetBytes(uPassword);
        byte[] des = sha1csp.ComputeHash(src);//加密后的密码
        if (dr["userPassword"].ToString() == Convert.ToBase64String(des))
        {
            Init(dr);
            return true;
        }
        else
        {
            errorMsg = "密码输入有误";
            return false;
        }
    }
    public bool register()//注册
    {
        bool ret = true;
        string sqlString = "INSERT INTO W_USER(userName,userLogin, userPassword,userSex,homeUrl)" +
        " values('" + userName + "','" + userLogin + "','" + userPassword + "','" + userSex + "','" + homeUrl + "')";
        DB db = new DB();
        db.open();
        db.BeginTrans();
        try
        {
            int result = db.ExecuteSQLNonQuery(sqlString,null,true);
            if (result < 1)
            {
                db.Rollback();
                throw new Exception("插入新记录失败");
            }
            sqlString = "UPDATE W_USER SET userName = userName";
            if (userEmail.Length > 0)
                sqlString += ",userEmail='" + userEmail + "'";
            if (userInfo.Length > 0)
                sqlString += ",userInfo='" + userInfo + "'";
```

```
            if (userAddress.Length > 0)
                sqlString += ",userAddress='" + userAddress + "'";
            sqlString += " WHERE userLogin='" + userLogin + "'";
            result = db.ExecuteSQLNonQuery(sqlString,null,true);
            if (result < 1)
            {
                db.Rollback();
                throw new Exception("操作失败");
            }
            db.Commit();
        }
        catch (Exception e)
        {
            db.Rollback();
            ret = false;
            errorMsg = e.Message;
        }
        finally
        {
            db.close();
        }
        return ret;
    }
    public bool checkLogin(string uLogin)//检查登录名是否可用
    {
        string sqlStr = "SELECT * FROM W_USER WHERE userLogin='" + uLogin + "'";
        DB db = new DB();
        DataRow dr = db.GetDataRow(sqlStr);
        if (dr == null)
            return false;//用户名不存在
        return true;
    }
    public bool checkUrl(string url)//检查个人微博地址是否可用
    {
        string sqlStr = "SELECT * FROM W_USER WHERE homeUrl='" + url + "'";
        DB db = new DB();
        DataRow dr = db.GetDataRow(sqlStr);
        if (dr == null)
            return false;//个人微博地址不存在
        return true;
```

```
}
public string getOther(int uId)//获取用户收听的用户数
{
    string sqlStr = "SELECT COUNT(*) FROM W_USER_FUN WHERE userId = " + uId.ToString();
    DB db = new DB();
    DataRow dr = db.GetDataRow(sqlStr);
    return dr[0].ToString();
}
public string getFun(int uId)//获取用户的听众数
{
    string sqlStr = "SELECT COUNT(*) FROM W_USER_FUN WHERE funUserId = " + uId.ToString();
    DB db = new DB();
    DataRow dr = db.GetDataRow(sqlStr);
    return dr[0].ToString();
}
public string getMsg(int uId)//获取用户发表的消息数
{
    string sqlStr = "SELECT COUNT(*) FROM W_MESSAGE WHERE userId = " + uId.ToString();
    DB db = new DB();
    DataRow dr = db.GetDataRow(sqlStr);
    return dr[0].ToString();
}
public byte[] getPhotoById(string uId)//根据 user_id 获取用户头像，用于显示
{
    string sqlStr = "SELECT userSex,userPhoto FROM W_USER WHERE userId = " + uId;
    DB db = new DB();
    DataRow dr = db.GetDataRow(sqlStr);
    userSex = dr["userSex"].ToString();//返回性别用于设置默认头像(对于为上传头像的用户)
    if (dr.IsNull("userPhoto"))
        return null;
    else
        return (byte[])dr["userPhoto"];
}
public DataTable getUserOther(string uId)//获取用户收听的用户列表
{
    string sqlStr = "SELECT *,'touxiang.aspx?userid=' + LTRIM(STR(userId)) AS photoPath FROM " +
" W_USER WHERE userId IN (SELECT funUserId FROM W_USER_FUN WHERE userId = " + uId + ")";
    DB db = new DB();
    return db.GetDataTable(sqlStr);
}
```

```
public DataTable getUserFun(string uId)//获取用户的听众列表
{
    string sqlStr = "SELECT *,'touxiang.aspx?userid=' + LTRIM(STR(userId)) AS photoPath FROM " +
" W_USER WHERE userId IN (SELECT userId FROM W_USER_FUN WHERE funUserId = " + uId + ")";
    DB db = new DB();
    return db.GetDataTable(sqlStr);
}
public DataTable searchUser(string name, string address)//模糊查询指定条件的用户
{
    string sqlStr = "SELECT *,'touxiang.aspx?userid=' + LTRIM(STR(userId)) AS photoPath " +
        " FROM W_USER WHERE userName LIKE '%" + name + "%'";
    if (address.Length > 0)
        sqlStr += " AND userAddress LIKE '%" + address + "%'";
    DB db = new DB();
    return db.GetDataTable(sqlStr);
}
public bool hasListen(string uid)//是否已收听指定用户
{
    string sqlStr = "SELECT * FROM W_USER_FUN WHERE userId =" + userId.ToString() + " AND
funUserId=" + uid;
    DB db = new DB();
    return (db.GetDataRow(sqlStr) != null);
}
public void listen(string uid)//收听某个用户
{
string sqlStr = "INSERT INTO W_USER_FUN(userId,funUserId) VALUES(" + userId.ToString() + "," + uid + ")";
    DB db = new DB();
    db.ExecuteSQLNonQuery(sqlStr,null);
}
public void cancelListen(string uid)//取消收听某个用户
{
    string sqlStr = "DELETE FROM W_USER_FUN WHERE userId =" + userId.ToString() + " AND
funUserId=" + uid;
    DB db = new DB();
    db.ExecuteSQLNonQuery(sqlStr,null);
}
public void postMsg(string strMsg)//发表新消息
{
    string sqlStr = "INSERT INTO W_MESSAGE(userId,msgContent,praiseCount,replyCount,postTime) " +
        " VALUES("+userId.ToString() + ",'" + strMsg + "',0,0,'" + DateTime.Now.ToString() + "')";
```

```
        DB db = new DB();
        db.ExecuteSQLNonQuery(sqlStr,null);
    }
    public void modify()//个人信息维护
    {
        List<SqlParameter> sqlParams = new List<SqlParameter>();
        string sqlStr = "UPDATE   W_USER SET userName = @name,userSex=@sex ,userEmail=@email "
            + ",userAddress=@address ,userInfo=@info,userTelephone=@telephone ,userBirthday=@birthday ";
        if (userPhoto != null)
            sqlStr += ",userPhoto=@photo ";
        sqlStr += " WHERE userId=" + userId.ToString();
        sqlParams.Add(new SqlParameter("@name", userName));
        sqlParams.Add(new SqlParameter("@sex", userSex));
        sqlParams.Add(new SqlParameter("@email", userEmail));
        sqlParams.Add(new SqlParameter("@address", userAddress));
        sqlParams.Add(new SqlParameter("@info", userInfo));
        sqlParams.Add(new SqlParameter("@telephone", userTelephone));
        if (userBirthday.Year == 1)
            sqlParams.Add(new SqlParameter("@birthday", DBNull.Value));
        else
            sqlParams.Add(new SqlParameter("@birthday", userBirthday));
        if (userPhoto != null)
            sqlParams.Add(new SqlParameter("@photo", userPhoto));
        DB db = new DB();
        db.ExecuteSQLNonQuery(sqlStr, sqlParams);
    }
```

2. 消息实体类 Wmessage.cs

在 App_Code 目录中添加新的类文件 Wmessage.cs。在该类中添加操作 W_MESSAGE 表对应的自动属性以及错误反馈属性 errorMsg。相应的代码如下：

```
public int msgId { get; set; }
public int userId { get; set; }
public string msgContent { get; set; }
public int praiseCount { get; set; }
public int replyCount { get; set; }
public DateTime postTime { get; set; }
public string errorMsg { get; set; } //用于存放错误消息
```

对微博消息相关的操作主要包括下面几个：

- ◉ 获取消息，包括获取所有用户的消息、指定用户的消息、登录用户及其收听用户的消息；
- ◉ 删除自己的消息；
- ◉ 转播或评论消息；
- ◉ 获取某消息的所有转播或评论记录；
- ◉ 为某条消息点赞。

相应的代码如下：

```
public DataTable getTopMsg()//获取最新消息，供未登录用户查看
{
    string sqlStr = "SELECT TOP 20 [msgId],[msgContent], [userName],
[userLogin],[postTime],[praiseCount], [replyCount] FROM [W_MESSAGE],[W_USER] WHERE
W_MESSAGE.userId = W_USER.userId ORDER BY msgId DESC";
    DB db = new DB();
    return db.GetDataTable(sqlStr);
}
public DataTable getUserAndOtherMsg(string uid)//登录用户以及其收听的用户发表的消息
{
    string sqlStr = "SELECT TOP 20 [msgId],[msgContent], [userName],
[userLogin],[postTime],[praiseCount], [replyCount] FROM [W_MESSAGE],[W_USER] WHERE
W_MESSAGE.userId = W_USER.userId AND (W_MESSAGE.userId=" + uid + " OR W_MESSAGE.userId IN
(SELECT funUserId FROM W_USER_FUN WHERE userId =" + uid + "))ORDER BY msgId DESC";
    DB db = new DB();
    return db.GetDataTable(sqlStr);
}
public DataTable getUserMsg(string uid)//指定用户的消息
{
    string sqlStr = "SELECT TOP 20 [msgId],[msgContent], [userName],[userLogin],
[postTime],[praiseCount], [replyCount] FROM [W_MESSAGE],[W_USER] WHERE W_MESSAGE.userId =
W_USER.userId AND W_MESSAGE.userId=" + uid + " ORDER BY msgId DESC";
    DB db = new DB();
    return db.GetDataTable(sqlStr);
}
public bool delMsg(string mId, string uId)//删除自己发表的消息
{
    bool ret = true;
    string sqlStr = "SELECT * FROM [W_MESSAGE] WHERE userId = " + uId + " AND msgId =" + mId;
    DB db = new DB();
    DataRow dr = db.GetDataRow(sqlStr);
    if (dr == null)
    {
```

```
            errorMsg = "您不能删除别人的消息";
            return false;
        }
        // 先删除 Z_REPLY 表中的对应评论，然后删除 Z_MESSAGE 表
        db.BeginTrans();
        try
        {
            sqlStr = "DELETE    FROM [W_REPLY] WHERE msgId =" + mId;
            db.ExecuteSQLNonQuery(sqlStr,null);
            sqlStr = "DELETE    FROM [W_MESSAGE] WHERE msgId =" + mId;
            db.ExecuteSQLNonQuery(sqlStr,null);
        }
        catch (Exception e)
        {
            errorMsg = e.Message;
            db.Rollback();
            ret = false;
        }
        finally
        {
            db.close();
        }
        return ret;
    }
    public void replyMsg(string uid, string mId, string strMsg)//转播或评论消息
    {
        DB db = new DB();
        db.open();
        db.BeginTrans();
        try
        {//先插入 Z_REPLY 表，然后更新 Z_MESSAGE 表中的 reply_count 字段
            string sqlStr = "INSERT INTO W_REPLY(msgId,replyUserId,replyContent,replyTime)
VALUES(" +         mId + "," + uid    + ",'" + strMsg + "','" + DateTime.Now.ToString() + "')";
            db.ExecuteSQLNonQuery(sqlStr,null,true);
            sqlStr = "UPDATE W_MESSAGE SET replyCount = replyCount+1 WHERE msgId=" + mId;
            db.ExecuteSQLNonQuery(sqlStr,null,true);
            db.Commit();
        }
        catch (Exception e)
        {
```

```
            db.Rollback();
        }
        finally
        {
            db.close();
        }
    }
    public void praiseMsg(string mId)//为消息 点赞
    {
        DB db = new DB();
        string sqlStr = "UPDATE W_MESSAGE SET praiseCount = praiseCount+1 WHERE msgId=" + mId;
        db.ExecuteSQLNonQuery(sqlStr, null);
    }
    public DataTable getReply(string mId)//获取消息的所有转播和评论记录
    {
        string sqlStr = "SELECT [replyContent], [userName],[replyTime] FROM W_REPLY,W_USER
WHERE msgId =" + mId + " AND    W_REPLY.replyUserId = W_USER.userId UNION " + " SELECT msgContent
AS replyContent, userName,postTime AS replyTime FROM W_MESSAGE,W_USER " + " WHERE msgId=" + mId
+ " AND W_MESSAGE.userId =W_USER.userId ORDER BY replyTime DESC";
        DB db = new DB();
        return db.GetDataTable(sqlStr);
    }
}
```

⑩.2.3 添加母版页

为了使网站的所有页面都具有相同的布局风格和外观，需要添加母版页，然后基于该母版页创建其他页面。

1. 页面设计

(1) 通过【添加新项】对话框新建母版页，名称为 MasterPage.master。在母版页中有两个 ContentPlaceHolder 控件，一个位于<head>标记中，一个位于<form>中。删除<head>标记中的<title>标记，这样，在内容页中可以设置每个内容页的标题信息。

(2) 通过【添加新项】对话框新建一个样式表文件 StyleSheet.css，添加如下样式定义：

```
body { width: 800px; background-color: #f3f3f3; }
img { overflow: auto; }
h1 { color: #808000; }
#left, #right { background-color: #eeeeee; border: 1px solid #C0C0C0; height: 500px; }
#left { width: 240px; float: left; height: 400px; }
```

(3) 在母版页的<head>标记中添加<link>标记引入样式表文件 StyleSheet.css，这样，所有的内容页就都可以应用该样式表文件中的样式定义。

(4) 整个网站的布局设计为头部、中间内容区域和页尾部分。母版页中需要设计的是头部和尾部，中部保留 ContentPlaceHolder 控件不变即可。首先，添加一个<table>，通过一个图片来显示网站的标题图片。

(5) 接下来，添加两个 Panel 控件，分别用于未登录用户的快速登录，和登录用户的欢迎信息，这两个 Panel 控件在同一时刻只有一个可见。

(6) 在</form>结束标记的下方，添加页尾部分，显示网站的版权信息，最终效果如图 10-3 所示。

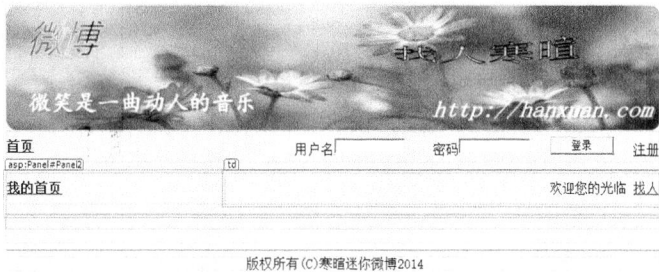

图 10-3　母版页设计效果

2. 后台代码

在母版页的后台代码中需要实现如下功能：加载页面根据用户当前是否登录显示或隐藏相应的 Panel 控件，实现用户的快速登录功能。登录成功后，将用户信息保存至 Session 变量中。代码如下：

```
protected void Page_Load(object sender, EventArgs e)
{
    if (Session["user_login"] == null)//如果用户没有登录
    {//显示 Panel1，隐藏 Panel2
        Panel1.Visible = true;
        Panel2.Visible = false;
    }
    else
    {//登录成功隐藏 Panel1，显示 Panel2
        Panel1.Visible = false;
        Panel2.Visible = true;
    }
}
protected void btnLogin_Click(object sender, EventArgs e)
{
    Wuser user = new Wuser();
    if (user.login(userLogin.Text, userPwd.Text))
    {
        //设置 Session;
        Session["user_login"] = userLogin.Text;
```

```
        Session["user_id"] = user.userId;
        Session["user_name"] = user.userName;
        Session["user"] = user;
        Panel2.Visible = true;
        Panel1.Visible = false;
        Response.Redirect(Request.Path + "?" + Request.QueryString);
    }
    else
    {
    Page.ClientScript.RegisterClientScriptBlock(this.GetType(), "warning", "alert(\""+user.errorMsg+"\");", true);
    }
}
```

> **提示**
>
> 在 Wuser.cs 类的 login 方法中对密码进行了 SHA1 加密处理，所以此处调用 login 方法传入的是原始密码，而 register 方法中则直接将属性 userPassword 写入数据库，所以在注册页面调用 register 方法时需要传入加密后的密码，请读者一定要注意。

至此，完成母版页的设计，后面创建的所有页面都基于此母版页。

⑩2.4　首页 Index.aspx

基于母版页创建网站的首 Index.aspx，在该页面中将显示最新的微博消息，对于登录用户，该页左侧显示用户的基本信息，右侧显示该用户以及其收听的用户的最新微博信息。

1. 页面设计

(1) 在 ContentPlaceHolderID="head"的 Content 控件中，添加<title>标记(其他页面也添加各自的<title>标记，后面就不一一列举了)，代码如下：

```
<asp:Content ID="Content1" ContentPlaceHolderID="head" Runat="Server">
    <title>我的首页</title>
</asp:Content>
```

(2) 由于该页需要多次后台交互，所以设计为异步刷新，在内容区域中首先添加 ScriptManager 和 UpdatePanel 控件。后面添加的控件都放置在 UpdatePanel 控件内。

(3) 该页面通过两个<div>来进行布局，一个 id 为 left，一个 id 为 right，这两个 div 的样式都在样式表中进行了定义。

(4) id 为 left 的左侧<div>包含一个 Panel 控件，用于显示登录用户的相关信息，设计和布局与第 5 章【例 5-5】中 Panel2 类似，如图 10-4 所示。

> **提示**
>
> Image 控件的 ImageUrl 属性绑定的数据集字段是 photoPath，该字段是通过后台的 SELECT 语句用 AS 方法重命名的输出列，详见 Wuser 类的 getUserOther 和 getUserFun 方法。

(5) id 为 right 的右侧<div>包含一个 MultiView 控件，该 MultiView 控件中包含两个 View 控件：View1 和 View2。其中 View1 包含两个 Panel 控件：Panel2 和 Panel3。Panel2 用于发表新的微博消息，包含一个文本框、一个按钮和一个 Label 控件，如图 10-5 所示。

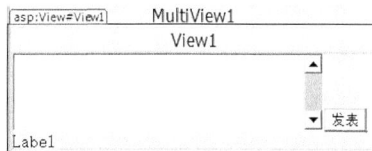

图 10-4　左侧<div>布局与设计　　　图 10-5　View1 控件中 Panel2 控件的布局与设计

(6) Panel3 中包含一个 ListView 控件，该控件用于显示 W_MESSAGE 表中的消息，根据场景不同，可能显示的内容也不同(分别对应 Wmessage 类中的 getTopMsg、getUserAndOtherMsg 和 getUserMsg 方法返回的数据)，数据源需要通过后台编码指定，在源视图中需要手动编辑控件的< AlternatingItemTemplate>和< ItemTemplate>模板，通过 Eval 方式绑定数据集中的字段，相应的代码如下：

```
<asp:Panel ID="Panel3" runat="server">
    <asp:ListView ID="ListView1" runat="server" DataSourceID="SqlDataSource1" >
        <AlternatingItemTemplate>
            <li style="background-color: #FFF8DC;">
                <asp:Label ID="user_nameLabel" runat="server" Text='<%# Eval("userName") %>' />:
                <asp:Label ID="msg_contentLabel" runat="server" Text='<%# Eval("msgContent") %>' />
                <br />发表时间:
                <asp:Label ID="post_timeLabel" runat="server" Text='<%# Eval("postTime") %>' /><br />
                <asp:LinkButton ID="praiseHyper" runat="server" CommandArgument='<%#
Eval("msgId") %>'  Visible='<%# Session["user_id"]!=null %>'  OnClick="praiseMsg" Text=<%# "赞
("+Eval("praiseCount")+")" %>/>
                  <asp:LinkButton ID="replyHyper" runat="server"
CommandArgument='<%# Eval("msgId") %>' Visible='<%# Session["user_id"]!=null %>'  OnClick="replyMsg"
Text=<%# "转播/评论("+Eval("replyCount")+")" %> />
```

```
              <asp:LinkButton ID="delLinkButton" runat="server"
CommandArgument='<%# Eval("msgId") %>' Visible='<%# Session["user_login"]!=null &&
Session["user_login"].ToString() == Eval("userLogin").ToString() %>'   OnClick="delMsg" Text="删除" />
                    <br /><br />
                </li>
            </AlternatingItemTemplate>
            <EmptyDataTemplate>
                没有任何消息。
            </EmptyDataTemplate>
            <ItemTemplate>
                <li style="background-color: #DCDCDC;color: #000000;">
                    <asp:Label ID="user_nameLabel" runat="server" Text='<%# Eval("userName") %>' />:
                    <asp:Label ID="msg_contentLabel" runat="server" Text='<%# Eval("msgContent") %>' />
                    <br />发表时间:
                    <asp:Label ID="post_timeLabel" runat="server" Text='<%# Eval("postTime") %>' />
                    <br />
        <asp:LinkButton ID="praiseHyper" runat="server" CommandArgument='<%# Eval("msgId") %>'
Visible='<%# Session["user_id"]!=null %>'    OnClick="praiseMsg" Text=<%# "赞("+Eval("praiseCount")+")" %>>
              <asp:LinkButton ID="replyHyper" runat="server" CommandArgument='<%#
Eval("msgId") %>'   Visible='<%# Session["user_id"]!=null %>'   OnClick="replyMsg" Text=<%# "转播/评论
("+Eval("replyCount")+")" %> />
              <asp:LinkButton ID="delLinkButton" runat="server" CommandArgument='<%#
Eval("msgId") %>'   Visible='<%# Session["user_login"]!=null && Session["user_login"].ToString() ==
Eval("userLogin").ToString() %>'   OnClick="delMsg" Text="删除" />
                    <br /><br />
                </li>
            </ItemTemplate>
            <LayoutTemplate>
                <ul ID="itemPlaceholderContainer" runat="server">
                    <li runat="server" id="itemPlaceholder" />
                </ul>
                <div >
                </div>
            </LayoutTemplate>
        </asp:ListView>
        <asp:SqlDataSource ID="SqlDataSource1" runat="server"
            ConnectionString="<%$ ConnectionStrings:WeiBoConnectionString %>"
            SelectCommand="SELECT [msgId],[msgContent], [userName],[userLogin], [postTime],
[praiseCount],[replyCount] FROM [W_MESSAGE],[W_USER] WHERE W_MESSAGE.userId = W_USER.userId">
        </asp:SqlDataSource>
```

</asp:Panel>

(7) View2 中也包含一个 ListView 控件，该控件用于显示用户收听的用户列表或者用户的听众列表(分别对应 Wuser 类中的 getUserOther 和 getUserFun 方法返回的数据)，同样需要手动编辑控件的<AlternatingItemTemplate>和<ItemTemplate>模板，这里不再详述。

2. 后台代码

(1) 在 Page_Load 方法中，需要根据用户是否登录来隐藏需要的 Panel 控件，代码如下：

```
protected void Page_Load(object sender, EventArgs e)
{
    LabelMsg.Visible = false;
    if (!Page.IsPostBack)
    {
        MultiView1.ActiveViewIndex = 0;
        if (Session["user_login"] == null)//如果用户没有登录
        {//隐藏 Panel1，显示最新消息
            Panel1.Visible = false;
            Panel2.Visible = false;
        }
        else
            showPanel1(Session["user_login"].ToString());
        showMsg();
    }
}
private void showMsg()//显示消息
{
    Wmessage msg = new Wmessage();
    ListView1.DataSourceID = "";
    if (Session["user_login"] == null)//如果是匿名用户,显示最新消息
    {
        ListView1.DataSource = msg.getTopMsg();
        ListView1.DataBind();
    }
    else
    {
        Panel2.Visible = true;
        ListView1.DataSource = msg.getUserAndOtherMsg(Session["user_id"].ToString());
        ListView1.DataBind();
    }
}
```

```
private void showPanel1(string userLogin)//Panel1 中加载登录用户信息
{
    Panel1.Visible = true;
    Wuser user = (Wuser)Session["user"];
    LabelName.Text = user.userName;
    LabelEmail.Text = user.userEmail;
    LabelAddress.Text = user.userAddress;
    LabelInfo.Text = user.userInfo;
    LabelTelephone.Text =user.userTelephone;
    LinkButtonOther.Text = user.getOther(user.userId);
    LinkButtonFun.Text = user.getFun(user.userId);
    LinkButtonMsg.Text = user.getMsg(user.userId);
    Image1.ImageUrl = "~/touxiang.aspx?userid=" + user.userId.ToString();
}
```

> **提示**
> 头像的显示与第 5 章类似，也是借助 touxiang.aspx 页面进行加载并显示。后面将会介绍该页面的具体实现。

(2) 对于登录成功的用户，个人信息中的 3 个 LinkButton 分别对应用户收听、听众和消息。相应的 Click 事件处理程序如下：

```
protected void LinkButtonMsg_Click(object sender, EventArgs e)
{
    MultiView1.ActiveViewIndex = 0;//View1 可见
    Wmessage msg = new Wmessage();
    ListView1.DataSource = msg.getUserMsg(Session["user_id"].ToString());
    ListView1.DataBind();
    Panel2.Visible = true;
}
protected void LinkButtonOther_Click(object sender, EventArgs e)
{
    MultiView1.ActiveViewIndex = 1;//View2 可见
    ListView2.DataSourceID = "";
    Wuser user = new Wuser();
    ListView2.DataSource = user.getUserOther(Session["user_id"].ToString());
    ListView2.DataBind();
}
protected void LinkButtonFun_Click(object sender, EventArgs e)
```

```
{
    MultiView1.ActiveViewIndex = 1;//View2 可见
    ListView2.DataSourceID = "";
    Wuser user = new Wuser();
    ListView2.DataSource = user.getUserFun(Session["user_id"].ToString());
    ListView2.DataBind();
}
```

(3) 对于登录用户，可以发表新消息、点赞、转播消息和删除自己的消息，相应的代码如下：

```
protected void ButtonPost_Click(object sender, EventArgs e)
{
    if (TextBoxMsg.Text.Length > 140)
    {
        LabelMsg.Text="消息长度最大为 140";
        LabelMsg.Visible = true;
        return;
    }
    if (TextBoxMsg.Text.Length == 0)
    {
        LabelMsg.Text = "请输入消息内容";
        LabelMsg.Visible = true;
        return;
    }
    Wuser user = (Wuser)Session["user"];
    user.postMsg(TextBoxMsg.Text);
    TextBoxMsg.Text = "";
    showMsg();
}
protected void praiseMsg(object sender, EventArgs e)
{
    LinkButton lb = (LinkButton)sender;
    string msgId = lb.CommandArgument;
    Wmessage msg= new Wmessage();
    msg.praiseMsg(msgId);
    Response.Redirect(Request.Url.ToString());
}
protected void replyMsg(object sender, EventArgs e)
{
    LinkButton lb = (LinkButton)sender;
    string msgId = lb.CommandArgument;
```

```
    string strUrl = "Reply.aspx?msgId="+msgId+"&userId="+Session["user_id"].ToString();
    Response.Redirect(strUrl);
}
protected void delMsg(object sender, EventArgs e)
{
    LinkButton lb = (LinkButton)sender;
    string msgId = lb.CommandArgument;
    Wmessage msg = new Wmessage();
    msg.delMsg(msgId,Session["user_id"].ToString());
    showMsg();
}
```

知识点

上述代码中通过 LinkButton 的 CommandArgument 属性传递了参数，该参数在 ListView 控件中是通过 Eval 方式绑定的数据集中的字段 msg_id。

（4）当右侧 View2 控件可见时，ListView2 控件显示用户收听或听众信息，单击某个用户，可跳转到相应的"个人资料页面"，代码如下：

```
protected void ShowUser(object sender, EventArgs e)
{
    LinkButton lb = (LinkButton)sender;
    string userId = lb.CommandArgument;
    string strUrl = "UserInfo.aspx?userId=" + userId;
    Response.Redirect(strUrl);
}
```

3. 头像显示页 touxiang.aspx

通过【添加新项】对话框添加 touxiang.aspx 页面，需要注意的是，这个页面不要使用母版页。在页面的 Load 事件中，根据请求中的 QueryString 集合获取用户 ID，然后判断是否有专属头像，如果没有则根据性别显示系统默认头像，Page_Load 方法的代码如下：

```
protected void Page_Load(object sender, EventArgs e)
{
    Wuser user = new Wuser();
    byte[] data = user.getPhotoById(Request.QueryString["userid"].ToString());
    if (data == null)
    {
        string fileName = Request.PhysicalApplicationPath + "/images/girl.jpg";
```

```
        if (user.userSex == "男")
            fileName = Request.PhysicalApplicationPath + "/images/boy.jpg";
        FileStream fs = new FileStream(fileName,FileMode.Open);
        data = new byte[fs.Length+1];
        fs.Read(data, 0, (int)fs.Length);
        fs.Close();
    }
    Response.ContentType = "image/gif";
    Response.OutputStream.Write(data, 0, data.Length);
}
```

至此，完成首页面的全部功能，待全部页面创建完成后，将统一测试页面的运行效果。

⑩.2.5 注册页面

注册页面 Register.aspx 与第 5 章【例 5-4】类似，只是此处基于母版页创建。这里只给出【提交】按钮的事件处理程序，代码如下：

```
protected void ButtonSubmit_Click(object sender, EventArgs e)
{
    Wuser user = new Wuser();
    if (user.checkLogin(TextBoxLogin.Text.Trim()))
    {
        Page.ClientScript.RegisterClientScriptBlock(this.GetType(), "success", "alert(\"该登录名已存在\"); ",
true);
        return;
    }
    if (user.checkUrl(TextBoxHomeUrl.Text))
    {
        Page.ClientScript.RegisterClientScriptBlock(this.GetType(), "success", "alert(\"个人微博地址已被使用
\"); ", true);
        return;
    }
    user.userName = TextBoxName.Text;
    user.userLogin = TextBoxLogin.Text;
    SHA1CryptoServiceProvider sha1csp = new SHA1CryptoServiceProvider();
    byte[] src = System.Text.Encoding.UTF8.GetBytes(TextBoxPassword.Text);
    byte[] des = sha1csp.ComputeHash(src);//加密后的密码
    user.userPassword = Convert.ToBase64String(des);
    user.userSex = RadioButtonList1.SelectedValue;
```

```
        user.homeUrl = TextBoxHomeUrl.Text;
        user.userEmail = TextBoxEmail.Text;
        user.userInfo = TextBoxInfo.Text;
        user.userAddress = TextBoxAddress.Text;
        user.registTime = DateTime.Now;
        bool result = user.register();
        if (result)
        {
            user.login(TextBoxLogin.Text,TextBoxPassword.Text);
            Session["user_login"] = TextBoxLogin.Text;
            Session["user_id"] = user.userId;
            Session["user"] = user;
            Response.Redirect("Index.aspx");
        }
    }
```

⑩.2.6　个人信息维护页

个人信息维护页 Modify.aspx 用于修改个人信息、上传头像等功能。

1. 页面设计

个人信息维护页也设置为异步刷新，在内容区域中首先添加 ScriptManager 和 UpdatePanel 控件，然后在 UpdatePanel 控件中添加一个<table>表单，布局如图 10-6 所示。

知识点

本页面中需要将 ScriptManager 控件的 EnablePartialRendering 属性设置为 false，否则上传头像的控件将不能使用。

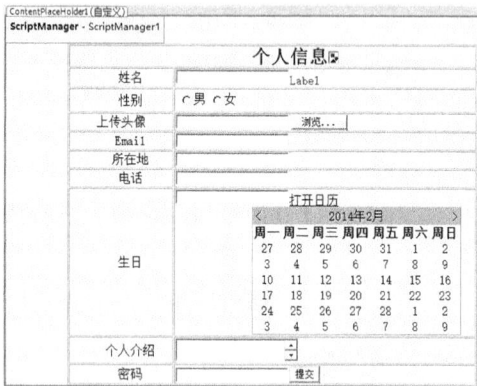

图 10-6　个人信息维护页的布局与设计

2. 后台代码

在页面的 Load 事件中，首先加载用户的信息进行显示，当用户修改了个人信息后，单击【提交】按钮时，后台将进行密码校验，然后调用实体类 Wuser 的方法进行修改操作，代码如下：

```
protected void Page_Load(object sender, EventArgs e)
{
    LabelMsg.Visible = false;
```

```
        if (!Page.IsPostBack)
        {
            Calendar1.Visible = false;
            if (Session["user_id"] != null)
                ShowInfo();
            else
            {
                Response.Redirect("Index.aspx");
            }
        }
    }
    private void ShowInfo()
    {
        Wuser user = (Wuser)Session["user"];
        TextBoxName.Text = user.userName;
        TextBoxEmail.Text = user.userEmail;
        TextBoxAddress.Text = user.userAddress;
        TextBoxInfo.Text = user.userInfo;
        TextBoxTelephone.Text =user.userTelephone;
        TextBoxBirthday.Text = user.userBirthday.ToString();
        foreach (ListItem item in RadioButtonList1.Items)
            if (item.Value == user.userSex)
                item.Selected = true;
        Image1.ImageUrl = "~/touxiang.aspx?userid=" + user.userId.ToString();
    }
    protected void LinkButton1_Click(object sender, EventArgs e)
    {
        Calendar1.Visible = true;
    }
    protected void Calendar1_SelectionChanged(object sender, EventArgs e)
    {
        TextBoxBirthday.Text = Calendar1.SelectedDate.ToString();
        if (!(TextBoxBirthday.Text == ""))
            Calendar1.Visible = false;
    }
    protected void ButtonModify_Click(object sender, EventArgs e)
    {
        if (Session["user_id"] != null)
        {
            if (TextBoxName.Text == "")
```

```
            {
                LabelMsg.Text ="姓名不能为空";
                LabelMsg.Visible = true;
                return;
            }
            Wuser user = (Wuser)Session["user"];
            SHA1CryptoServiceProvider sha1csp = new SHA1CryptoServiceProvider();
            byte[] src = System.Text.Encoding.UTF8.GetBytes(TextBoxPassword.Text);
            byte[] des = sha1csp.ComputeHash(src);//加密后的密码
            if (Convert.ToBase64String(des) == user.userPassword)
            {
                user.userName = TextBoxName.Text;
                user.userSex = RadioButtonList1.SelectedValue;
                user.userEmail = TextBoxEmail.Text;
                user.userAddress = TextBoxAddress.Text;
                user.userInfo = TextBoxInfo.Text;
                user.userTelephone = TextBoxTelephone.Text;
                if (TextBoxBirthday.Text != "")
                    user.userBirthday = DateTime.Parse(TextBoxBirthday.Text);
                if (FileUpload1.HasFile)
                {
                    byte[] data = new byte[FileUpload1.FileContent.Length + 1];
                    FileUpload1.FileContent.Read(data, 0, (int)FileUpload1.FileContent.Length);
                    user.userPhoto = data;
                }
                user.modify();
                Session["user"] = user;
            }
            else
            {
                LabelMsg.Text = "密码错误，不允许修改";
                LabelMsg.Visible = true;
            }
        }
        else
        {
        LabelMsg.Text ="会话已过期，请重新登录";
        LabelMsg.Visible= true;
        Response.Redirect("Index.aspx");
        }
```

```
}
```

10.2.7　转播和评论消息页面

转播和评论消息页面 Reply.aspx 将根据请求参数显示指定消息和对该消息的所有评论，同时，上方提供输入文本框，用户可以输入信息进行再次转播。

1. 页面设计

该页也设计为异步刷新，添加 ScriptManager 和 UpdatePanel 控件，然后在 UpdatePanel 控件中添加一个<table>，第一行放置一个 Panel 控件供用户输入新的转播和评论内容；第二行是一个 ListView 控件，用于显示该消息的所有转播和评论消息。页面布局如图 10-7 所示。

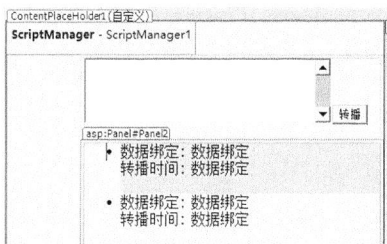

图 10-7　转播和评论消息页的布局与设计

2. 后台代码

在页面的 Load 事件中，加载并显示该消息和该消息的所有转播与评论信息；单击【转播】按钮后，调用 Wmessage 类的方法添加新的评论记录，并更新 W_MESSAGE 表中该消息的 replyCount 字段。代码如下：

```csharp
protected void Page_Load(object sender, EventArgs e)
{
    LabelMsg.Visible = false;
    if (Request.QueryString["msgId"] == null)
    {
        Response.Redirect("Index.aspx");
        return;
    }
    Session["msg_id"] = Request.QueryString["msgId"].ToString();
    showReply();
}
private void showReply()
{
    ListView1.DataSourceID = "";
    Wmessage msg = new Wmessage();
    ListView1.DataSource = msg.getReply(Session["msg_id"].ToString());
    ListView1.DataBind();
}
protected void ButtonReply_Click(object sender, EventArgs e)
```

```
{
    if (TextBoxMsg.Text.Length > 140)
    {
        LabelMsg.Text = "消息长度最大为 140";
        LabelMsg.Visible = true;
        return;
    }
    Wmessage msg = new Wmessage();
    msg.replyMsg(Session["user_id"].ToString(),Session["msg_id"].ToString(),TextBoxMsg.Text);
    TextBoxMsg.Text = "";
    showReply();
}
```

⑩2.8 找人页面

找人页面 Search.aspx 可以根据姓名和所在地进行模糊查询，查找自己感兴趣的用户，进而进行收听。

1. 页面设计

该页主要包括一个表格，表格的前两行是查询条件，第三行是一个 ListView 控件，如图 10-8 所示。与 Index.aspx 页面中的 ListView2 相似，这里的 ListView 控件也用于显示查询结果。

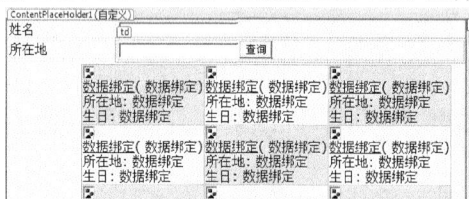

图 10-8 找人页面的布局设计

2. 后台代码

该页在加载时，将默认显示所有用户列表，然后判断用户是否登录，如果没有登录，则查询按钮不可用，Page_Load 事件处理函数的代码如下：

```
protected void Page_Load(object sender, EventArgs e)
{
    ListView1.DataSourceID = "";
    Wuser user = new Wuser();
    ListView1.DataSource = user.searchUser(TextBoxName.Text, TextBoxAddress.Text);
    ListView1.DataBind();
    if (Session["user_id"] == null)
```

```
        ButtonSearch.Enabled = false;
    }
```

【查询】按钮和链接到每个用户信息页的 LinkButton 按钮的 Click 事件处理程序如下：

```
protected void ButtonSearch_Click(object sender, EventArgs e)
{
    if (TextBoxName.Text == "")
    {
        Page.ClientScript.RegisterClientScriptBlock(this.GetType(), "warning", "alert(\"请输入姓名\");", true);
        return;
    }
    ListView1.DataSourceID = "";
    Wuser user = new Wuser();
    ListView1.DataSource = user.searchUser(TextBoxName.Text,TextBoxAddress.Text);
    ListView1.DataBind();
}
protected void ShowUser(object sender, EventArgs e)
{
    LinkButton lb = (LinkButton)sender;
    string userId = lb.CommandArgument;
    string strUrl = "UserInfo.aspx?userId=" + userId;
    Response.Redirect(strUrl);
}
```

3. 个人信息页

个人信息页面 UserInfo.aspx 与 Index.aspx 页面非常相似，只是该页显示的不是当前登录用户的信息，而是查询出来的某个普通用户的基本信息及其所发表的消息。由于篇幅限制，这里不再赘述，读者可参考 Index.aspx 页面自己创建并完成该页面。

至此，已完成所有的页面设计，接下来将测试网站，浏览网站运行效果。

10.3　网站运行效果

本节将运行网站，测试网站的各项功能，浏览微博系统的运行效果。

10.3.1　设置启动选项

此微博系统包含多个页面，因此需要先设置站点的起始页。

选择【网站】|【启动选项】命令，打开站点的属性页，在左侧列表中选择【启动选项】，

然后从右侧区域选中【特定页】单选按钮，单击右侧的浏览按钮，打开【选择页码以开始】对话框，这里选择 Index.aspx 页面作为起始页，如图 10-9 所示。

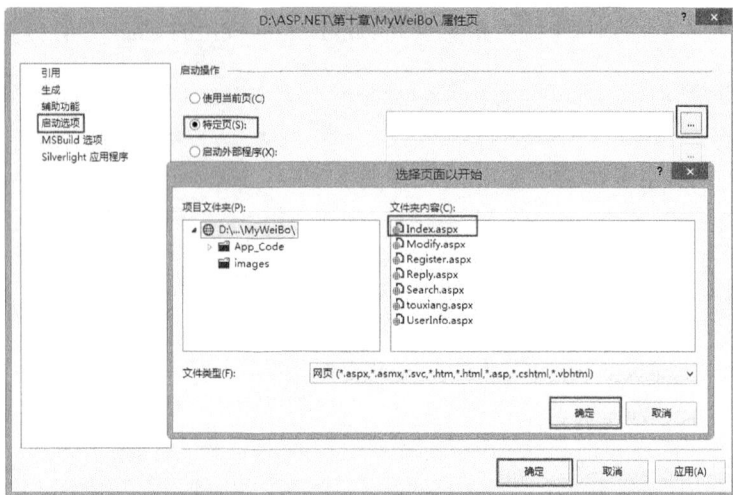

图 10-9　设置站点的起始页

10.3.2　测试站点的功能

编译并运行程序，在浏览器中打开网站的首页，此时用户尚未登录，将显示系统中最新发表的消息，如图 10-10 所示。单击【注册】链接可导航到注册页面，进行新用户的注册。如果已经注册为用户，则可以输入用户名和密码进行登录，登录后的个人首页如图 10-11 所示。

图 10-10　微博系统首页

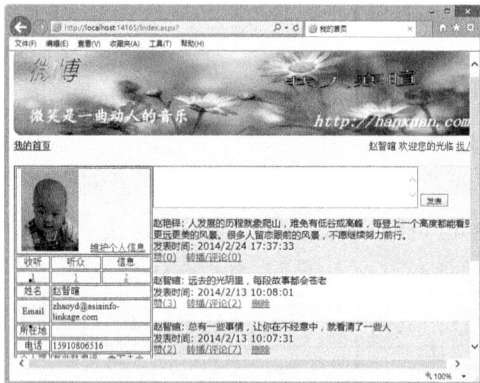

图 10-11　登录后的个人首页

登录成功后，可以修改自己的个人信息，也可以通过右上角的【找人】链接，查找感兴趣的用户进行收听，如图 10-12 所示。

单击用户列表中的用户名链接，可进入该用户的个人资料页面，该页显示该用户收听、听众和发表的消息等信息，如图 10-13 所示。

图 10-12　找人页面

图 10-13　个人资料页面

单击【收听】超链接，可收听该用户。收听后，相应的链接将变为【取消收听】。单击【我的首页】返回主页面，可以看到收听数发生了变化，右侧窗口也显示了收听用户发表的微博消息。

单击某条消息后面的【转播】链接，跳转到该消息的转播页面，在此可输入新的评论进行转播，如图 10-14 所示。如果不想转播，只想为消息点赞，则可以单击【赞】超链接，可以看到被赞的次数增加了 1。

在个人信息维护页面，可修改自己的信息，上传新的个性头像，如图 10-15 所示。

图 10-14　转播消息

图 10-15　个人信息维护

系统的其他功能这里就不一一列举了，读者可自行上机验证。

参 考 文 献

[1] 杨建军. ASP.NET 3.5 动态网站开发实用教程. 北京：清华大学出版社，2010

[2] 耿超. ASP.NET4.0 网站开发实例教程. 北京：清华大学出版社，2013

[3] [美]Imar Spaanjaars 著 ASP.NET 4 入门经典(第 6 版). 刘伟琴，张格仙 译. 北京：清华大学出版社，2010

[4] 梁灿，赵艳铎. Access 数据库应用基础教程. 北京：清华大学出版社，2005

[5] 王军，郭卫勇. ASP.NET 2.0 大揭秘. 北京：清华大学出版社，2004

[6] 王辉，来羽，陈德祥. ASP.NET 3.5(C#)实用教程. 北京：清华大学出版社，2011

[7] 江红，余青松. 基于.NET 的 Web 数据库开发技术实践教程. 北京：清华大学出版社，2007

[8] 杨春元. C#程序设计实用教程. 北京：清华大学出版社，2013

[9] 赵艳铎. 网页制作三剑客(MX 2004 版)精彩实例详解. 上海：上海科学普及出版社，2004

[10] 张克凡，陈立伟，刘伟光. ASP.NET 网络程序设计及应用. 北京：航空航天大学出版社，2007

[11] 肖建. ASP.NET 编程基础. 北京：清华大学出版社，2004

[12] 冯方等. ASP.NET 上机练习与提高. 北京：清华大学出版社，2007

[13] http://www.asp.net

[14] http://jquery.com/